中规智库年度报告

（2021—2022）

中国城市规划设计研究院　编

中国建筑工业出版社

图书在版编目（CIP）数据

中规智库年度报告：2021-2022 / 中国城市规划设计研究院编．—北京：中国建筑工业出版社，2022.5

ISBN 978-7-112-27340-9

Ⅰ．①中…　Ⅱ．①中…　Ⅲ．①城市规划—研究报告—中国—2021-2022　Ⅳ．①TU984.2

中国版本图书馆 CIP 数据核字（2022）第 066168 号

本书是中国城市规划设计研究院2021—2022年度“中规智库”建设的成果集萃，分为高端对话篇、重大发布篇、主题观点篇、政策解读篇、建言献策篇、研发创新篇和书苑概览篇七个篇章，集中展示了中规院在新型城镇化、区域战略、城市更新、绿色低碳、韧性城市、文化保护等方面的研究成果50余篇。本书适合对城市规划、建设、管理感兴趣的专业人员和读者阅读。

责任编辑：毕凤鸣　封　毅
责任校对：李欣慰

中规智库年度报告（2021—2022）
中国城市规划设计研究院　编

*

中国建筑工业出版社出版、发行（北京海淀三里河路 9 号）
各地新华书店、建筑书店经销
华之逸品书装设计制版
北京富诚彩色印刷有限公司印刷

*

开本：787 毫米×1092 毫米　1/16　印张：22½　字数：401 千字
2022 年 4 月第一版　　2022 年 4 月第一次印刷
定价：**188.00** 元

ISBN 978-7-112-27340-9
（39154）

编 委 会

序

2021年是党和国家历史上具有里程碑意义的一年。中国共产党带领全国人民走过了百年风雨历程，胜利完成了全面建成小康社会的第一个“百年”奋斗目标，正在向第二个“百年”奋斗目标迈出坚实步伐。我国GDP总量首次突破110万亿规模，综合国力进一步得到提升。我国城镇化水平达到63.9%，城镇人口超过9亿人，城市在经济社会发展中的战略地位和作用更加突出。

我们也要看到，全球新冠肺炎疫情仍在肆虐，国际政治经济格局复杂多变，极端天气频发导致城市安全问题日益严峻，新一轮科技革命和产业变革的竞争更加激烈，给城市治理、城市安全和经济可持续发展，带来更加艰巨的挑战。面对新的形势和任务，习近平总书记强调“要建设一批国家亟需、特色鲜明、制度创新、引领发展的高端智库，重点围绕国家重大战略需求开展前瞻性、针对性、储备性政策研究”。

中国城市规划设计研究院是我国城市规划行业的“国家队”。在近70年的建院历史中，始终以服务国家重大战略为己任，以实现报国理想为情怀，砺炼出薪火相传、生生不息的“中规院精神”。为响应落实中央建设国家高端智库的时代召唤，中规院隆重推出“中规智库”品牌，提出建设高水平国家智库的奋斗目标，是我院继往开来、迈向新征程的最新尝试。

2021年是我院“中规智库”建设的元年。在这一年中，我院围绕新时代国家在城市工作方面的重点任务和部署，深入开展城市更新、历史文化保护传承、绿色城乡建设、国土空间规划编制和研究工作，为国家重大方针建言献策；我院积极承担国家重点研发任务和标准规范研制，探索新时代人居环境改善的技术创新和实施途径；我院举办了100多场高水平的学术论坛和技术交流活动，汇聚全行业的专家为城市的高质量发展“问诊把脉”、贡献才智；我院还针对人民群众关心的城市通勤、城市更新、区域发展、人宜环境、安全韧性等热点问题，以政策解读、“指数”发布、报告宣讲等多种方式，广泛宣传党和国家在“人民城市人民建，人民城市人民管”方面的成效和问题。

《中规智库年度报告（2021—2022）》是上述努力的成绩表，是建设成果的检验单。本书的每一篇文章，我们都抱着谦逊诚恳的心态，力求选题契合国家新时期的新理念，力求内容汇聚全院的集体智慧，力求行文兼顾科学严谨和通俗易懂，期望不负国家所需、行业所盼、读者所望。

建设具有国际竞争力的国家智库任重道远，此书仅仅是个开端，是智库建设交出的第一份“答卷”。“功崇惟志，业广惟勤”，我们将不忘初心、矢志不渝，为实现我国城市规划建设事业的美好明天努力奋斗！

中国城市规划设计研究院　院长 王凯　党委书记 王立秋

2022年1月

目录

总论

2021年是城市规划行业历史上值得记忆的一年。从行业外部环境看，我国全面建成小康社会的战略目标胜利实现，国际政治经济的战略博弈依然激烈，“双碳”目标带来的剧烈变革正揭开帷幕，疫情、洪涝引发的安全思考持续发酵，城乡居民对美好生活的追求与时俱进。从行业内部环境看，中央对城市规划建设管理工作愈益重视，各级政府对规划赋能的期待更加迫切，城市体检、城市更新和完整社区行动持续深化，保护传承历史文化的使命更加艰巨，规划行业面临的局面和任务更加复杂。

在“中规智库”建设的元年里，我院组织的规划论坛、学术讲堂、重磅发布、社会公益等一系列活动贯穿始终，“国家队”肩负的责任激励我们负重前行。京津冀、长三角、粤港澳大湾区、长江经济带、黄河流域等国家重大区域发展战略和政策的出台，我院既服务国家的科学决策，又主动承担政策的解读。围绕着新型城镇化、绿色低碳、城市体检、城市更新、城市治理、全龄友好、公园城市等行业热点，以及安全韧性、城市通勤、历史文化保护与传承等行业痛点，我院以信息专报、政策建议、调研报告、重大发布等多种形式，为各级政府施政、决策提供重要支撑。我院还广泛汇聚行业内外的力量，承担了国家重大水专项、重点科技研发、中国工程院、中欧城镇化国际合作等上百项课题，重点围绕安全绿色、生态环境、布局优化、人居环境改善、标准规范等国家需求，开展前瞻性、基础性和集成性研究，着眼提高智库的长远能力。立足丰富多样的规划项目实践，创造性提供“解决方案”，既是“中规智库”的使命担当和核心价值，也是保持旺盛生命力的源泉。

极端天气导致城市面临更加严峻的安全风险挑战，郑州7.20特大暴雨、山西10月特大洪灾，导致人民重大生命和财产损失；粮价持续上涨和自然灾害频发导致粮食严重减产，使中央对耕地保护更加关注；云南大象北上南归引发的空前关注和民间热议，启迪人们在建设生态文明背景下更快实现人与自然、人与动物的和谐共生。应对洪涝灾害更加频繁的现实挑战，我院通过媒体、内参等多种渠道，呼吁实施流域的“联防联控”和洪涝的“联排联调”，聚焦完善海绵城市、市政管网运行安全标准等重点问题，在雄安新区、太湖流域、黄河流域、长江沿线广泛开展技术集成和示范应用；在各级国土空间规划的编制中，更加关注粮食安全、生态安全、国土安全、实体经济安全，因地制宜地稳定和保障“工业区块线”，加强蓝绿空间建设，合理控制城市密度和开发强度，构建城市和区域健康运行的“底盘”。在各个尺度的规划中，也更加关注生物多样性的保护、生态廊道的连通和构建，为人与动物提供美丽的家园。

城市更新是推动解决城市发展中的突出问题和短板，提升人民群众获得感、幸福感、安全感的重大举措，对加快经济、社会、生态、文化、艺术等诸多领域发展具有重要作用。实施城市更新行动，既要提质增效、开创未来，又要留住根脉、记住乡愁。城市更新作为“从规划走向实践”的重要环节，我院全程参与了政策文件的研究制定，在苏州、烟台、宁波等城市开展试点，探索符合国家要求和地方实际的工作机制和技术方法，在江西景德镇、永新和北京崇雍大街等地，推动空间设施与功能、文化、生活充分融合，形成特色鲜明的各种“场景”；通过完整社区建设，在老旧小区改造中增设施、补空间、提品质、优治理；树立三维立体发展理念，发挥地下空间在增量创新利用、存量功能提升中的重要作用。

“双碳”目标事关国家经济社会的系统性结构性调整，将从根本上改变过去高消耗、高投入、高污染、高排放的粗放式建设发展方式，推动城乡绿色转型和高质量发展。城市作为“减碳”的主战场，城市减碳路线图和技术方案是社会关注的焦点。我院与世界经济论坛、德国环境署和中国可持续发展工商理事会等国内外高端智库合作，前瞻性地研究重大绿色技术创新及其实施机制，集成性地研发不同尺度、不同地区的城市新区绿色规划技术，并在雄安新区、天府新区和上海新城等地进行落地和示范应用；动态评估城市居民的通勤状态和交通服务能力，探寻城市发展和通勤交通的本质规律，发布《中国主要城市通勤监测报告》等多个高质量报告；倡导“从车到人”的转变，主持编制的《城市步行和自行车交通系统规划标准》对步行和自行车交通空间规划设计进行精细化管控，创造适宜绿色出行的高品质空间。

我国城镇化率已突破60%，城市作为人口集聚的主要载体，既面临安全韧性的风险，也亟须探索具有中国特色的城市治理体系。我院积极推动规划全过程的公众参与，全面探索规划转型路径；在应对疫情、洪涝等重大安全事件中主动建言献策，深度参与城市体检工作，协助拟定相关技术文件及评估标准，为把握"城市病"提供科学依据；探索"大数据"技术提升城市安全和治理能力的路径，提供智慧互联运营的顶层设计，在苏州、雄安新区建立高度数字化的空间治理"一网统管"系统；在城市更新、城市设计等项目中，全面推进社区共同缔造的新模式，聆听公众声音，提升公众满意度。

2022年将是更加错综复杂的一年，对规划行业高水平服务的要求有增无减。众多地方经济旧动能枯竭、新动能未萌，维持平稳发展面临更大挑战，迫切需要行业敏锐捕捉市场主体和创新群体的需求变化，通过优化资源配置来赋能提效；"七普"揭示的城镇化和人口布局的最新变化，虽然印证了产业和人口向高效率地区进一步集聚的趋势和规律，但治理"大城市病"和"精明收缩"成为行业必须答好的两张试卷；在城市大规模扩张时期建立的规划建设、管理运维、标准规范，无法满足城市更新时代提质增效、功能混合、精细落地的要求，需要行业以革故鼎新的勇气来创新实践；"大数据"、信息化和虚拟经济蓬勃发展，对城市传统的城镇化和工业路径带来巨大冲击，需要密切关注由其引发的空间调整和利益分配格局的变化；2021年中岁末因煤价暴涨、煤电库存不足导致多地拉闸限电、企业停产和民生困难，让人们更加体悟到"双碳"目标和传统能源深度依赖之间的艰难平衡。

智库的价值，在于深刻认识到"祸固多藏于隐微而发于人之所忽者"，实现"远见于未萌，避危于无形"。这就需要心存大志、苦练本领、潜心研究，将规划实践的经验凝炼上升到知识层面，转化为政府科学决策的政策工具。伟大的时代呼唤伟大的变革，每一次变革都会带来重生的契机。中规院愿以建设"国家智库"为目标，与兄弟单位一起，为促进我国城乡规划事业发展、建构中国特色城市规划理论体系、科学引导城镇化和城市发展作出更大的贡献！

（院士工作室，陈明、张丹妮）

CHAPTER 1

高端对话篇

编者按

区域协调、安全韧性、城市更新、保护传承、绿色“双碳”、智慧城市是2021年度规划行业关注的热点话题，也是“中规智库”广邀业内外知名专家学者深入研讨和交流的重点。这些专家结合扎实的专业积累，聚焦长远谋划和解决方案，为区域和城市实现更高质量的发展发表真知灼见、贡献才智。

区域协调

汪光焘：原建设部部长，第十一届全国人大环境与资源保护委员会主任委员

到目前为止，都市圈的概念和识别界定标准仍没有形成共识。都市圈识别界定，直接关系到在“十四五”规划中如何落实培育和建设现代化都市圈的要求。结合十九届五中全会精神学习，对国内外都市圈概念与界定标准进行总结，对我国相关法律和政策文件进行梳理，并运用大数据等定量分析方法，选择影响都市圈发展的诸多要素进行了系统分析，提出以下认识：(1)通勤率阈值难以确定，加上通勤率的动态可调整性以及交通通达性差异，向心通勤率不适合作为我国都市圈界定标准；(2)一小时交通圈是都市圈、经济圈和生活圈等概念的基础；(3)都市圈的产业集群是一种高级生产关系；(4)都市圈公共服务的一体化和均等化应作为重要公共政策；(5)应探索实践都市圈生态保护和修复的协同规划与发展模式；(6)行政区划作为关键因素之一，其调整与都市圈发展同步或适度超前有利于都市圈培育。都市圈建设应坚持整体思维、系统思维、底线思维、成果共享以及城乡统筹原则，同时从明确发展目标与方向，确定容量，建构格局，制定标准，建立机制等方面提出了相关建议。

——中国城市规划设计研究院学术交流会

陈湘生：中国工程院院士，深圳大学土木与交通工程学院院长

粤港澳大湾区与其他国际一流湾区最大的不同是“一国两制”，它涉及三个关税区、三种货币、三种法律制度，因此不能照搬其他湾区模式来规划粤港澳大湾区。大湾区内部核心城市中，广州以贸易为特色、深圳以科技为特色、香港以金融为特色，核心城市的产业和人群属性不同，导致大湾区内部服务需求和特点不同。在大湾区交通层面，应通过对产业特点和人群属性的研究构建大湾区特色综合交通；同时，通过金融支撑高科技和贸易的发展，高科技和贸易实现对金融的反哺，协同构建综合交通，支撑粤港澳大湾区未来发展。

——粤港澳大湾区指数发布会

吴唯佳：清华大学首都区域空间规划研究北京市重点实验室主任，清华大学教授

京津冀都市区区域协调不强，发展差距大。一方面首都功能和中心城市的全球竞争力有待加强，外围地区对中心城市支撑不足；另一方面非首都功能疏解和中心城市减量、转型发展的红利，外围地区就近利用难，接受有限。主要原因在于都市区中心城市与外围地区行政等级不对等，政策资源不统一，协同效率不高；加之都市区跨区域的重大项目与工程方面的共建共享合作开发机制不健全，以及外围地区缺乏必要条件和能力来有效接受发展辐射。

加强中央与三地力量凝聚，创新区域合作体制。以跨区域的都市区建设，优化一体两翼的京津冀协同空间布局，深化京津冀协同发展战略的贯彻落实，包括：(1) 制定完善都市区空间发展战略和政策措施；(2) 破解跨行政区的合作掣肘，创新与政策落实、实施监管、特殊财税安排和治理考核相衔接的都市区发展机制；(3) 创新跨行政区对接的跨界地区规划联合编制、联合审批、联合督查制度；(4) 创新多主体、跨区域合作的重大项目、工程开发建设、运营维护模式。

——京津冀协同发展创新实践论坛

史育龙：国家发展改革委城市和小城镇改革发展中心主任、研究员

《成渝地区双城经济圈建设规划纲要》(以下简称《纲要》) 体现高质量发展的导向要求。《纲要》对标全面建设社会主义现代化国家的总体安排，既立足发展实际，又突出定位要求，确定的发展目标体现了对成渝地区的前瞻性思考、全局性谋划和战略性布局，体现了高质量发展的导向要求。《纲要》聚焦增强实力、激发活力、提升影响力。

《纲要》扎实有序推进双城经济圈建设。《纲要》着眼于最大限度壮大动力、激发活力、发挥潜力，从空间格局、基础设施、产业体系、科技创新、消费提升、生态保护、改革开放、城乡融合以及公共服务等方面进行全面系统安排。同时，《纲要》也突出高质量空间、高水平供给、高品质生活、深层次改革。《纲要》确定的目标和任务是“十四五”期间和到2035年成渝地区高质量发展的指引，将这些目标任务落到实处，是扎实有序推进双城经济圈建设的基本保障，也是促进全国区域协调发展，构建优势互补、高质量发展的区域经济布局的重要实践。

——2020/2021中国城市规划年会学术对话“成渝双城规划实施重大举措”

王 振：上海社会科学院副院长，研究员

为发挥长江经济带引领支撑作用，在打造世界级产业集群、增强科技自立自强方面，需要聚合力量、协同发展。长江经济带创新驱动发展存在明显的非均衡性，总体呈现上游地区、中游地区、下游地区次第增强的梯度化空间分异特征。

构建长江经济带分层协同的区域创新体系。创新体系包含科技研发创新（策源能力建设）、创新要素市场、创新驱动发展（创新链与产业链空间融合）三方面。在科技研发创新方面，重点发挥上海、合肥在科技研发创新中的龙头引领和带动作用；建设长三角、长江中游和成渝三大科技研发创新集群；构建前沿科技研究院所的合作创新联盟等联盟。在创新要素市场协同方面，构建以上海为引领的长江经济带、以城市群核心城市为引领的区域和以省会城市为引领的省域，形成分层推进，渐进统一的格局。在创新驱动发展方面，通过十大世界级制造业集群建设推动创新链与产业链深度融合。

——2021长江经济带高质量发展学术交流会

安全韧性

王 浩：中国工程院院士，中国水利水电科学研究院教授级高级工程师

一是水网是生态系统最活跃的控制性因素。水网已经演变成天然江河水系与各类水利设施有机结合而成的综合体，具有资源、经济、社会、生态、环境、文化六大属性以及资源供给、行洪排涝、营养物质供给、能量供给等八大功能。二是进入新发展阶段，我国水平衡情势发生重大变化。水资源配置格局与经济社会高质量发展、生态环境保护要求不相适应的矛盾更为突出。在此背景下，中央作出建设国家水网的重大决策部署，即在通盘考虑国土开发保护新格局视角下，通过完善水利基础设施网络，系统优化水流网络系统，强化水资源调配、河湖生态保护修复、防范水灾害风险等各类功能，提升国家水安全保障能力。它是一个集国家骨干水网、区域调配水网和末梢输配水网等三个层次的复杂系统。三是提出国家水网骨干工程建设的原则：维护健康的水环境；坚持确有需要、生态安全、可以持续规划论证；坚持安全化、高效化、生态化、智能化方向；充分吸收重大跨流域调水工程的宝贵经验。建议中线和东线工程以“中线挖潜、东线北延、

效益拓展”为重点，西线工程以“全局谋划、分期实施、先通后畅”为重点，同时完善建管机制，优化水价、理顺体制、调整分水。

——2021长江经济带高质量发展学术交流会

任南琪：中国工程院院士，哈尔滨工业大学教授

通过在源头、过程和末端不同尺度上综合运用绿色、蓝色与灰色工程措施，实现对城市雨水径流总量、峰值和生态环境污染的综合控制，才能使城市具有对自然灾害的“韧性”。城市水系统高质量发展主要体现在以下三个方面：第一，海绵城市理念是绿色发展实践。“海绵城市”应该能够像海绵一样，在适应环境变化和应对自然灾害等方面具有良好的“弹性”和“韧性”，海绵城市建设是一项系统工程，必须按流域，至少按汇水区域开展顶层设计、专项数字化规划，在统筹指导下开展工程设计和落地。要实现系统最优，而不是单元最佳。第二，灰绿结合是污染治理必由之路。高质量发展必须符合二元驱动，要实现绿色低碳与生态优先。未来农村污水处理应以绿色为主，灰色为辅，实现污水资源回灌和营养物氮磷归田。城市和工业园区污水处理应以灰色为主，绿色为辅。污水处理厂是资源、能源的高耗企业，无限提高污水处理达标排放标准，会造成资源、能源和资金的巨大浪费，也会导致温室气体的大量排放。第三，基于大数据的规划与智慧管控。后海绵时代建设的最高目标是实现大数据与人工智能，建立智慧水务及城市水应急决策可视化支持平台，实现数字化规划、数字化工程设计与智慧水务管控。

——第五届全国工程规划年度论坛暨2021年中国城市规划学会工程规划学术委员会年会

范维澄：中国工程院院士，清华大学公共安全研究院院长

构架“科技—管理—文化”三足鼎立的安全韧性城市支撑体系。科技要素包括强韧化城市基础设施、高安全房屋建筑体系、最优化重点区域规划、全覆盖安全保障设施、智能化安全平台系统；管理要素包括跨部门领导协调能力、多元化安全治理体系、多层次应急管理体制、一体化区域协同联动、全方位法规政策保障；文化要素包括全民性社区共治参与、前瞻性风险转移意识、专业化志愿救援体系、常态化抗灾应急演练、体验式教育培训模式。

建议实施城市韧性工程。到2035年，建设一批国际一流的安全韧性城市，形

成特大城市及主要城市群安全韧性的建设样板，在国内发挥示范引领作用；为京津冀协同发展、粤港澳大湾区建设、长三角一体化发展铸造安全基石，提供“全方位、立体化”的安全保障；在“韧性城市”领域为国际合作交流提供“中国方案”。

——首届“中规智库”规划创新年会

黄晓家：全国工程勘察设计大师，中国中元国际工程有限公司总工、安全城市研究院院长

建立涵盖法律法规管理标准体系、技术标准体系、平均标准体系的韧性城市三标体系，实现韧性城市治理体系和治理能力现代化。

建立韧性城市风险评估机制。韧性城市是基于全面小康社会的有限安全城市，是基于当下经济基础的防灾减灾措施和确保城市生命线安全度的要求，也是基于安全评价和风险评价，城市运行成本最合理的安全城市。城市体检中应充分重视防洪排涝、城市节水、海绵城市、消防安全、城市生命线工程的安全评估。

——首届“中规智库”规划创新年会

邵益生：国际欧亚科学院院士，中国城市规划设计研究院原党委书记，研究员

城市安全韧性的风险主要表现为两类：一来是“灰犀牛事件”，通常是指常见以至于人们习以为常的风险，也可理解为系统性的风险，其危害就好比“温水煮青蛙”；另一类则是“黑天鹅事件”，是指罕见的、出乎人们意料的风险，属于不确定性的风险，其危害极大且猝不及防。尤其在全球气候变化的背景下，这两类风险相互交织，其危害有时相互叠加，对城市安全构成巨大挑战，必须统筹城市基础设施的规划、建设和管理，采取系统性和应急性的措施予以应对：一要加强基础设施的系统规划，城市是多层级的复杂巨系统，交通、供电、通信、供气、供水、排水等基础设施则是保障城市安全的网络型系统，彼此间功能互补，是相互联系、相互支撑的，必须系统考虑，统筹规划。二要加强基础设施的能力建设，要抓住“实施城市更新行动”的良好机遇，充分考虑气候变化的因素，着力做好“补短板”“提标准”工作，切实提高基础设施韧性和抗风险能力。三要加强基础设施的智慧管理，要结合当前“新基建”“新城建”的目标任务，利用大数据、人工智能等现代信息技术，建设智能化的应急决策、可视化支持平台和政策机制，提高城市基础设施的监测、预警和应急救援能力。

——2021长江经济带高质量发展学术交流会

城市更新

崔　恺：中国工程院院士，全国工程勘察设计大师，中国建筑设计院有限公司名誉院长、总建筑师

存量提升是近年从中央到部里结合经济形势发展和城市建设展开的新的方向，在生态文明思想引领下，以“存量提升”为本，推行城市有机更新，走内涵式、集约式、绿色化的高质量发展道路。隆福大厦片区改造项目中，坚持顺其自然、将错就错、注入新活力，将建筑功能由商业转为办公性质，屋顶的仿古建筑被保留下来并打造成很好的文化场所；雄安设计中心项目是对既有建筑进行绿色改造的探索，总体策略是少拆除、多利用，快速建造、低成本、节能节材、引导健康生活等理念都得到较好落实；北京东煤厂胡同5号院改造项目是对老建筑容纳新生活的积极探索，规划提出将小空间组装到大建筑里，将这里打造成安置年轻艺术家的微小居住和创意空间聚落；昆山玉山广场片区城市设计项目以延续城市肌理、形成协调的高层体量群落等为策略，对城市街区空间进行织补；南京园博园主展馆项目把工业遗址再次生态化作为主要设计方向，尽量多保护原有设施以及场地上的高差、地形和绿化，增加新的轻钢结构体系，用嵌入式的方法来创造场所。现在正处于规划转型的关键期，无论是在价值观树立还是在技术手段研发上都需要建立一些新的模式和体系，去应对新的挑战。

——中国城市规划设计研究院学术交流会

李晓江：全国工程勘察设计大师，中国城市规划设计研究院原院长，京津冀协同发展专家咨询委员会专家

中国进入新时代，社会主要矛盾发生变化，城市从以增量扩张为主转向以存量更新为主，城乡建设成为国家实现双碳目标四大重点领域之一。在此背景下，城市更新过程中应注重对四大价值的再认识：一是经济/生产价值。城市更新要特别关注城市活力，在层级化资源配置制度下，对于有生产功能的更新对象，要深入认识其对于城市的经济/生产价值，进而采取科学合理的更新方式，重视非正规空间。二是社会/民生“织补”价值。在过去增长导向模式下的快速城镇化时期，城市建设对民生品质的考虑不够全面，因此，新时代的城市更新不仅仅要关注文化、特色，还要关注如何补齐老百姓美好生活的短板。三是文化/审美价值。当前整个社会的文化修养、精神需求和审美体验的要求在提高，空间文化活动正变成一种时尚，要摒弃贫困时代“以大为美、以高为美、以洋为美”的价值观，树立新的审美和文化价值观。四是绿色/低碳价值。绿色低碳是中国必然的发展道路，在国家“双碳”目标下，城市更新要从应用绿色更新技术、倡导绿色生活方式以及完善政策、治理、设施保障条件等方面着手，多维度思考绿色更新的实施路径。

——中规院西部分院城市更新学术论坛

张　杰：全国工程勘察设计大师，北京建筑大学建筑与城市规划学院院长，清华大学建筑学院教授

城市更新需要关注四个方面：一是宜居、生态的城市空间环境提升；二是包容、开放、公平的社会环境提升；三是面向就业与经济发展的城市产业升级；四是协调多元利益诉求的城市治理。

城市规划管理应由建筑实体控制到空间场所控制。场所营造是城市动态调整的依据之一，应该通过城市设计研究，进行动态精细化管理，塑造高质量城市环境与具有地方特色的风貌。城市规划管理应由建筑实体控制到空间场所控制，以城市记忆、文化传承的视角，关注场所的时间维度，贯穿城市生长与代谢的有机过程，将历史融入当下，带向未来。

——首届“中规智库”规划创新年会

周　俭：全国工程勘察设计大师，上海同济城市规划设计研究院院长，同济大学建筑与城市规划学院教授

城市更新同文化遗产、古城历史文化的保护及发展相辅相成。重见永新“重见”的是价值，对当地人来说，记忆就是价值；对外地人来说，在这里可以看到过去、看到一个城市发展的过程就是价值。只有精细化设计才能体现价值，“五位一体”的面对面工作模式及因地制宜、多元化的手法才能实现精细化设计。永新实践要将空间更新、空间治理融合，一以贯之进行全生命周期的管理与运营。

古城保护模式要因地制宜。第一，梳理研究案例，提出策略建议，从更高的站位、更全局的视角，反思城乡建设中文化遗产屡遭破坏的症结所在，提出我们的策略建议。第二，要把握好地方性和普适性的度的问题，普适性的法规、标准在内容的制定上要适度，建议每个历史文化名城、名镇都要积极颁布出台地方保

护条例和标准规范。第三，各地保护与利用的机制和模式要鼓励多样化，好的模式可以学习、借鉴，但具体的保护传承实施方法应该因地制宜。

——“城市更新·永新实践”学术讲座

孙一民：全国工程勘察设计大师，华南理工大学建筑学院院长

探索地区城市总设计师制度。地区总设计师为规划管理部门提供行政审批的辅助决策及设计审查的技术服务，其审查意见作为规划管理部门行政审批的依据之一。总师制度的实施重点是针对控制性详细规划的城市设计优化。

建议一体化城市设计管控。将城市设计图则、地块设计要点和设计条件作为地块出让条件的一部分，保证城市设计要求得到有效落实。将城市设计导则作为弹性指引，对建筑形态、地下空间、街道与环境、公园与广场等进行精细指引。通过刚性控制与弹性指引结合，实现伴随式的城市设计，保障城市空间品质。

——首届“中规智库”规划创新年会

保护传承

王瑞珠：中国工程院院士，中国城市规划设计研究院学术顾问

实物遗存是各种历史信息的真实载体，是可靠的史料见证和知识来源。许多遗存也是重要历史事件的见证，实物遗存不仅可以填补历史研究的空白，弥补文献资料的不足，还可令抽象的、模糊的文献记载具体化，乃至避免或纠正某些文献的误导；实物遗存不仅真实地反映历史，且具有文献不可替代的视觉上的直观性。文物遗存的保护与利用就是处理好老建筑与新建设的关系问题，从城市的整体风貌、自然环境的角度，结合城市的历史环境进行综合考量：一是要考虑专业的特殊性，考量主角和配角的关系；二是注重文物建筑及其群体的整治及修复；三是要把握好历史环境整体氛围。

——中国城市规划设计研究院学术交流会

常　青：中国科学院院士，同济大学城乡历史环境再生研究中心主任

以地域谱系划分中国风土建筑遗产谱系。以民族、民系“语缘”区（官话区与方言区）为背景，划分中国风土建筑谱系，突出传统人居环境的分布及演变规

律，实现风土建筑保护与再生的传承目标。

处理好更新与再生之间的关系，更新与再生可以互涵，但更新也可能滑向大拆大建的摧枯拉朽式改造，导致文化记忆灭失。对历史环境而言，更新和改造应适度管控，需要在真实性修复、必要性复建及合法性翻建，以及室内设施改良和品质提升方面探索有机更新和适应性再生途径。海口骑楼街区整治采用“修旧如旧”和“整旧如故”的修复理念和技术手段：“修旧如旧”即保留时间所造就的客观状态，把岁月痕迹保留下来，如将“文革”时期留下的典型痕迹也予以保留和维修。“整旧如故”则是通过研究建筑的典型色彩与技艺，还原主人建房时的愿景和工匠技艺。

——首届“中规智库”规划创新年会

王建国：中国工程院院士，东南大学建筑学院教授，中国城市规划学会副理事长

中国城镇建筑遗产是国家民族认同和文化自信的重要载体，类型丰富、形式多样、内涵深厚、兼具科学和艺术价值。在国家高度关注历史文化传承弘扬的背景下，应该关注更加广义的城市和建筑遗产多尺度保护、利用的探索和实践。第一，要关注多尺度整体性以及“尺度效应”问题，城镇建筑遗产保护利用既要有“致广大”的体制机制保障，也要有“入细微”的技术方法研究。第二，要科学认识中西方历史城市建筑形态和适宜保护改造方式的差异，客观认识先前中国城市长大、长高、长密的问题。第三，过去历史保护存在重宏观理性轻微观感性、重整体规则轻个案导控、重简单刚性轻多样负责、重底线管控轻层级导控的问题。第四，需要把握好理想图景和现实之间的关系。第五，要依托科技进步，拓展价值认知、保护理念和技术方法的知识边疆，信息时代的数字科技进步可以提升对城市历史文化的认识，实现认知迭代升级。

——2021年中国城市规划学会历史文化名城规划学术委员会年会

杨保军：全国工程勘察设计大师，住房和城乡建设部总经济师

文化是城市发展的一种动力。山水禾城，人文永新，站在新时代与永新古城文化对话，“重见永新·共同缔造”古城再生计划从国家发展战略的高度出发，通过设计、文化、艺术、产业、资本、运营的六位一体系统性方案，以因山为屏、理水塑城、依势筑城、修文荣城、聚市兴城、地标识城的“营城六法”的工作方

法，找到与古城对话的方式。

国家“十四五”规划提出推进以县城为重要载体的新型城镇化，县城是乡村振兴的重要支撑，是五千年历史文化积淀的传统文化的重要载体。在“重见永新”古城再生计划的更新实践中，通过外在物质空间的改善提升人居环境，推动以人为本的城镇化发展。

——“城市更新·永新实践”学术讲座

张　杰：全国工程勘察设计大师，北京建筑大学建筑与城市规划学院院长，清华大学建筑学院教授

《关于在城乡建设中加强历史文化遗产保护传承的意见》(以下简称《意见》)既重视体系建构，也强调制度和措施。《意见》中提到的“城乡历史文化遗产基本做到应保尽保”。一是要尽快出台相应措施，确保文物、历史建筑和风貌建筑的安全。二是要打破行政边界，系统化进行历史文化遗产保护。三是探索将“应保尽保”的遗产体系融入现实生活中，并用以塑造民族完整的文化生态。永新古城的更新模式是在我国现有经济发展水平下，对县城更新模式的一次有益探索，实现了低成本改造、原真性保留和运营内容的多元化。

在具体实践中，将场所营造与保护更新结合，将历史片段融入现代生活，强调城市空间环境提升在城市更新中的重要作用。以福州连江项目为例，通过控制建筑高度、修复历史河道、规划开放空间等方法，将老的要素与新的景观融合，塑造了当地的文化自信，取得了良好的社会效应。在陶溪川博物馆、美术馆改造设计中，既保护了有形要素（两栋不同年代建造的烧炼厂房、一处漏斗塔、与烧炼相关的独特历史记忆载体），又保护了无形要素（长时间段瓷业与人的密切关系、工业技术流程、工厂办社会、市民的身份认同感等），对旧厂房的更新主要体现在保护结构加固、外观修缮和性能提升三个方面。

——《关于在城乡建设中加强历史文化保护传承的意见》文件学习研讨会
第一场（住房和城乡建设部科技委历史文化保护与传承专委会专场）

王　凯：全国工程勘察设计大师，中国城市规划设计研究院院长

城乡历史文化保护传承工作中存在的问题。一是工作管理系统性不强，缺乏国家层面的整体谋划、顶层设计以及自上而下的统筹保护，同时存在“重申报、轻管理”的突出问题。二是保护对象整体性不足，历史文化遗产保护存在“重古代、轻近现代”“重单体、轻整体”“重本体、轻环境”等问题。三是保护利用传承不到位，存在保护意识淡薄、文化认识不清的问题，建设性破坏、保护性破坏时有发生。

构建城乡历史文化保护传承体系。一是要把握体系的基本内涵；二是要明确国—省—市三级联动的保护传承体系的框架层次；三是要识别城乡历史文化的核心价值；四是要梳理体现价值的对象载体；五是要构建全国一盘棋整体格局。

实施路径建议。一是分阶段实施，在第一阶段（2021年至2025年）摸清家底、体系初建，在第二阶段（2026年至2035年）体系建成、深耕细作，在第三阶段（2036年至2050年）弘扬发展、全面复兴。二是分区统筹协调，划定7大分区，作为跨区域遗产保护传承协调的空间载体、向省级辖区传导要求的支撑。三是“十四五”期间，重点围绕分级分类保护名录、加强保护利用传承工作、完善保护管理实施机制三大工作重点，解决保护对象普查、保护对象名录认定等重点任务，推动实施若干项重大行动。

——中国城市规划设计研究院与西安建筑科技大学战略合作协议签约仪式暨学术交流会

陈志龙：全国工程勘察设计大师，陆军工程大学教授

结合城市更新推进地下空间再开发。地下空间再开发指在城市建成区已有地下空间基础上新建地下空间，对已有地下空间功能进行调整、布局进行优化的活动，包括地下空间增量创新利用、地下空间存量的功能提质等。城市更新过程中需要树立三维立体化发展的理念，实施中明确不同行为与功能的分置，管理中强调顶层设计的统筹与协调。城市更新离不开地下空间，地下空间再开发将在高质量城市更新活动中发挥不可或缺的作用。

——中国城市规划年会暨2021中国城市规划学术季“城市更新在行动”学术对话

李兵弟：住房和城乡建设部科技委历史文化保护与传承专业委员会委员，住房和城乡建设部村镇建设司原司长

《关于在城乡建设中加强历史文化遗产保护传承的意见》将农村的历史文化保护纳入整个保护体系中，这非常重要。农耕文明、农村的历史文化是我们国家历史文化保护整体体系的重要层次和重要方面，纳入后可以对农村历史文化资源进行统一价值评估、统一保护、统一监管，形成涵盖城乡的完整的国家历史文化保护体系。我们必须要看到，农村的历史文化保护资源分散，在保护价值评估以及保护人才的缺失方面，比城市更为严重。

在农村的历史文化保护中，产权等问题需要进一步研究。如南方农村一些祠堂性建筑的产权分散问题在修缮维护时变得更加严重，需要探索保护、评估和利用的有效工作途径。寻求社会资本介入农村历史文化建筑和历史文化名村、传统村落保护的可行路径，对于农村的历史文化保护来说，无疑会上一个更高的层次，后期还需要深入研究和落实。

——《关于在城乡建设中加强历史文化保护传承的意见》文件学习研讨会
第一场（住房和城乡建设部科技委历史文化保护与传承专委会专场）

绿色“双碳”

贺克斌：中国工程院院士，清华大学碳中和研究院院长

调整能源结构，充分利用风光资源。在双碳目标牵引下，世界能源体系从化石能源走向以风光资源为主体的非化石能源，与之对应，世界经济从资源依赖型走向技术依赖型。

双碳目标与美丽中国、生态文明目标高度一致，温室气体减排和大气污染治理具有高度协同性，应以“减污降碳协同增效”为助手，实现碳排放和环境污染的协同治理。

同时，通过资源增效减碳，构建“无废城市”系统。高度关注以全生命周期为核心的物质循环，践行综合治理思路，控制“固废—废水—废气—废热”，实现物资循环利用，最终从“无废城市”走向“无废社会”。

建造光储直柔建筑。城镇1万平方米光储直柔建筑加100辆电动汽车可实现瞬态功率在0～1兆瓦之间任意调节，从而有效消纳外部风电光电；农村农房屋顶光储直柔改造后并入地市级电网，除自用外可通过发电挣钱，成为农村扶贫新方式。

——首届“中规智库”规划创新年会

程泰宁：中国工程院院士，全国工程勘察设计大师，东南大学建筑学院教授

前置性要素的合理、明确，对于杭州西站设计非常重要。一是铁路的前提条件明确，譬如轨道的标高、站房的标高等；二是TOD综合开发的力度得到明确，通过调整规划设计适度提高容积率，这都有利于杭州西站整体的设计与开发。

杭州西站的设计有三大创新点：一是云谷。基于站房选型，充分利用铁路站场拉开的空间，设置站中立体交通系统激活以往低效的咽喉区用地，利用站场拉开的间隙，创新性地设置云谷空间，将传统的一字型城市通廊扩展为十字形综合交通系统，从而更加高效地利用各种城市交通资源，让旅客享受更加便捷的换乘。二是真正的综合开发。在铁路垂直上方上盖4栋5万平方米的建筑，利用站房空间，把所有城市交通车辆进出建筑的流线都布局在铁路上方，极大节约了土地。三是云门。通过云门解决了站房与综合开发的超高层建筑之间联系的问题，是串联站内外建筑的空中交通枢纽。

枢纽站城融合要关注以下四点：一是站城融合要用一种整体性的思维来对待。二是站城融合实际上是一个规划和设计的理念，而不是一种模式。三是站房设计和站城融合一定要有一个好的上位规划。四是各个部门之间的体制机制需要融合和创新。

——枢纽地区规划建设学术论坛

李晓江：全国工程勘察设计大师，中国城市规划设计研究院原院长，京津冀协同发展专家咨询委员会专家

第一，生态文明和“双碳”目标代表了中国社会的文明进步。第二，“双碳”是国家安全和韧性的保障，也是提升核心竞争力的重要领域。第三，要有效应对“双碳”目标的短期冲击和长期压力。第四，美好生活不需要低水平的碳中和。第五，绿色低碳必须维护社会公平正义。

人口迁徙与工作生活方式、国土空间利用、住房和基础设施、工业和服务业、财政和金融、治理体系六大关键领域的系统干预将使中国步入低碳城镇化的2℃轨道。不同干预情景下，中国的城镇碳排放显示出明显差别。中国只有采用2℃路径进行全面系统性干预，才能促使碳排放迅速下降，到2050年实现2℃碳中和目标，2060年实现1.5℃碳中和目标。

街区层面碳排放的计算方法考虑社区用能、居民出行、衣食生活产生的碳排放以及社区固碳量。不同社区之间的碳排放量差异较大，经济水平、宜居水平和生活方式（社区类型）影响人均碳排、单位住宅面积碳排，并且随着“美好生活需要”的实现，能源、资源消耗还会不同程度增长。加强“完整社区”低碳建设引导，社区用能、居民出行、衣食生活、绿色固碳四大领域的绿色低碳技术和低碳生活方式总减碳潜力为35%～65%。

——“建设成渝地区双城经济圈之战略部署与实施行动”主题论坛

盛　晖：全国工程勘察设计大师，中铁第四勘察设计院集团总建筑师

铁路客站的站城关系在我国的发展沿革经历了四个时代：第一代是铁路、站房和广场平面组合，它是一种有站无城的形式；第二代是铁路、站房立体叠合，第一次使站城关系得到强化；第三代是综合交通枢纽的建设，极大提高了旅客换乘效率；第四代是依站建城，打造高铁新城。新的时代、新的需求和新的挑战，要求新一代铁路客站实现“五合”，即站城融合、交通综合、功能复合、生态结合、智能统合。

站城融合是新一代铁路客站区别既往客站的标志性特点。站城融合是一个动态的过程，要因站而异、因地制宜、因时而变。站城融合与TOD的视角和目标不尽相同：（1）站城融合是一种建设理念，尚无严格定义，既可以运用TOD模式来实现，也可以采取其他的方式达成协同一体的标准；TOD是城市规划发展模式，有比较成熟的理论。（2）站城融合中的站主要是高铁主导型的综合交通枢纽，而TOD涉及的站点一般是指通勤为主的车站和地铁站、市域郊铁路车站。（3）站城融合的应用范围可大可小，时间可先可后；而TOD比较适合人口稠密的都市，必须超前规划并持续推进。

近期铁路客站设计的创新实践主要体现在交通无缝换乘中心、城市客厅、车站的弹性空间、多向进站、交通光谷、构建完善的慢行系统、安检互信与信息共享、打造“活力空间”、地标与消隐、铁路上盖开发再造城市用地、后疫情时代的交通建筑设计等11个方面。

——枢纽地区规划建设学术论坛

李　迅：中国城市规划设计研究院原副院长

城市碳中和需要解决三大问题。第一，碳达峰和碳中和意味着城市发展动能必须转换，构建“科技含量高、经济效益好、资源消耗低、环境污染少”的绿色生产结构和生活方式；第二，碳排放清单是个艰难的工作，需要处理好自上而下和自下而上、生产端和消费端、出口端和消费端等关系；第三，进入后工业时代，建筑和交通领域的能源消费将是城市二氧化碳排放的重要来源和减碳的重点方向。

绿色低碳城市发展需要做六项基础工作：第一，要严守生态底线，强化国土空间规划和用途管控；第二，要以科技创新为支撑，提升绿色发展质量；第三，要以低碳循环为关键，激发绿色发展动力；第四，以生态碳汇为重点，筑牢绿色发展屏障；第五，凝聚绿色发展共识，倡导绿色生活方式；第六，碳计量是双碳目标的基础性工作。

——首届“中规智库”规划创新年会

智慧城市

吴志强：中国工程院院士，同济大学原副校长，同济大学建筑与城市规划学院教授

大数据就像工业时代的化石能源，AI则是发动机，AI赋能城市规划主要体现在以下三个关键点：一是问题痛点导向。愿景力是规划的灵魂，利用AI技术，有助于更好掌握居民信息，突出个体感受，了解生活痛点，并通过建立城市问题系统，精准感知百姓需求，进而建构“绿治住行商医教产基创”十元平衡的家园。二是技术迭代导向。以智能空间iSpace001为例，通过建构生存模块（S）、健康模块（H）、幸福模块（E）、社区模块（J）四大AI智能养老模块，并通过集成应用打造出适老化、智能化改造示范样本，探索标准化空间设计技术，未来将应用于社区乃至城市等更大尺度空间。三是群落智慧导向。群落文化是规划专业的内涵，推演群落变化趋势是人类共同关心的话题，人工智能可以深度学习历史、智能推演未来，为规划工作提供有力的科学支撑。

数智、群智、跨智、增智、自智构成了AI 2.0，并应用于城市、制造、医疗、农业、教育五大领域。城市是文明的承载地，从CIM到CIMAI（CIM城市智能平台+AI人工智能推演），未来更高级的文明将是智能文明、创新文明、生态文明。

——首届“中规智库”规划创新年会

王建国：中国工程院院士，东南大学城市设计研究中心主任

新时期中国城市建设可持续发展战略。中国城镇化正在进入一个由规模外延扩张到存量为主和内涵品质提升的历史新阶段，在这个新时期，城市建设可持续发展必须尊重城市发展的规律，以中华智慧为引领，以生态、平衡、有序、法制、人民为发展观念，以新一代数字技术为理性支撑，追求人与自然的和谐发展。

运用数字化技术支撑“以人为本”的城市设计。一是大数据的有效捕捉、采集、处理和应用，使城市设计获得了整体而具有个体精度的“以人为本”的信息能力，可以帮助城市规划和设计决策作出“以人为本”的科学决策；二是通过海量数据信息获取公众对城市空间的偏好度，让“公众参与”真正成为城市设计实现“以人为本”的社会基础；三是运用眼动仪等数字化技术，可以帮助人们更加便捷感知和科学认识城市风貌特色和形象。

——首届“中规智库”规划创新年会

CHAPTER 2

重大发布篇

编者按

借助信息网络、新闻媒体等传播渠道的力量，聚焦政府和群众关心的宜居品质、城市交通、城市活力、街区场景等身边话题，点燃民众参与城市问题讨论的热情，引发政府对民生问题的关切，引导舆论正确地认识城市、感知城市和评价城市，为城市实现科学和良性治理尽绵薄之力、播丰收希望。

粤港澳大湾区指数报告

2021年为粤港澳大湾区高质量发展指数发布元年，开启了中规院以大数据平台和算法模型观察大湾区的新阶段，其理论与算法研究引发学界的热烈讨论，发布内容被多家媒体转载，引起社会广泛关注。

一、针对大湾区的独特性提出巨型都市网络概念

（一）高密度、强流动

粤港澳大湾区人口和经济密度远超京津冀和长三角，人口密度接近东京湾区，是全球人口密度最高的地区之一，见表1。要素的高度集聚形成了城市之间的高强度联系与流动的网络关系，见图1。

粤港澳大湾区与其他湾区、城市群人口与经济密度比较　　表1

湾区/城市群	纽约湾区	旧金山湾区	东京湾区	京津冀城市群	长三角城市群	粤港澳大湾区
建成区人口密度（人/平方公里）	7692	3436	6866	2517	2209	6923
建成区经济密度（亿元/平方公里）	42.8	23.1	18.3	1.8	2.8	11.1

资料来源：建成区面积根据地图测量，人口与经济总量根据统计数据整理。

（二）多样性、市场化

高度活跃的市场经济、“一国两制”的制度以及先行示范区、自贸区等政策的多重影响形成了多样化的城市功能与差异化的成本供给。

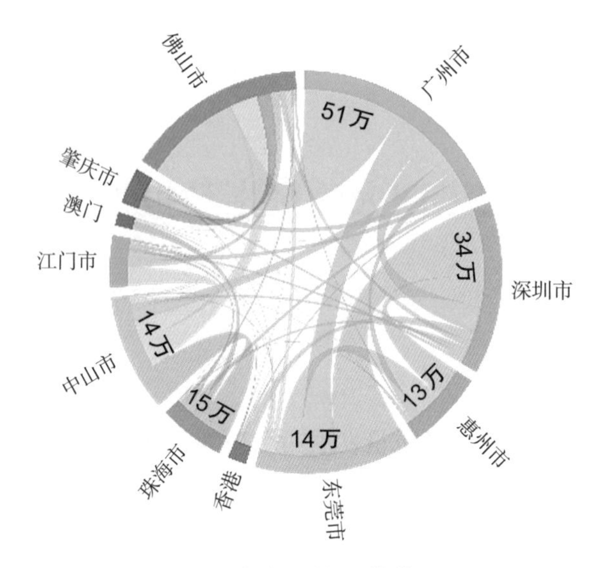

图1　大湾区跨界通勤联系

（三）三引擎、混沌态

香港、广州、深圳三大中心城市经济体量相当，分别以香港、广州、深圳为中心，其所形成的都市圈范围或经济腹地之间相互叠加，整个粤港澳大湾区作为城市群与各个中心城市所形成的都市圈之间的边界处于混沌状态。

（四）巨型都市网络

针对大湾区这种高密度、强流动下的，空间高度连绵、多个能级相当的中心共同作用下的，都市圈或经济腹地范围相互叠加、城市群与都市圈之间的边界处于混沌状态的巨型城市区域，我们称之为巨型都市网络。

二、构建高质量发展评估的三体六维模型

（一）三体引擎

香港、广州、深圳共同承担大湾区全球城市职能，共享大湾区经济腹地。其中香港以金融和航运为主，广州以商贸和交通为主，深圳以科技创新为主。

（二）六维网络

将高质量发展解构为质—流—链，质代表宜居，包括环境风景和人文服务；

流代表活力，包括交通互联和开放包容；链代表价值，包括创新活力与产业发展，形成六维要素系统网络。对三体和六维叠加，形成引领大湾区迈向高质量发展的三体六维模型，见图2。

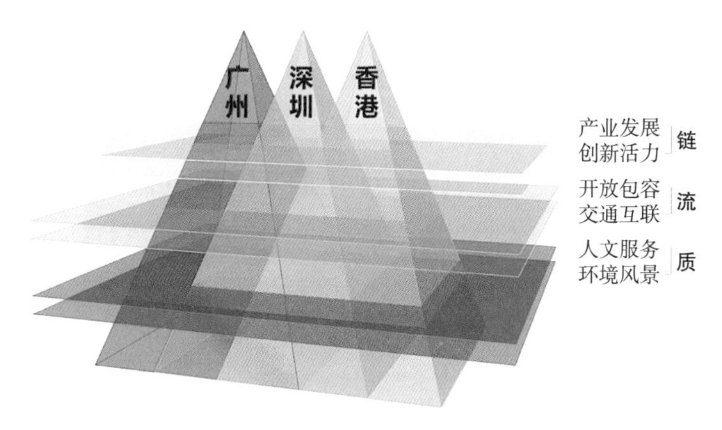

图2　三体六维模型

（三）指标评估

借助大湾区数据平台，构建高质量发展指标体系，通过指标更新实现智能动态评估，见图3。

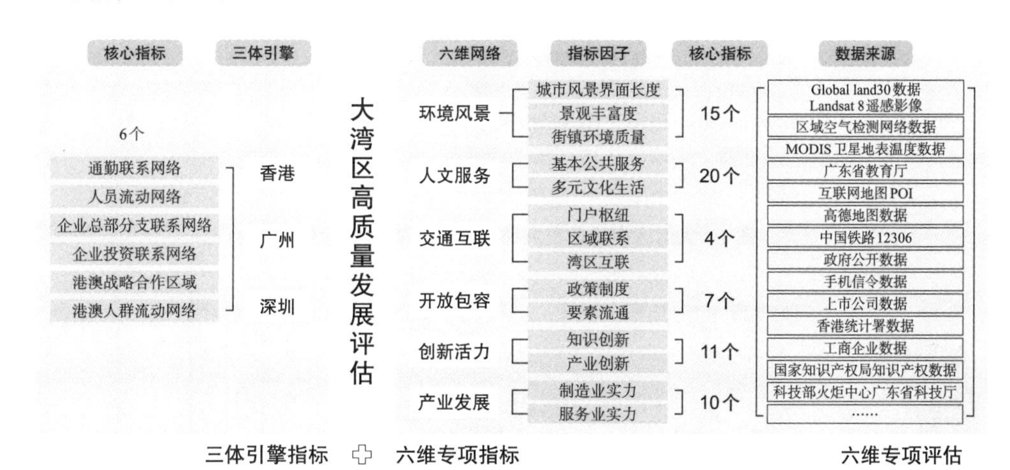

图3　三体六维模型指标体系框架

三、确定以街镇作为基本研究单元

借鉴大伦敦、东京都等精细化空间治理经验，以630个街镇作为研究基本单元，平均面积为88平方公里。

四、面向区域中心与腹地影响的三体实证分析

（一）四大核心城市引领湾区高质量发展

香港、澳门、广州、深圳垄断了街镇综合排名前20名，并在不同维度发挥头部引领作用，见图4、图5。

图4　大湾区高质量发展评估前20名街镇得分情况

维度

大湾区街镇（区）各维度TOP50城市分布示意图

人文 TOP50

开放 TOP50

风景 TOP50

互联 TOP50

创新 TOP50

产业 TOP50

城市	TOP50街镇频次	风景	人文	互联	开放	创新	产业
江门市	1		△				
澳门	21	☆	☆		☆		
香港	57	☆	☆		☆	☆	△
广州市	89	△	☆	☆		☆	△
肇庆市	2	△	△				
深圳市	85	☆		△	☆	☆	☆
惠州市	6	△					
珠海市	10	△					△
东莞市	12					△	△
佛山市	13			△			△
中山市	4						△

☆表示城市在某维度有较大优势　△表示城市在某维度有一定优势

图5　按城市分组的六大维度前50街镇统计

（二）核心湾区形成港澳系、环深系、广佛系三大朋友圈

港澳系具有相似的国际化环境与功能，并通过深圳前海、广州南沙、珠海横琴、深圳河套等重大平台将国际功能向湾区渗透。环深系展现出深圳都市圈对西岸中山、珠海等城市影响加强。广佛系显示广佛地区正在从核心地区的同城化走向全域同城化，见图6。

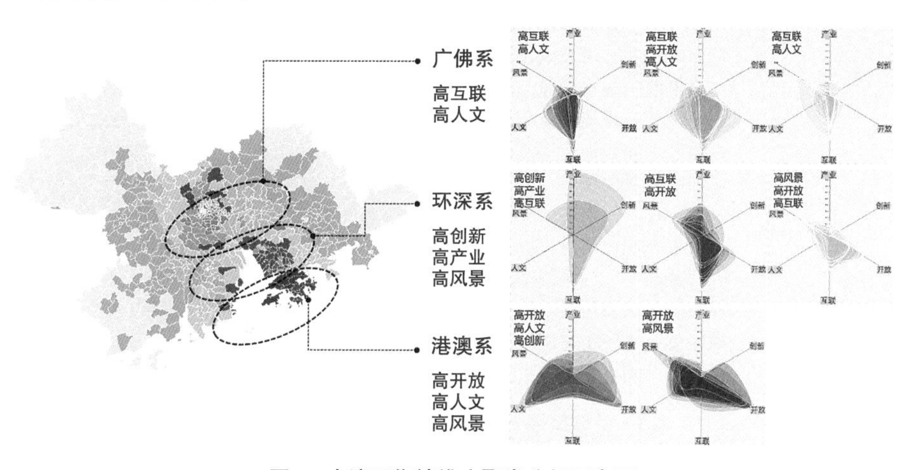

图6　大湾区街镇维度聚类分析示意图

五、面向高质量发展要素协同的六维网络评估

（一）环境风景

环境风景排名较高的街镇以高品质自然环境与中心功能的互动，形成大湾区典型的风景都市网络。创新能力集中于少数头部街镇，其自身或相邻街镇风景指数排名普遍靠前，表明创新有向风景聚集的趋势，风景绿核成为空间新磁场，见图7、图8。

（二）人文服务

因行政、经济、人口等资源长期集聚，大部分老城区沉淀了高品质的公共服务与历史文化资源。港澳地区拥有多所国际学校，文化多元且有国际影响力，人文服务优势不可替代。深圳原关外、东莞外围部分街镇公共服务配套滞后于人口流入，形成人文服务洼地，见图9。

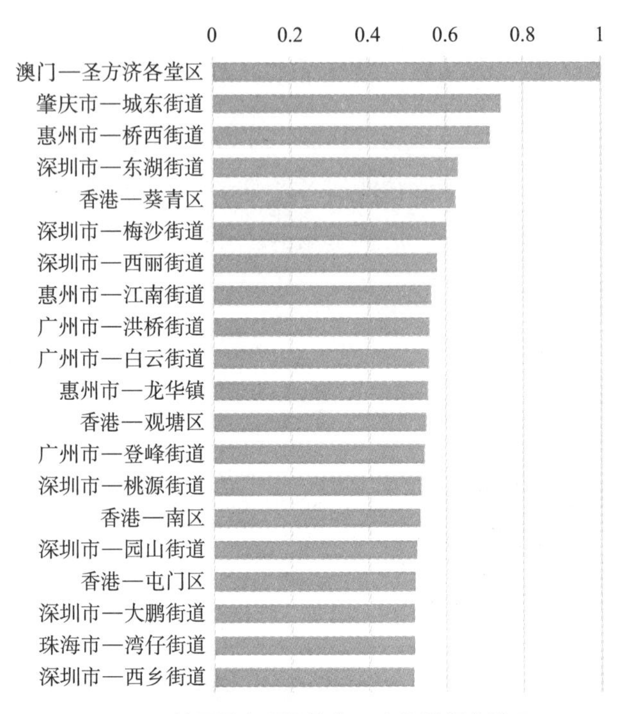

图7　环境风景专项评估前20名街镇得分情况

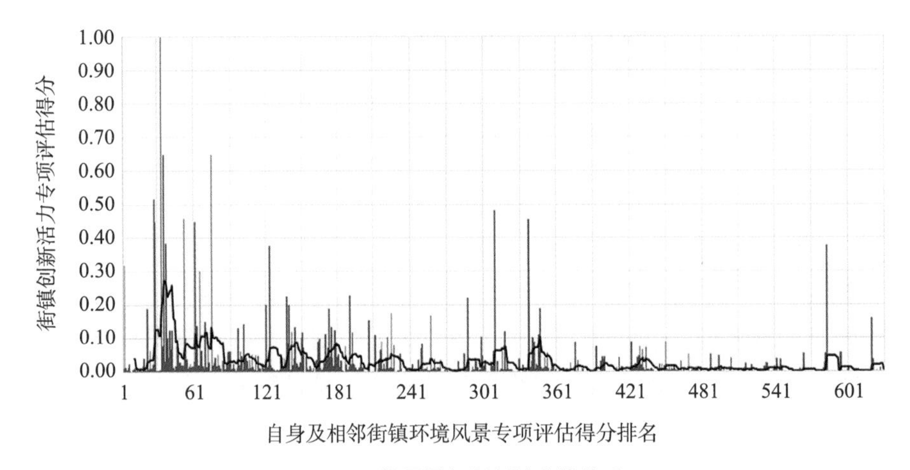

图8　环境风景与创新活力的关系

（三）交通互联

受广州南站和深圳北站影响，仅出现广深两个高地，呈明显的极化特征。从航空、航运、区域高铁服务来看，广州、深圳、香港形成三大组合枢纽。城际服务以广深、广深港、广珠等传统走廊为主，随着城际铁路网络的规划建设，将走向枢纽网络服务，见图10。

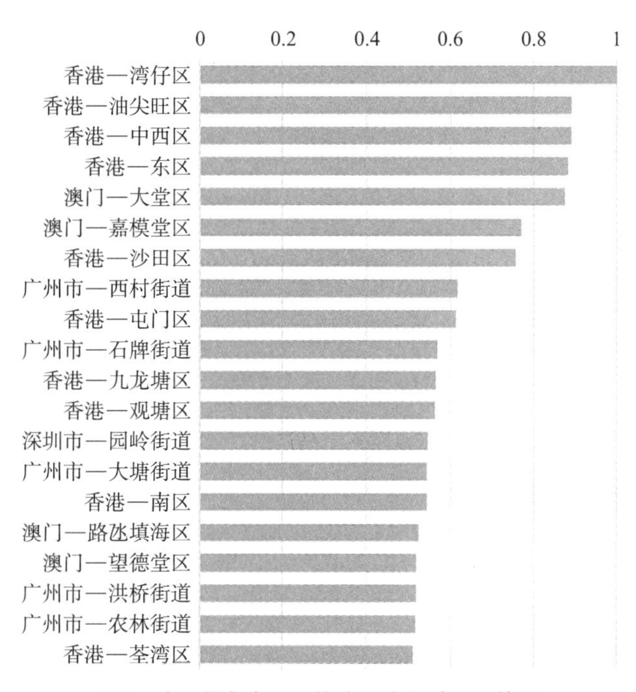

图9　人文服务专项评估前20名街镇得分情况

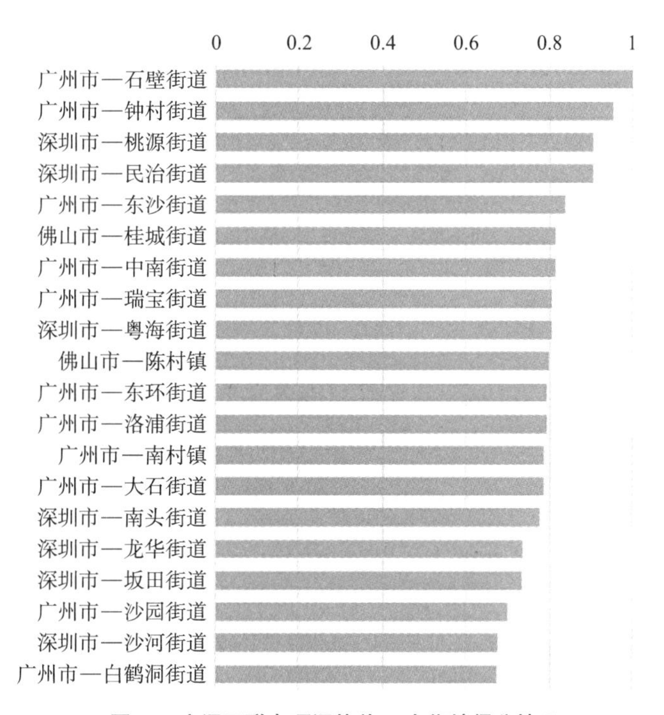

图10　交通互联专项评估前20名街镇得分情况

（四）开放包容

港澳依托与国际接轨的制度优势垄断了开放包容镇街排名前20。随着国际形势的变化，“一带一路”正在接力欧美等地区，为港澳继续发挥超级联系人角色提供重要支撑，见图11。

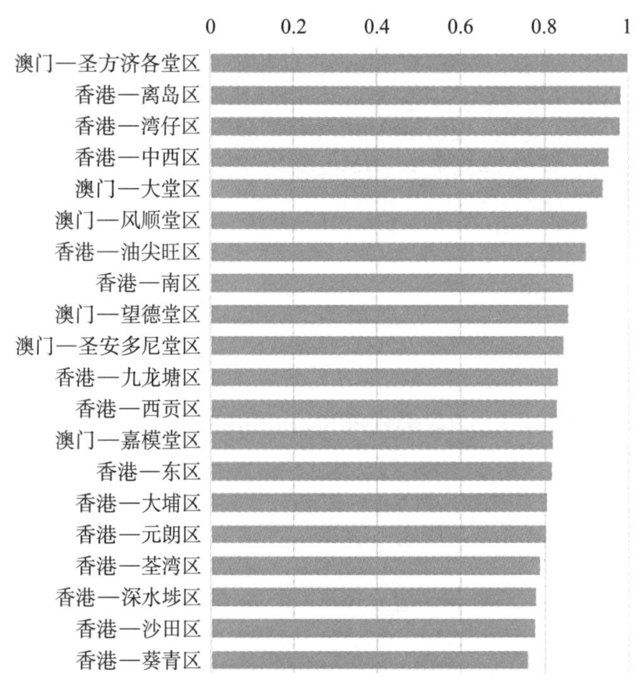

图11　开放包容专项评估前20名街镇得分情况

（五）创新活力

广州、深圳、香港在创新活力街镇排名前20中占有17位，呈三足鼎立之势，深港之间更是以“科技+金融”形成合作新模式，见图12。

（六）产业发展

大部分制造业被挤出城市核心区，在中心区外围街镇布局，正在形成广域供应链这一全新的产业组织方式，其中电子信息产业与装备制造产业分别向西岸、东岸的拓展最为明显，见图13。

巨型都市网络与三体六维模型为大湾区从世界工厂迈向世界级城市群提供了高质量发展的路径选择，对其他城市群也具有理论指导与实践借鉴意义。

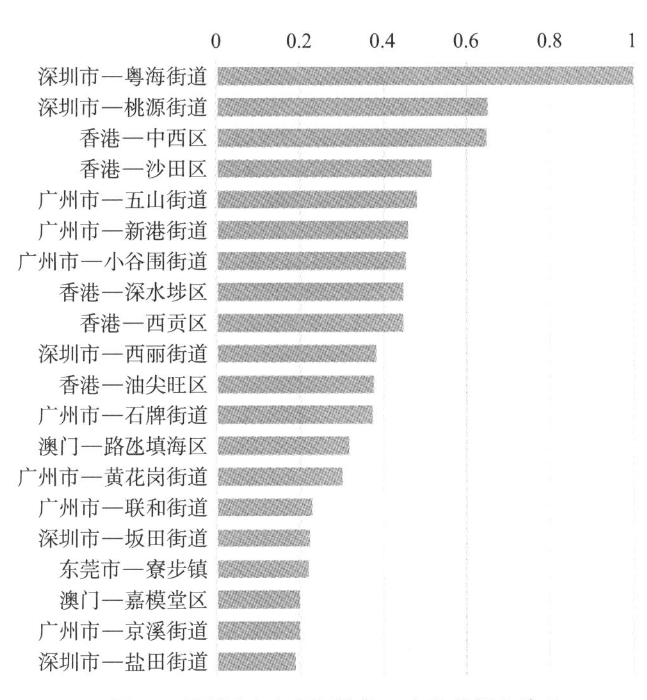

图12　创新活力专项评估前20名街镇得分情况

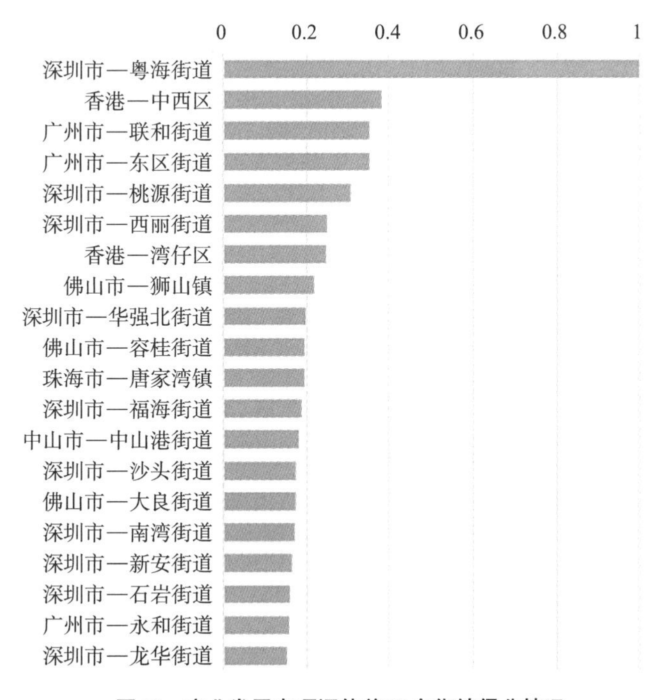

图13　产业发展专项评估前20名街镇得分情况

（深圳分院研究中心，执笔人：方煜、赵迎雪、石爱华、孙文勇等）

新华·中规院长三角区域一体化发展指数

一、研究背景

2018年11月，习近平总书记在上海进口博览会上提出，支持长江三角洲区域一体化发展并上升为国家战略。到如今已有三年光阴，究竟长三角的一体化进程如何，各城市又交出了怎样的答卷。

长三角一体化高质量发展论坛暨发展指数（2021）发布会11月6日在上海举行。基于对长三角长期的研究积累，中国城市规划设计研究院联合中国经济信息社，共同发布“新华·中规院长三角一体化发展指数”。重点聚焦区域和城市两大层面，分别评估长三角近十年的一体化发展水平，以及各城市在一体化中发挥的作用。

二、技术路线

中规院发挥城市研究的优势，重点聚焦长三角41个城市，关注流量要素。在长三角的数据积累与实践经验基础上，上海分院与信息中心共同构建了“多元人口流动、产业创新合作、设施互联互通、民生服务共享、生态环境共保”五大维度、18个分项指数、55个基础指标的三级评价体系，测度每个城市融入区域、联动区域、链接区域、服务区域的能力，见图1。

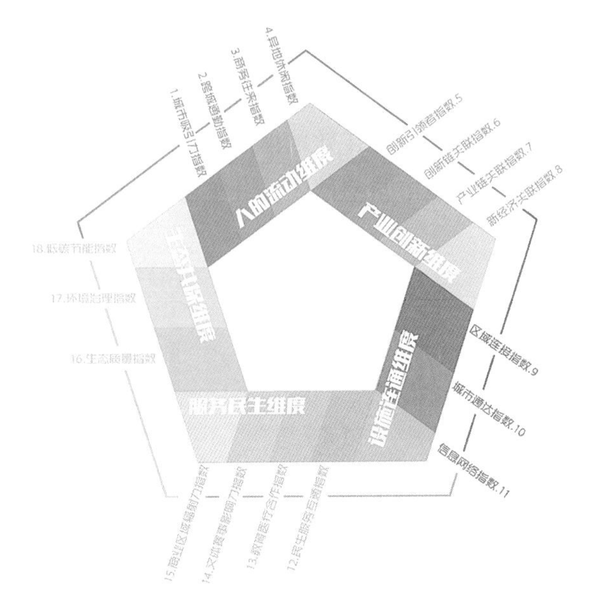

图1　五大维度的评价体系

三、主要内容

（一）人的流动维度

报告重点以城市对人口和人才的吸引力，以及跨城通勤、商务往来、异地休闲三类人群的流动规律，来反映城市对区域人群的集聚能力。

城市吸引力方面，杭州、上海、苏州稳居三甲，合肥、南京、宁波、无锡等城市紧随其后，第二梯队城市中，江苏、浙江的城市你追我赶，不分伯仲，见图2，但长三角区域内部的空间差异却很鲜明，总体呈现出“人口向浙、人才向苏”选择分异。同时，苏北和皖北地区的部分城市，正面临着人口负增长的压力。

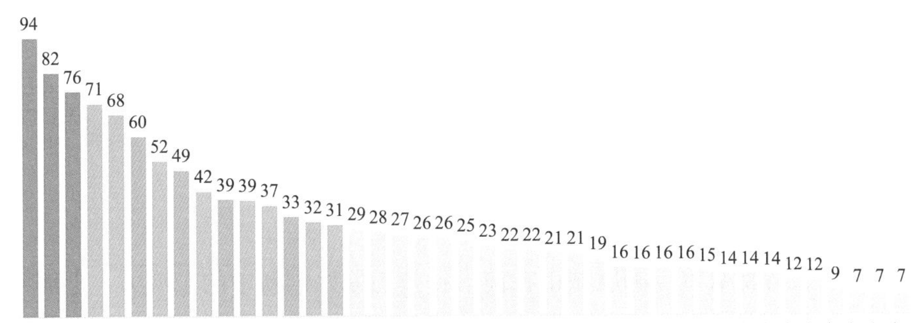

图2　长三角各城市吸引力得分

从跨城通勤、商务往来、异地休闲三类人群的流动规律来看，都市圈的集聚效应尤为明显。除宁波都市圈外，上海大都市圈及南京、合肥、杭州都市圈内部均有大量且频繁的跨城通勤联系。在异地休闲联系中，都市圈内的部分特色城市也收获了更多的流量。圈内城市紧密抱团，分工协作，逐渐形成高质量一体化的共识，见图3。

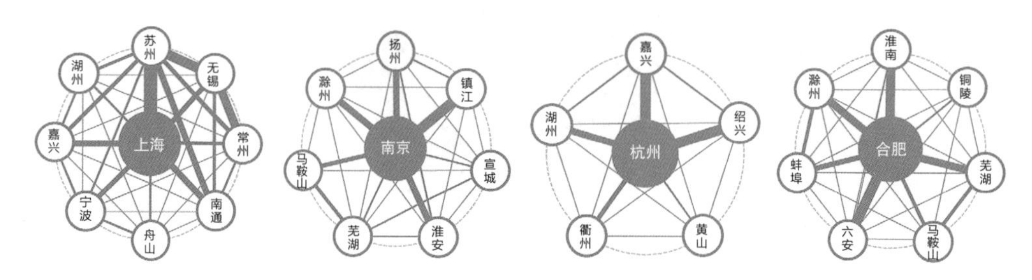

图3　上海、南京、杭州、合肥四大都市圈的关联强度对比

（二）产业创新维度

从城市创新引领力、创新链、产业链、新经济关联度四个方面，评价城市在创新带动与产业协作方面的联动能力。可以看出，头部城市的优势引领作用显著，沪、宁、合、杭四城集聚了长三角近90%的基础创新资源，是自主创新时代当之无愧的领跑者，见图4。

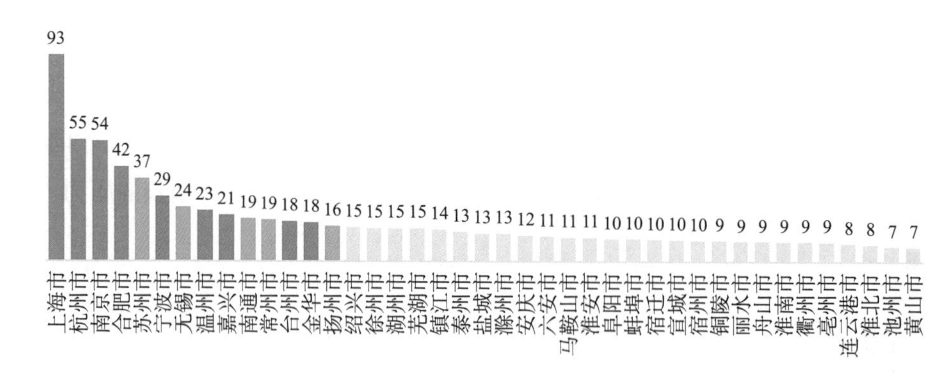

图4　长三角各城市产业创新维度得分排名

创新引领者指数重点测度城市在前沿科技与原始创新中的策源力。上海科技创新龙头地位巩固，杭州的新经济实力凸显，南京在创新引领方面表现优秀，合肥在原始创新上表现良好，并在新经济发展上显示出一定潜力，见图5。

从创新关联网络来看，表现出强烈的创新集聚特征，都市圈集聚了长三角近

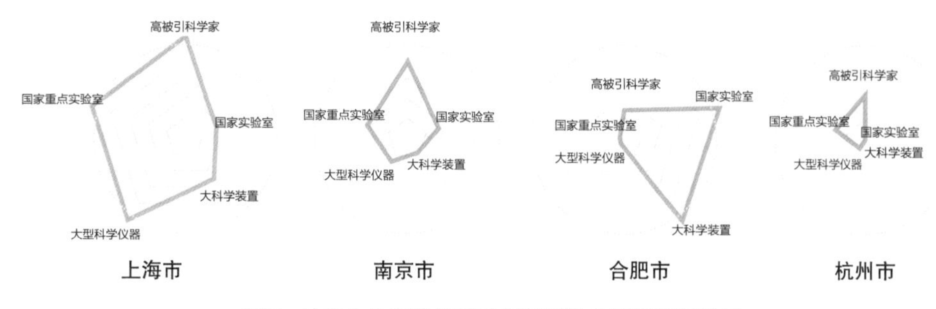

图5　沪宁合杭四城创新引领者指数分项指标雷达图

九成创新链合作的同时，沪、宁、杭等核心城市与节点城市之间的创新互动日趋频繁，见图6。在论文合作方面，沪宁走廊沿线城市知识创新合作最强，形成以上海、南京两大城市为核心的知识创新体系。在专利合作方面，以上海和杭州为核心的专利合作共占全长三角的65%。

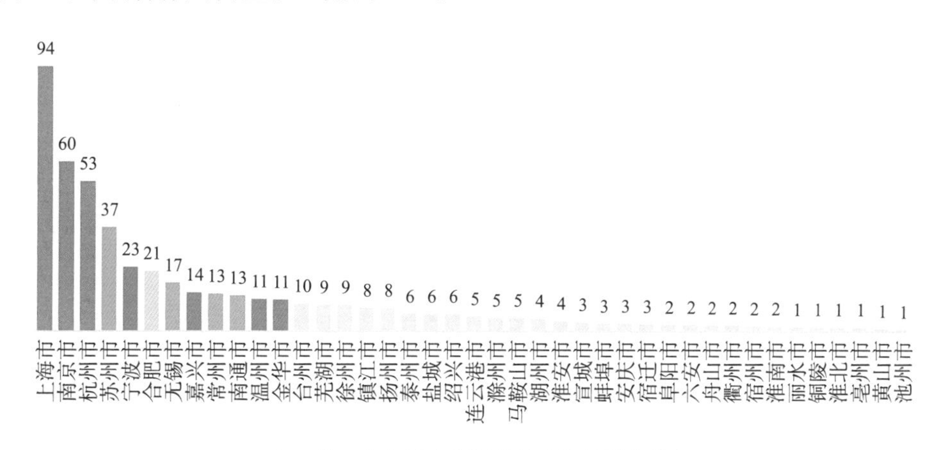

图6　长三角各城市创新链关联指数得分排名

在制造和新经济产业链表现上，区域着力重点开始分化。江苏基于扎实的产业基础，沿沪宁走廊成为长三角制造业合作最紧密的地区，沿线城市在前10强联系中占据一半。浙江城市在新经济领域中强势崛起，形成以杭州为核心的紧密合作格局。

（三）设施联通维度

通过区域链接、城市通达、信息网络三项指数，反映城市基础设施的建设水平与通达能力。

区域链接能力上，吞吐量在头部城市集聚，独特长板给部分城市带来发展红利。上海、杭州、南京、宁波、苏州5市集中了长三角八成的航空客货运和港口集装箱吞吐量。

城市通达能力方面，走廊沿线城市表现突出。都市圈对成员城市的带动作用逐渐显现，如位于南京都市圈的马鞍山、芜湖两市受益于核心城市的高铁网络资源，铁路通行能力得到大幅提升，见图7。

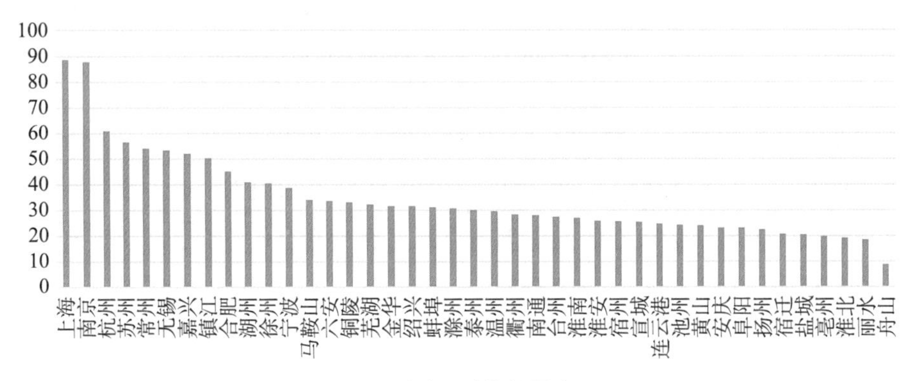

图7　城市通达指数得分

除了硬件设施的互联互通外，以信息网络为代表的新基建也反映了城市的区域链接水平。评估来看，信息网络方面，上海大都市圈全面发展，沪宁合、杭甬、沿海等走廊沿线城市表现出色，见图8。

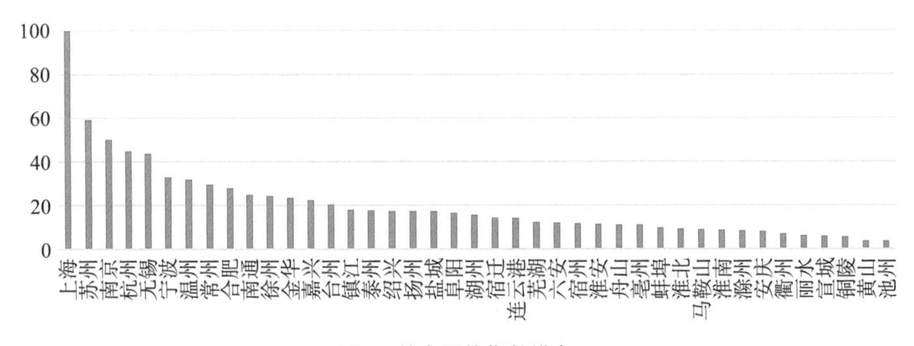

图8　信息网络指数排名

（四）民生服务维度

通过商业区域辐射力、文体赛事影响力、教育医疗合作、民生服务互通四项指数，评价各城市在与百姓息息相关的服务中所做出的不懈努力。

商业区域辐射力指数方面，省会城市独特的地位优势，获得了市场关注的加成。分省来看，浙江整体活跃，江苏略有弱势，安徽喜忧参半。滁州、马鞍山、芜湖、宣城等，因地处南京、合肥两大省会之间，呈现出一定的“灯下黑”现象，见图9。

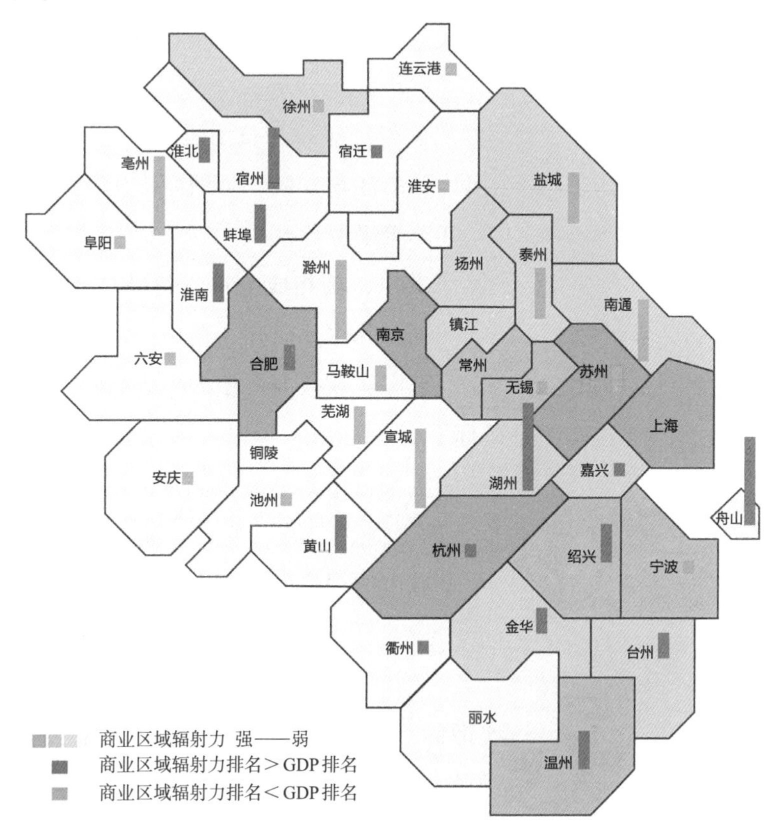

图9　长三角城市商业影响力及其GDP实力的比较

区域公共服务共享整体大幅提升，核心城市的责任担当凸显，本着积极开放的心态出色地发挥了辐射引领作用。如上海在合作办医、南京在合作办学等方面均卓见成效。

在民生服务共通上，长三角三省一市积极促进民生服务的一体化。于2019年5月搭建长三角地区政务服务“一网通办”平台，41个城市实现互通。“一网通办”平台集成企业与个人服务近百项，大大提升了企业与居民异地办理的便捷性。

此外，与传统的城市排名相比，文体赛事影响力方面，有多个“黑马”城市崭露头角，以人为本、绿色可持续对区域高质量一体化的贡献度日益提升。如黄山、湖州、六安、丽水、舟山等城市，经济总量上并不具备突出优势，但却是生态价值实现的优秀代表。

（五）生态共保维度

通过生态质量、环境治理、低碳节能三项指数，反映各城市在区域生态安全格局与协同治理方面取得的成效。

生态质量上，浙皖生态环境本底优越，丽水、黄山成为长三角最“绿色”城市。生态质量指数排名前十位城市均属浙江与安徽，且浙西南山区、皖南山区等地的生态环境质量明显优于皖北、江苏等平原地区。

环境治理上，浙皖环境治理水平突出，衢州成为长三角最“环保”城市。浙江、安徽的城市环境治理水平位居前列，其中，衢州、黄山、池州、湖州、芜湖位居前五，主要与这些城市优越的生态本底及政府严格的生态管控息息相关。

低碳节能上，在双碳发展目标下，长三角一半以上的城市积极推进减碳工作，成效显著。上海低碳节能水平位居长三角第一，领先其他城市。舟山、杭州等城市单位GDP碳排放水平较低，而上海、宁波、苏州等地大力在减排贡献率上表现突出，但部分资源型、工业型城市的绿色发展仍面临巨大挑战。

（六）小结

五大维度、18个指数、55项指标，不仅细致地勾画了长三角一体化的新格局，更展现了41个城市各具特色的一体化气质：上海、杭州、南京、苏州、合肥、宁波、无锡“七大金刚”主动辐射区域，在四大维度表现中均稳居前七，彰显出一体化的责任担当，其中上海是13个指数居首的“霸榜王”；杭州是最具吸引力的“万人迷”，南京是高知创新的“真学霸”；合肥则是创新崛起的“明日之芯”。

金华、丽水、黄山等城市各扬所长，在区域链接、生态环境等不同方面，塑造了特色鲜明的专项标杆，金华是快递业务繁忙的“老司机”，丽水、黄山、衢州是生态宜人的“森系小清新”，盐城、阜阳、徐州则是保证区域粮食安全的“大粮仓”。

此外，都市圈成为资源要素流动最活跃的空间，上海—苏州成为长三角最甜CP，嘉兴、绍兴、南通等则在多个维度上紧密对接核心城市，主动融入都市圈发展，成为推进区域一体化的积极分子。

（上海分院长三角研究中心，执笔人：孙娟、马璇、李鹏飞）

成渝地区高质量发展与高品质生活年度观察报告

2020年1月3日，中央财经委员会第六次会议明确要求“推动成渝地区双城经济圈建设，使成渝地区成为具有全国影响力的重要经济中心、科技创新中心、改革开放新高地、高品质生活宜居地”。西部分院长期扎根成渝服务西部，于2019年开始搭建了成渝城镇化监测平台，依托平台的监测结果，结合“成渝地区双城经济圈国土空间规划”，首次发布了《成渝地区2021年度观察报告》。报告面向“高质量发展”“高品质生活”两大目标，从“区域总体观察”“城市品质指数”两个层面监测区域发展。

研究涉及规划范围与研究范围两个层次，其中成渝地区规划范围18.5万平方公里，为《成渝地区双城经济圈建设规划纲要》范围；研究范围26.9万平方公里，考虑区域协调和发展统筹，将重庆市全域、四川17个地市（不包含“三州一市”）纳入研究范围。

一、区域观察

对比世界级城市群，成渝地区正处于城市群发展的成长期阶段，城镇化率约为62%，已形成重庆、成都两个特大城市，但区域内100万～500万人口大城市偏少。对标京津冀、长三角、粤港澳，成渝地区在人口集聚度、城镇化水平、人均GDP方面的差距不断缩小，创新实力与开放水平还存在一定差距。近年来，成渝地区经济增长贡献率逐渐超过京津冀、接近粤港澳，见图1。

（一）产业动力

产业基础优，产业结构不断优化。已形成具有全国影响力的产业基地，计算机、手机、白酒、发电装备、汽车产量在全国占比分别达到42%、19%、51%、

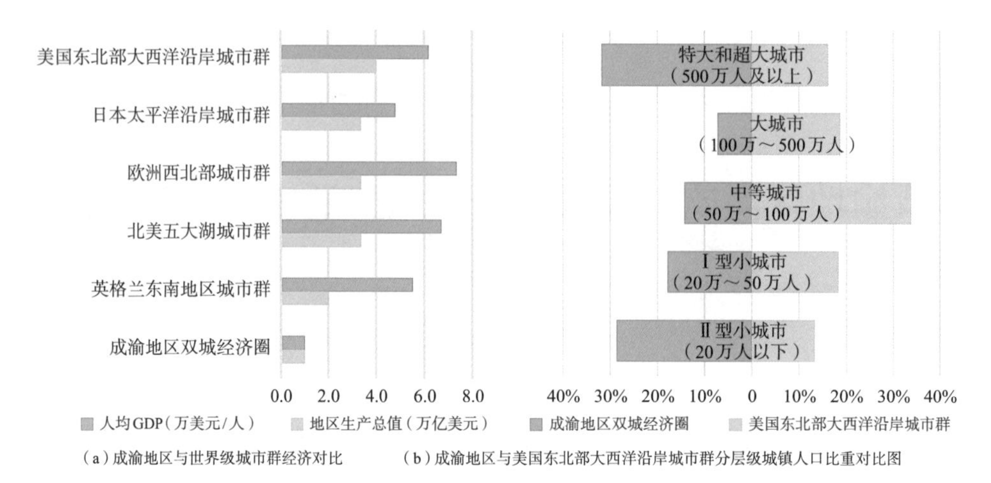

图1　成渝地区与国际其他城市群对比图

数据来源：成渝地区根据《四川省统计年鉴2020年》、《重庆市统计年鉴2020年》计算；国外城市群经济数据来源于公开资料整理（2019年数据）

25%、8%。内部生产网络关联不断加强。“双核”联系最为明显，其次为双核向外辐射的放射状网络，但与发达城市群相比，跨省联系相对不足，见图2。

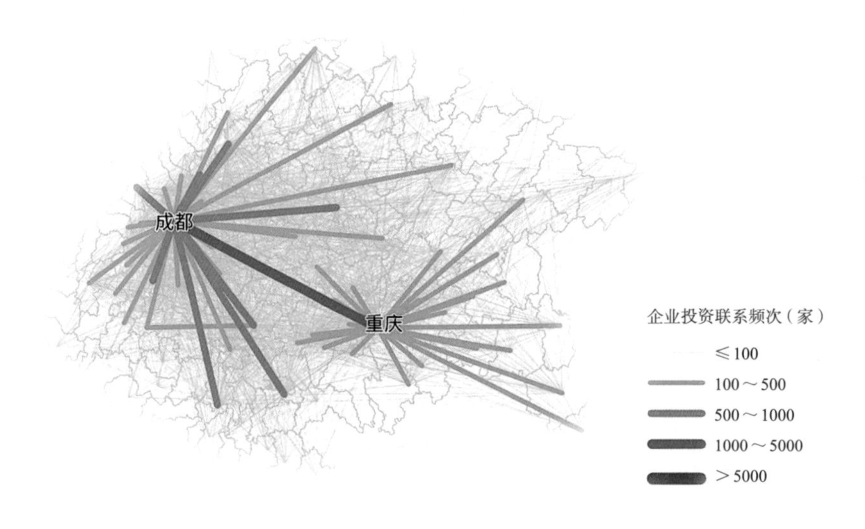

图2　成渝地区市区和区县企业联系图

（二）创新活力

创新能力不断提升。重庆、成都高校数量分列全国第4位和第8位，高新技术企业分列全国第15位和第9位，过去10年增长明显。以独角兽、潜在独角兽、瞪羚羊等为代表的创新经济，以及一流学科发展相对不足。从区域专利分布来看，都市圈集聚态势明显，成都、重庆都市圈专利授权量占比分别达到50%、36%，都市圈以外，绵阳、宜宾、泸州、开州、万州、梁平、巫溪等增长显著，见图3。

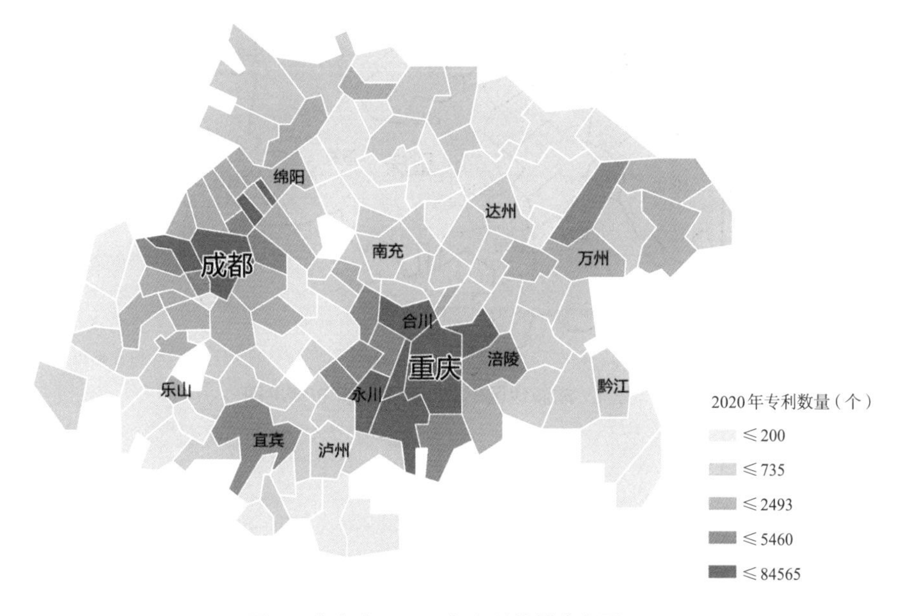

图3　成渝地区2020年专利数量分布图

（三）人口引力

2020年，成渝地区常住总人口10772.86万，过去10年增长620万，人口总量、增量在全国五大城市群中排名第三。区域内新生代人群主要集中在成都、重庆两大核心城市，以及绵阳、宜宾、万州等区域中心城市。老龄人群留守故乡，与人口流失地区高度重叠，见图4。高素质人才向核心城市集聚。对外人口联系形成“东南毗邻”“东部沿海”两大辐射扇面。内部人口联系，成渝双核迈向都市圈时代，毗邻地区人口网络化形态初显。城镇等级结构存在“断层”，成都、重庆中心城区人口规模超过千万，其他124个城市中，100万以上的大城市仅6个，50万～100万的中等城市17个，50万以下的小城市101个，二级城市发育不足。

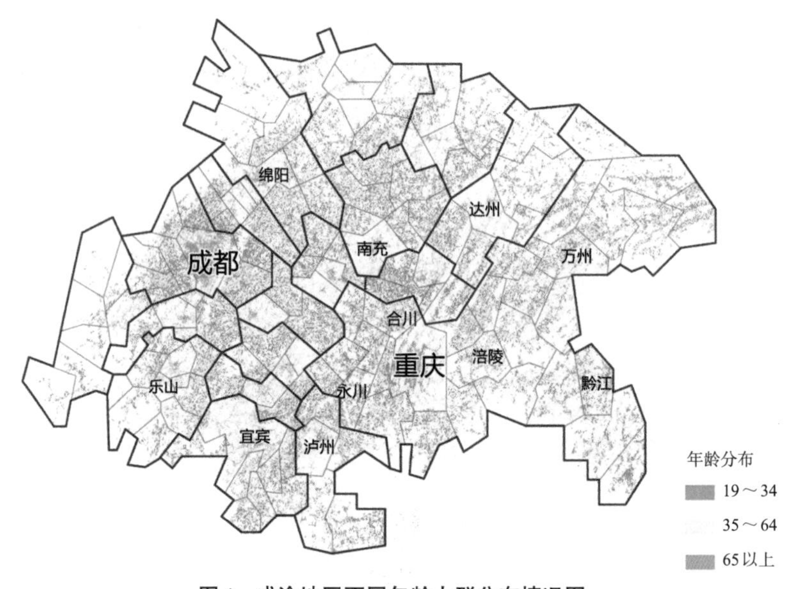

图4　成渝地区不同年龄人群分布情况图

二、城市品质

安逸富足的市井生活是成渝传承千年的基因，也是当下城市魅力所在。围绕宜居、宜游、宜赏、宜业四个维度，构建“安逸指数”“才情指数”“好耍指数”“魅力指数”，设计105项指标，分析各城市的生活品质、就业品质、休闲品质与魅力品质，构成“高品质生活宜居地”指标体系，对成渝地区126个城市单元生活品质进行综合评价和排名。

（一）宜居：安逸指数

安逸指数基于生态环境、安全韧性、服务水平、社会和谐四大因子加权计算，包括年空气质量优良率、城市人均避难场所覆盖度、房价收入比、恩格尔系数等38项指标。成都、重庆中心城区总体得分最高。成渝主轴区域、成德绵雅西部区域、乐山南部区域、渝东北区域、渝东南南部区域、宜宾、南充得分较高，生活品质较优，见图5。

（二）宜业：才情指数

才情指数基于就业保障、就业机会、就业质量、人才集聚四大因子加权计算，包括城镇登记失业率、城镇居民人均可支配收入、每10万人拥有大学以上学历人数等12项指标。重庆主城都市区、成德绵发展带内的城市得分最高，万州区、黔江区、泸州等部分区域中心城市得分较高，就业品质较好。

（三）宜游：好耍指数

好耍指数基于美食好饮、消费活跃、游览度假、文体娱乐四大因子加权计算，包括人均社会消费品零售总额、A级景区数量、文化艺术企业数量等20项指标。成都、重庆中心城区得分最高。重庆主城都市区、成都西部区域、武隆区、万州区、乐山、自贡、宜宾、泸州、广元、南充、峨眉山市得分较高，休闲品质较优，见图5。

图5　成渝地区安逸指数、好耍指数得分空间格局示意

（颜色越深，得分越高，放大显示城市为得分排名前20的城市）

（四）宜赏：魅力指数

魅力指数基于山水气质、城市风貌、文脉底蕴、乡野风韵四大因子加权计算，包括世界自然遗产数量、世界地质公园数量、自然保护地数量、非物质文化遗产数量、国家级文保单位数量、中国传统村落数量等35项指标。重庆、成都中心城区总体得分最高。渝东南、川南、长江区域、成德绵雅西部区域、川东北北部区域、乐山、宜宾、自贡、峨眉山市得分较高，魅力品质较优。

（五）城市综合品质

基于四大指数计算城市综合品质。成都中心城区、重庆中心城区总体得分最高。重庆主城都市区、“万开云”“奉巫巫”区域、渝东南、成德绵雅西部区域、川东北北部区域、乐山、宜宾、自贡、泸州、南充、峨眉山市得分较高，综合品质较为突出。

三、结语

未来，成渝高质量发展监测平台将继续跟踪区域人口、产业、创新等要素发展，深化完善指数评价体系，围绕“两中心、两地”目标，发掘各地特色优势，持续观察区域高质量发展和高品质生活，推出更多具有针对性和建设性的成渝地区年度观察报告。

（西部分院，执笔人：张圣海、吕晓蓓、王文静、张力、汪鑫、贾敦新、杨浩等）

中国主要城市通勤监测发布

提升通勤幸福体验是人民城市建设的重要内涵。中国城市规划设计研究院连续两年发布《中国主要城市通勤监测报告》，获得社会广泛关注，人民日报等主流媒体相继进行专题报道，报告指标写入《2021年城市体检工作》等国家政策性文件，推动了各级政府对通勤问题的重视。

2021年报告选取42个中国主要城市（其中35个可与上一年度对比），汇聚2.3亿人的大数据样本，通过通勤时间、通勤空间、通勤交通三个方面的10项指标对比，呈现2019—2020年度中国主要城市的通勤特征与变化。

一、极端通勤减少，幸福通勤提高

（一）60分钟以上通勤比重：同比降低1%，超百万人极端通勤状态得到改善

中国主要城市60分钟以上极端通勤比重，总体平均为12%，同比降低1%，超过百万人的极端通勤状态得到改善。25个城市在下降，5个城市与2019年度持平，其中上海、西安、成都、南京、厦门、济南、海口、宁波、贵阳、西宁、兰州降幅超过2%。北京依旧是极端通勤人口比重最高的城市，达到27%，同比上升1%，见图1。

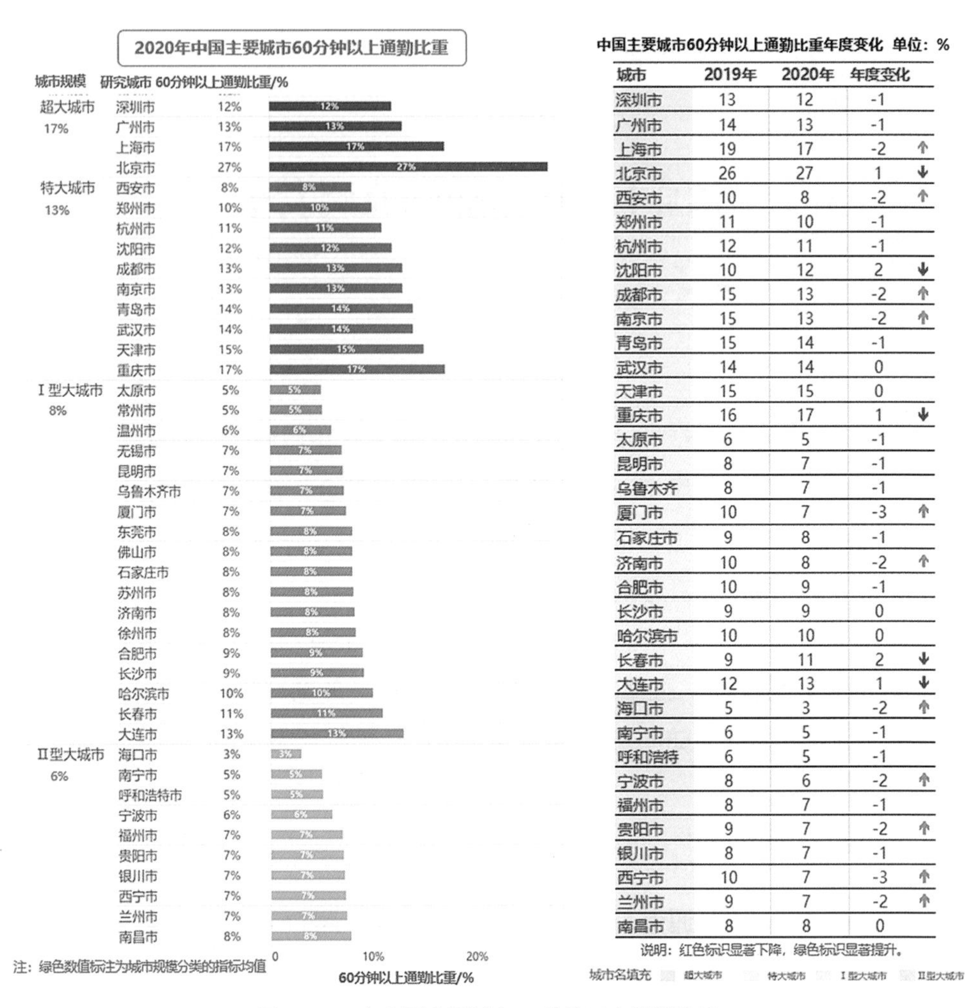

中国主要城市60分钟以上通勤比重年度变化 单位：%

城市	2019年	2020年	年度变化	
深圳市	13	12	-1	
广州市	14	13	-1	
上海市	19	17	-2	↑
北京市	26	27	1	↓
西安市	10	8	-2	↑
郑州市	11	10	-1	
杭州市	12	11	-1	
沈阳市	10	12	2	↓
成都市	15	13	-2	↑
南京市	15	13	-2	↑
青岛市	15	14	-1	
武汉市	14	14	0	
天津市	15	15	0	
重庆市	16	17	1	↓
太原市	6	5	-1	
昆明市	8	7	-1	
乌鲁木齐	8	7	-1	
厦门市	10	7	-3	↑
石家庄市	9	8	-1	
济南市	10	8	-2	↑
合肥市	10	9	-1	
长沙市	9	9	0	
哈尔滨市	10	10	0	
长春市	9	11	2	↓
大连市	12	13	1	↓
海口市	5	3	-2	↑
南宁市	6	5	-1	
呼和浩特	6	5	-1	
宁波市	8	6	-2	↑
福州市	8	7	-1	
贵阳市	9	7	-2	↑
银川市	8	7	-1	
西宁市	10	7	-3	↑
兰州市	9	7	-2	↑
南昌市	8	8	0	

说明：红色标识显著下降，绿色标识显著提升。

图1 2020年中国主要城市60分钟以上通勤比重

（二）单程平均通勤距离：21个城市减少，只有3个城市增加

超大城市、特大城市、Ⅰ型大城市和Ⅱ型大城市的总体平均通勤距离分别为9.1公里、8.2公里、7.7公里和7.2公里。其中，北京和东莞是平均通勤距离最长的两个城市，分别达到11.1公里和13.3公里。21个城市通勤距离减少，11个城市同比持平。只有武汉、呼和浩特和南昌3个城市的通勤距离略有增加，见图2。

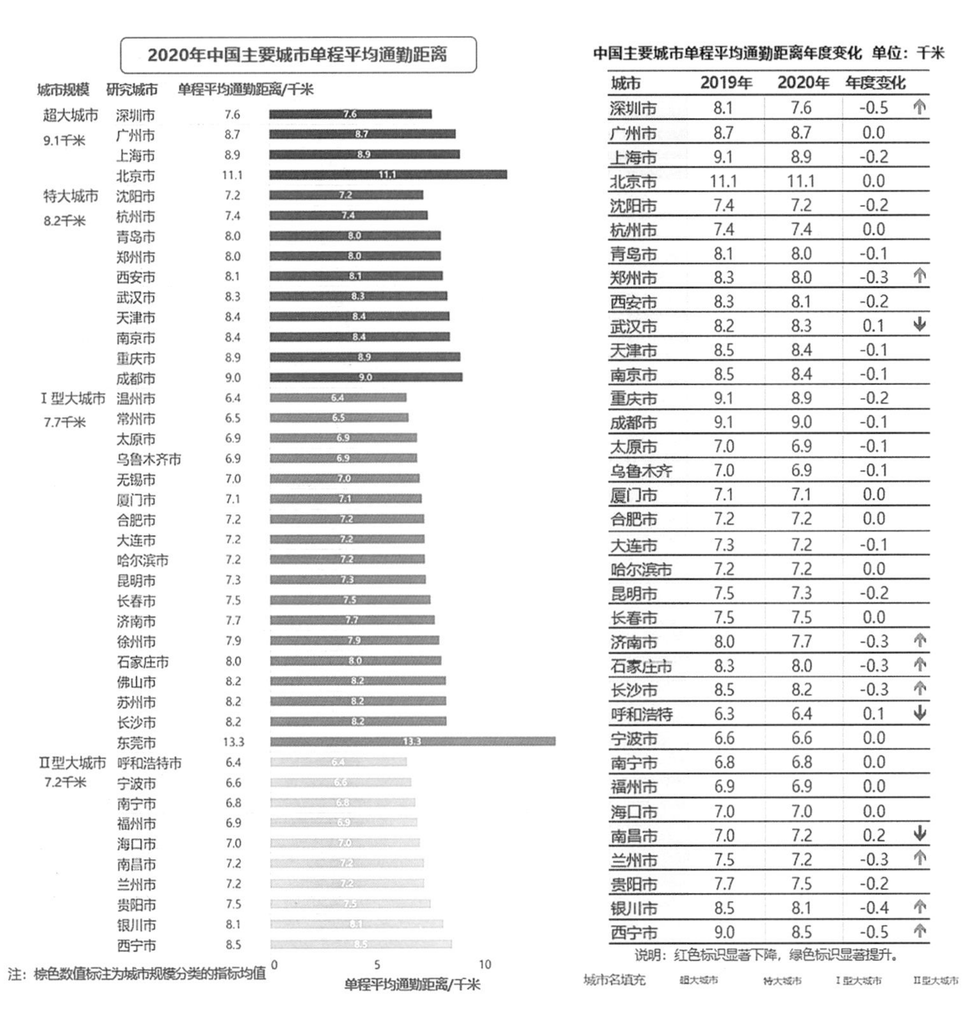

中国主要城市单程平均通勤距离年度变化 单位：千米

城市	2019年	2020年	年度变化
深圳市	8.1	7.6	-0.5 ↑
广州市	8.7	8.7	0.0
上海市	9.1	8.9	-0.2
北京市	11.1	11.1	0.0
沈阳市	7.4	7.2	-0.2
杭州市	7.4	7.4	0.0
青岛市	8.1	8.0	-0.1
郑州市	8.3	8.0	-0.3 ↑
西安市	8.3	8.1	-0.2
武汉市	8.2	8.3	0.1 ↓
天津市	8.5	8.4	-0.1
南京市	8.5	8.4	-0.1
重庆市	9.1	8.9	-0.2
成都市	9.1	9.0	-0.1
太原市	7.0	6.9	-0.1
乌鲁木齐	7.0	6.9	-0.1
厦门市	7.1	7.1	0.0
合肥市	7.2	7.2	0.0
大连市	7.3	7.2	-0.1
哈尔滨市	7.2	7.2	0.0
昆明市	7.5	7.3	-0.2
长春市	7.5	7.5	0.0
济南市	8.0	7.7	-0.3 ↑
石家庄市	8.3	8.0	-0.3 ↑
长沙市	8.5	8.2	-0.3 ↑
呼和浩特	6.3	6.4	0.1 ↓
宁波市	6.6	6.6	0.0
南宁市	6.8	6.8	0.0
福州市	6.9	6.9	0.0
海口市	7.0	7.0	0.0
南昌市	7.0	7.2	0.2 ↓
兰州市	7.5	7.2	-0.3 ↑
贵阳市	7.7	7.5	-0.2
银川市	8.5	8.1	-0.4 ↑
西宁市	9.0	8.5	-0.5 ↑

说明：红色标识显著下降，绿色标识显著提升。

图2 2020年中国主要城市单程平均通勤距离

（三）5公里以内通勤比重：同比提高1个百分点，14个城市有提升

5公里以内幸福通勤比重总体平均达到53%，同比提高1个百分点。超大城市49%、特大城市51%、Ⅰ、Ⅱ型大城市分别为56%和58%。14个城市幸福通勤比重提升，17个城市与2018—2019年度持平。深圳提高3%，改善最显著，达到60%，也是超大城市中水平最高的城市。贵阳、西宁增加2%。武汉、长春、南宁、南昌4个城市小幅下降1%，见图3。

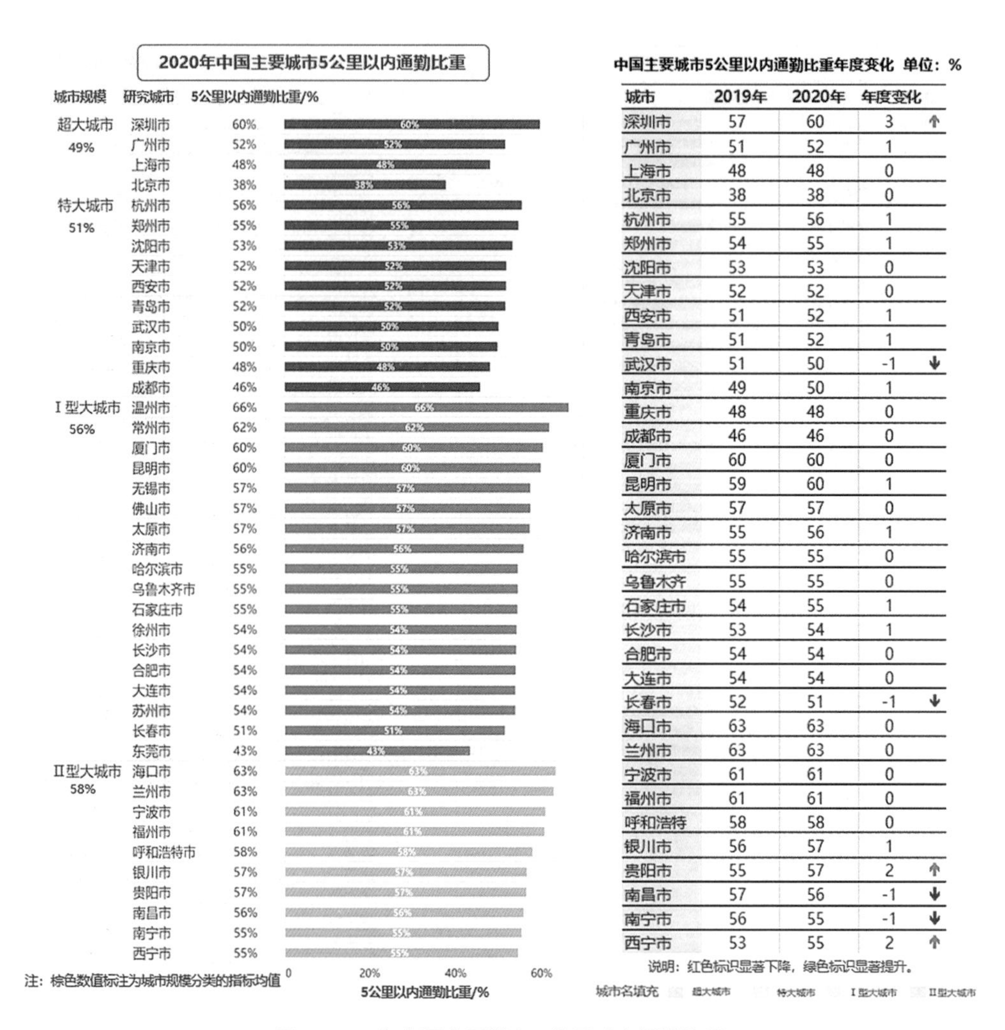

中国主要城市5公里以内通勤比重年度变化 单位：%

城市	2019年	2020年	年度变化	
深圳市	57	60	3	↑
广州市	51	52	1	
上海市	48	48	0	
北京市	38	38	0	
杭州市	55	56	1	
郑州市	54	55	1	
沈阳市	53	53	0	
天津市	52	52	0	
西安市	51	52	1	
青岛市	51	52	1	
武汉市	51	50	-1	↓
南京市	49	50	1	
重庆市	48	48	0	
成都市	46	46	0	
厦门市	60	60	0	
昆明市	59	60	1	
太原市	57	57	0	
济南市	55	56	1	
哈尔滨市	55	55	0	
乌鲁木齐	55	55	0	
石家庄市	54	55	1	
长沙市	53	54	1	
合肥市	54	54	0	
大连市	54	54	0	
长春市	52	51	-1	↓
海口市	63	63	0	
兰州市	63	63	0	
宁波市	61	61	0	
福州市	61	61	0	
呼和浩特	58	58	0	
银川市	56	57	1	
贵阳市	55	57	2	↑
南昌市	57	56	-1	↓
南宁市	56	55	-1	↓
西宁市	53	55	2	↑

说明：红色标识显著下降，绿色标识显著提升。

图3 2020年中国主要城市5公里以内通勤比重

二、职住分离增加，空间尺度扩展

（一）职住分离度：14个城市职住分离增加，只有8个城市减少

超大城市、特大城市的总体职住分离度分别为4.2公里和3.9公里。14个城市的职住分离度增加，武汉增加0.3公里，是加剧最多的城市。沈阳、郑州、济南等8个城市的职住分离度减少0.1～0.4公里，见图4。

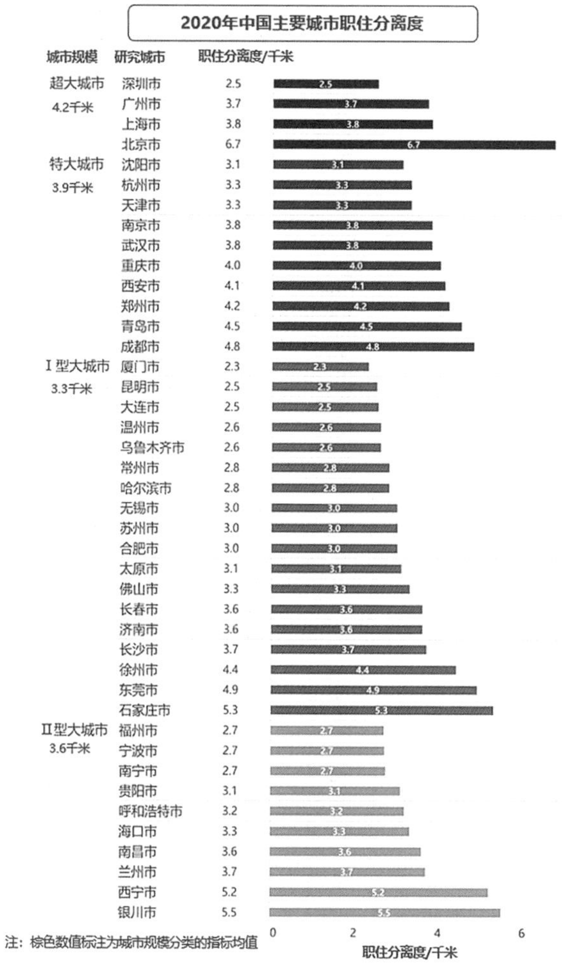

2020年中国主要城市职住分离度

城市规模	研究城市	职住分离度/千米
超大城市 4.2千米	深圳市	2.5
	广州市	3.7
	上海市	3.8
	北京市	6.7
特大城市 3.9千米	沈阳市	3.1
	杭州市	3.3
	天津市	3.3
	南京市	3.8
	武汉市	3.8
	重庆市	4.0
	西安市	4.1
	郑州市	4.2
	青岛市	4.5
	成都市	4.8
Ⅰ型大城市 3.3千米	厦门市	2.3
	昆明市	2.5
	大连市	2.5
	温州市	2.6
	乌鲁木齐市	2.6
	常州市	2.8
	哈尔滨市	2.8
	无锡市	3.0
	苏州市	3.0
	合肥市	3.0
	太原市	3.1
	佛山市	3.3
	长春市	3.6
	济南市	3.6
	长沙市	3.7
	徐州市	4.4
	东莞市	4.9
	石家庄市	5.3
Ⅱ型大城市 3.6千米	福州市	2.7
	宁波市	2.7
	南宁市	2.7
	贵阳市	3.1
	呼和浩特市	3.2
	海口市	3.3
	南昌市	3.6
	兰州市	3.7
	西宁市	5.2
	银川市	5.5

0 2 4 6

职住分离度/千米

注：棕色数值标注为城市规模分类的指标均值

中国主要城市职住分离度年度变化 单位：千米

城市	2019年	2020年	年度变化	
深圳市	2.5	2.5	0.0	
广州市	3.7	3.7	0.0	
上海市	3.7	3.8	0.1	
北京市	6.6	6.7	0.1	
沈阳市	3.2	3.1	-0.1	↑
杭州市	3.2	3.3	0.1	
天津市	3.3	3.3	0.0	
南京市	3.7	3.8	0.1	
武汉市	3.5	3.8	0.3	↓
重庆市	3.8	4.0	0.2	↓
西安市	4.1	4.1	0.0	
郑州市	4.4	4.2	-0.2	↑
青岛市	4.4	4.5	0.1	
成都市	4.6	4.8	0.2	↓
厦门市	2.1	2.3	0.2	↓
昆明市	2.5	2.5	0.0	
大连市	2.5	2.5	0.0	
乌鲁木齐	2.6	2.6	0.0	
哈尔滨市	2.8	2.8	0.0	
合肥市	2.8	3.0	0.2	↓
太原市	3.1	3.1	0.0	
长春市	3.6	3.6	0.0	
济南市	3.7	3.6	-0.1	↑
长沙市	3.8	3.7	-0.1	↑
石家庄市	5.4	5.3	-0.1	↑
福州市	2.5	2.7	0.2	↓
宁波市	2.5	2.7	0.2	↓
南宁市	2.7	2.7	0.0	
贵阳市	3.1	3.1	0.0	
呼和浩特	3.2	3.2	0.0	
海口市	3.1	3.3	0.2	↓
南昌市	3.4	3.6	0.2	↓
兰州市	3.8	3.7	-0.1	↑
西宁市	5.6	5.2	-0.4	↑
银川市	5.7	5.5	-0.2	↑

说明：红色标识显著下降，绿色标识显著提升。

城市名填充 超大城市 特大城市 Ⅰ型大城市 Ⅱ型大城市

图4　2020年中国主要城市职住分离度

（二）通勤空间半径：总体基本持平，最大空间尺度41公里

通勤空间相对稳定，22个城市同比持平。超大城市、特大城市、Ⅰ型和Ⅱ型大城市的平均通勤半径分别为38公里、31公里、28公里和25公里。北京仍是通勤空间尺度最大的城市，半径41公里，同比增加1公里。武汉、哈尔滨、呼和浩特、南昌4个城市增加1公里。深圳、重庆、郑州等8个城市缩减1公里，见图5。

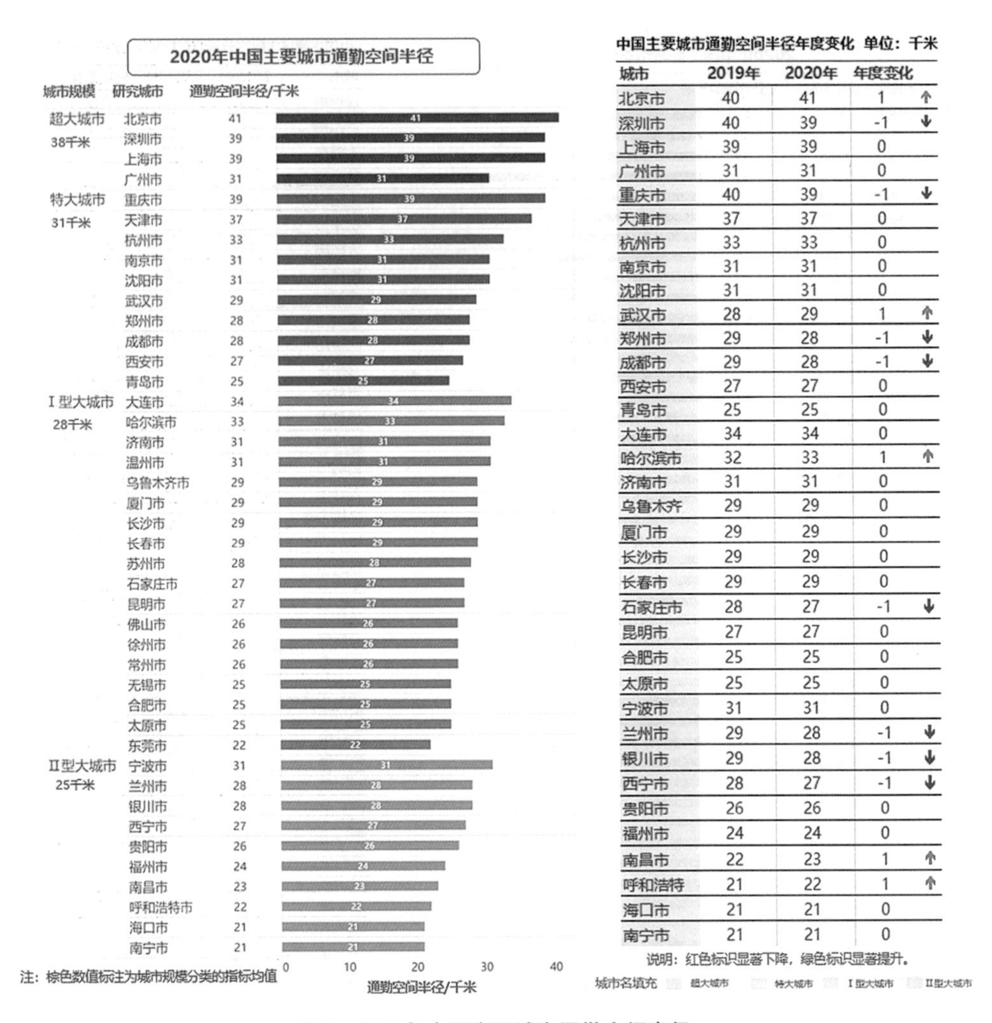

中国主要城市通勤空间半径年度变化 单位：千米

城市	2019年	2020年	年度变化	
北京市	40	41	1	↑
深圳市	40	39	-1	↓
上海市	39	39	0	
广州市	31	31	0	
重庆市	40	39	-1	↓
天津市	37	37	0	
杭州市	33	33	0	
南京市	31	31	0	
沈阳市	31	31	0	
武汉市	28	29	1	↑
郑州市	29	28	-1	↓
成都市	29	28	-1	↓
西安市	27	27	0	
青岛市	25	25	0	
大连市	34	34	0	
哈尔滨市	32	33	1	↑
济南市	31	31	0	
乌鲁木齐	29	29	0	
厦门市	29	29	0	
长沙市	29	29	0	
长春市	29	29	0	
石家庄市	28	27	-1	↓
昆明市	27	27	0	
合肥市	25	25	0	
太原市	25	25	0	
宁波市	31	31	0	
兰州市	29	28	-1	↓
银川市	29	28	-1	↓
西宁市	28	27	-1	↓
贵阳市	26	26	0	
福州市	24	24	0	
南昌市	22	23	1	↑
呼和浩特	21	22	1	↑
海口市	21	21	0	
南宁市	21	21	0	

说明：红色标识显著下降，绿色标识显著提升。

城市名填充 超大城市 特大城市 Ⅰ型大城市 Ⅱ型大城市

图5　2020年中国主要城市通勤空间半径

三、公交保障降低，轨道匹配不高

（一）45分钟公交通勤服务能力占比：总体平均45%，13个城市下降

13个城市45分钟公交服务能力占比下降，集中在轨道规模较低的Ⅰ、Ⅱ型大城市，大连、太原、乌鲁木齐、长春、南宁、兰州的下降幅度超过3%。15个城市占比提高，其中西安、杭州、成都、厦门等城市提升幅度超过3%，见图6。

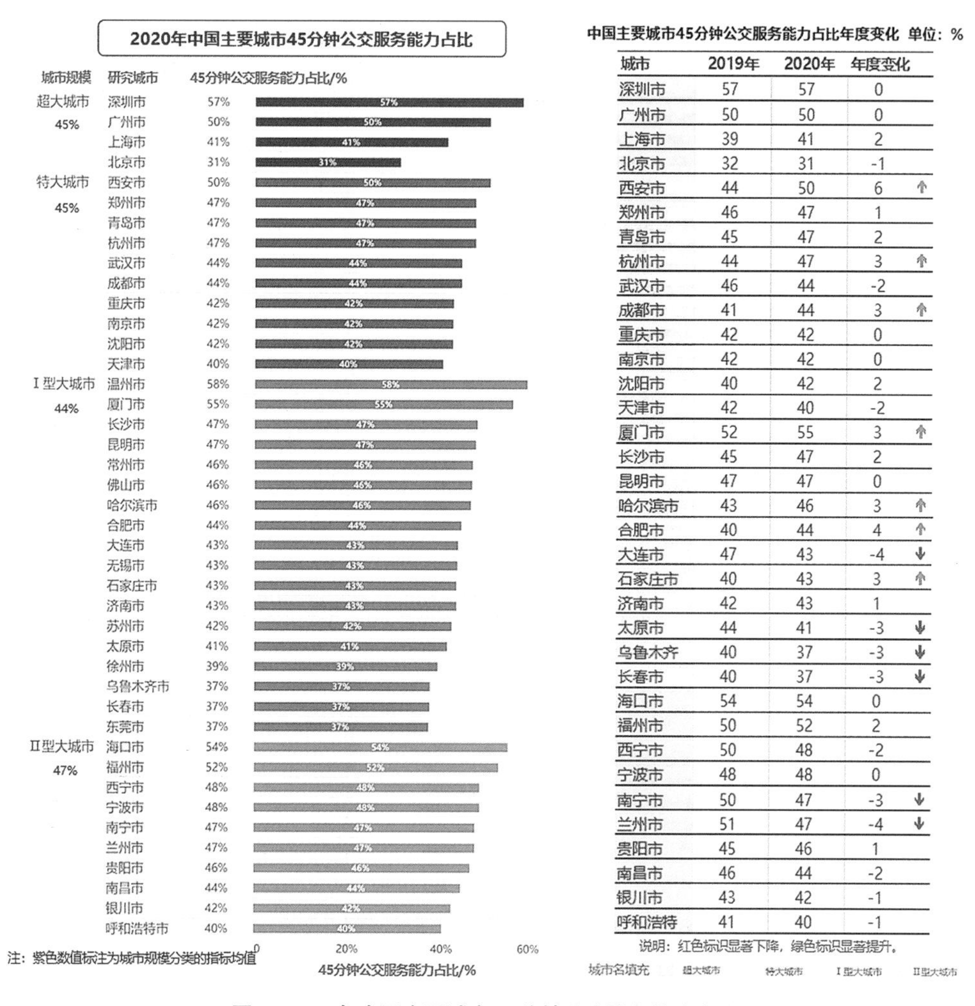

城市	2019年	2020年	年度变化	
深圳市	57	57	0	
广州市	50	50	0	
上海市	39	41	2	
北京市	32	31	-1	
西安市	44	50	6	↑
郑州市	46	47	1	
青岛市	45	47	2	
杭州市	44	47	3	↑
武汉市	46	44	-2	
成都市	41	44	3	↑
重庆市	42	42	0	
南京市	42	42	0	
沈阳市	40	42	2	
天津市	42	40	-2	
厦门市	52	55	3	↑
长沙市	45	47	2	
昆明市	47	47	0	
哈尔滨市	43	46	3	↑
合肥市	40	44	4	↑
大连市	47	43	-4	↓
石家庄市	40	43	3	↑
济南市	42	43	1	
太原市	44	41	-3	↓
乌鲁木齐	40	37	-3	↓
长春市	40	37	-3	↓
海口市	54	54	0	
福州市	50	52	2	
西宁市	50	48	-2	
宁波市	48	48	0	
南宁市	50	47	-3	↓
兰州市	51	47	-4	↓
贵阳市	45	46	1	
南昌市	46	44	-2	
银川市	43	42	-1	
呼和浩特	41	40	-1	

图6　2020年中国主要城市45分钟公交服务能力占比

（二）轨道800米覆盖通勤比例：最高30%，1000公里轨道仅提高1%通勤覆盖

2019—2020年，主要城市新开通轨道交通里程近1000公里，但轨道覆盖通勤比重只提升1%。38个开通轨道交通的城市800米轨道覆盖通勤比重总体水平为15%。其中，超大城市、特大城市、Ⅰ型大城市和Ⅱ型大城市分别为26%、17%、7%和9%。最高水平城市仍然是广州，轨道覆盖30%通勤人口，见图7。

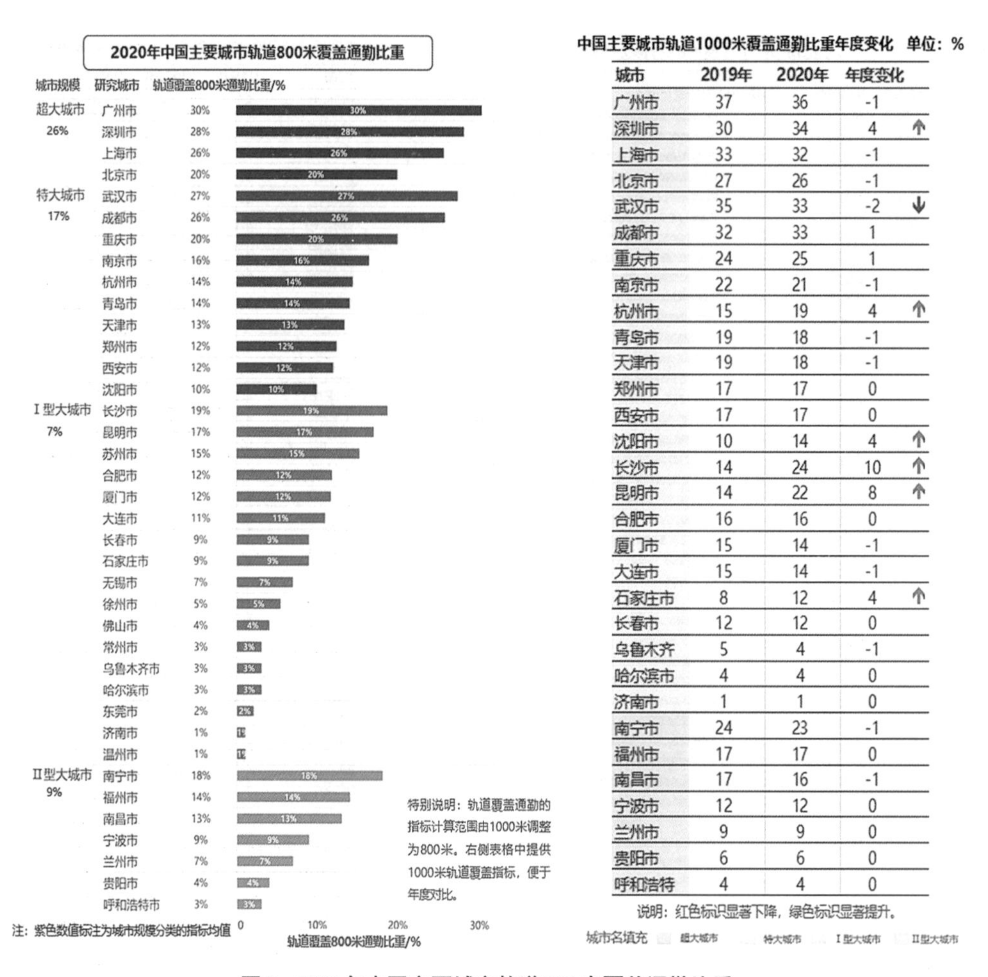

中国主要城市轨道1000米覆盖通勤比重年度变化　单位：%

城市	2019年	2020年	年度变化
广州市	37	36	-1
深圳市	30	34	4 ↑
上海市	33	32	-1
北京市	27	26	-1
武汉市	35	33	-2 ↓
成都市	32	33	1
重庆市	24	25	1
南京市	22	21	-1
杭州市	15	19	4 ↑
青岛市	19	18	-1
天津市	19	18	-1
郑州市	17	17	0
西安市	17	17	0
沈阳市	10	14	4 ↑
长沙市	14	24	10 ↑
昆明市	14	22	8 ↑
合肥市	16	16	0
厦门市	15	14	-1
大连市	15	14	-1
石家庄市	8	12	4 ↑
长春市	12	12	0
乌鲁木齐	5	4	-1
哈尔滨市	4	4	0
济南市	1	1	0
南宁市	24	23	-1
福州市	17	17	0
南昌市	17	16	-1
宁波市	12	12	0
兰州市	9	9	0
贵阳市	6	6	0
呼和浩特	4	4	0

说明：红色标识显著下降，绿色标识显著提升。

城市名填充　超大城市　特大城市　I型大城市　II型大城市

图7　2020年中国主要城市轨道800米覆盖通勤比重

（三）单程平均通勤时耗：总体平均36分钟，13个城市小幅增加

平均时耗36分钟，总体持平。北京仍是单程通勤时耗最长的城市，达到47分钟。上海、西安、南京、厦门、合肥、宁波6个城市同比降低，其中上海同比减少2分钟。13个城市小幅增加，见图8。

2020年中国主要城市单程平均通勤时耗

城市规模	研究城市	单程平均通勤距离/千米	单程平均通勤时耗/分钟
超大城市 40 分钟 9.1千米	深圳市	7.6	36
	广州市	8.7	38
	上海市	8.9	40
	北京市	11.1	47
特大城市 38 分钟 8.2千米	西安市	8.1	34
	杭州市	7.4	35
	沈阳市	7.2	36
	郑州市	8	36
	南京市	8.4	38
	天津市	8.4	39
	武汉市	8.3	39
	成都市	9	39
	青岛市	8	39
	重庆市	8.9	40
Ⅰ型大城市 34 分钟 7.7千米	温州市	6.4	30
	常州市	6.5	31
	太原市	6.9	32
	佛山市	8.2	32
	厦门市	7.1	32
	无锡市	7	33
	昆明市	7.3	33
	东莞市	13.3	33
	乌鲁木齐市	6.9	34
	长沙市	8.2	34
	合肥市	7.2	34
	济南市	7.7	34
	苏州市	8.2	34
	徐州市	7.9	35
	哈尔滨市	7.2	35
	石家庄市	8	35
	长春市	7.5	36
	大连市	7.2	38
Ⅱ型大城市 33 分钟 7.2千米	海口市	7	30
	宁波市	6.6	31
	呼和浩特市	6.4	32
	银川市	8.1	33
	兰州市	7.2	33
	南宁市	6.8	33
	贵阳市	7.5	34
	南昌市	7.2	34
	福州市	6.9	34
	西宁市	8.5	35

0　15　30　45

单程平均通勤时耗/分钟

注：绿色数值标注为城市规模分类的指标均值

中国主要城市单程平均通勤时耗年度变化 单位：分钟

城市	2019年	2020年	年度变化
深圳市	36	36	0
广州市	38	38	0
上海市	42	40	-2 ↑
北京市	47	47	0
西安市	35	34	-1
杭州市	35	35	0
沈阳市	35	36	1
郑州市	35	36	1
南京市	39	38	-1
天津市	39	39	0
武汉市	38	39	1
成都市	39	39	0
青岛市	39	39	0
重庆市	40	40	0
太原市	31	32	1
厦门市	33	32	-1
昆明市	33	33	0
乌鲁木齐	34	34	0
长沙市	34	34	0
合肥市	35	34	-1
济南市	34	34	0
哈尔滨市	35	35	0
石家庄市	34	35	1
长春市	35	36	1
大连市	37	38	1
海口市	29	30	1
宁波市	32	31	-1
呼和浩特	32	32	0
银川市	33	33	0
兰州市	33	33	0
南宁市	32	33	1
贵阳市	33	34	1
南昌市	33	34	1
福州市	33	34	1
西宁市	34	35	1

说明：红色标识显著下降，绿色标识显著提升。

城市名填充　超大城市　特大城市　Ⅰ型大城市　Ⅱ型大城市

图8　2020年中国主要城市单程平均通勤时耗

四、距离目标尚有差距，减碳需要关注路径

（一）45分钟以内通勤比重：平均水平76%，距离目标尚有较大差距

45分钟以内通勤比重是城市规划和交通服务水平的综合体现。42个城市平均达到76%，其中超大城市68%、特大城市73%，距离国家层面规划目标（80%）尚有较大提升空间。14个城市同比降低，广州、武汉、青岛、大连下降幅度超过3%。北京仍然是45分钟以内通勤比重最低的城市，仅有57%，见图9。

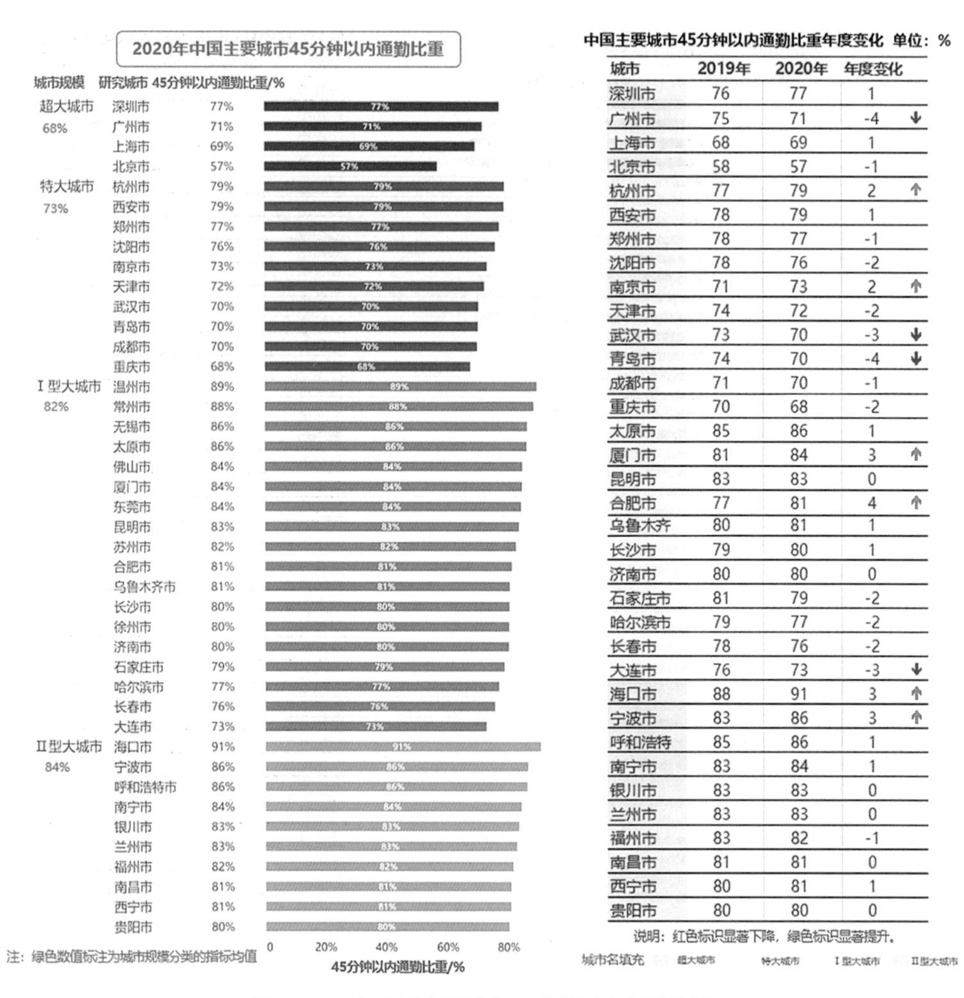

中国主要城市45分钟以内通勤比重年度变化 单位：%

城市	2019年	2020年	年度变化	
深圳市	76	77	1	
广州市	75	71	-4	↓
上海市	68	69	1	
北京市	58	57	-1	
杭州市	77	79	2	↑
西安市	78	79	1	
郑州市	78	77	-1	
沈阳市	78	76	-2	
南京市	71	73	2	↑
天津市	74	72	-2	
武汉市	73	70	-3	↓
青岛市	74	70	-4	↓
成都市	71	70	-1	
重庆市	70	68	-2	
太原市	85	86	1	
厦门市	81	84	3	↑
昆明市	83	83	0	
合肥市	77	81	4	↑
乌鲁木齐	80	81	1	
长沙市	79	80	1	
济南市	80	80	0	
石家庄市	81	79	-2	
哈尔滨市	79	77	-2	
长春市	78	76	-2	
大连市	76	73	-3	↓
海口市	88	91	3	↑
宁波市	83	86	3	↑
呼和浩特	85	86	1	
南宁市	83	84	1	
银川市	83	83	0	
兰州市	83	83	0	
福州市	83	82	-1	
南昌市	81	81	0	
西宁市	80	81	1	
贵阳市	80	80	0	

说明：红色标识显著下降，绿色标识显著提升。

图9 2020年中国主要城市45分钟以内通勤比重

（二）万人单程通勤交通碳排放量：总体平均5.7吨/日，合理通勤降低碳排

主要城市人均通勤碳排放约0.29吨/年。优化空间结构降低通勤距离、提高公交出行分担率保证推动绿色出行是通勤减碳的主要路径。深圳受益于良好的职住平衡和超过75%的绿色出行比重，其人均通勤碳排水平远低于多数城市，见图10。

图10　2020年中国主要城市万人单程通勤交通碳排放量

通勤是百姓生活的高频刚需，应重视幸福通勤问题，将优化职住空间、提高交通效率、改善通勤体验作为未来城市工作的重要任务。

（城市交通研究分院，执笔人：赵一新、马林、伍速锋、付凌峰等）

中国主要城市公园评估报告

城市公园是城市重要的基础设施，是城市生态系统的重要组成部分，系统推进公园绿地建设、有效优化公园绿地布局是践行习近平总书记绿色发展理念、提升城市宜居品质的有效途径。中国城市规划设计研究院发布《中国主要城市公园评估报告（2021年）》，获得社会广泛关注，多家主流媒体相继进行专题报道，推动了各级政府对城市公园问题的重视。

2021年报告选取33个中国主要城市，汇聚4万余个公园绿地、9万余个居住区、200余万个人口空间分布的大数据样布，通过公园分布均好度和人均公园保障度2项指标，呈现2021年度中国主要城市的公园空间分布和供给保障特征。

一、主要城市公园分布均好度分析

（一）计划单列市公园分布均好度均值最高，省会城市均值相对较低，且呈现较大差异

33个城市公园分布均好度平均值为1.55，其中数值超过1.5的城市15个，占比45%；数值超过1.8的城市共8个，占比24%；数值超过2.0的城市共2个（深圳和海口），占比6%，排名前10的城市均好度数值均超过了1.6；数值最高的城市为海口市，指数为2.08。

从城市类型来看，平均均好度数值最高的为计划单列市，数值为1.74；其次为直辖市，数值为1.62，省会城市的平均均好度数值为1.50，见图1。

（二）超大城市公园分布均好度明显好于其他城市，南方总体好于北方

按照“七普”发布的城区人口数据，将33个重点城市分为超大型城市、特大型城市、I型大城市、II型大城市四类，超大城市公园分布均好度指数平均值为

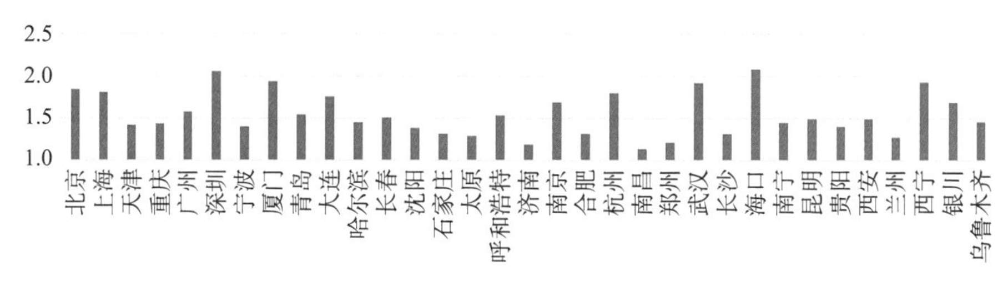

图1　主要城市公园分布均好度

1.69，特大城市平均值为1.54，I型大城市平均值为1.44，II型大城市平均值为1.56；总体来看，城市公园分布均好度呈现城市规模越大，城市公园分布均好度指数越高的趋势。

按照“秦岭—淮河”地理分界线区分南北方，南方城市公园分布均好度平均为1.61，北方城市公园分布均好度平均为1.49，南方总体好于北方，但差距不大，见表1。

公园分布均好度与城市规模、城市区位关系　　表1

城市规模	城市	均好度	均值	南北方	城市	均好度	均值
超大城市	深圳	2.06	1.69	北方	西宁	1.93	1.49
	北京	1.84			北京	1.84	
	上海	1.81			大连	1.76	
	广州	1.58			银川	1.69	
	重庆	1.43			青岛	1.55	
	天津	1.42			呼和浩特	1.53	
特大城市	武汉	1.92	1.54		长春	1.51	
	大连	1.76			西安	1.49	
	南京	1.69			乌鲁木齐	1.46	
	青岛	1.55			哈尔滨	1.45	
	昆明	1.49			天津	1.42	
	西安	1.49			沈阳	1.38	
	哈尔滨	1.45			石家庄	1.31	
	沈阳	1.38			太原	1.29	
	郑州	1.21			兰州	1.27	
	济南	1.18			郑州	1.21	
	杭州	1.16			济南	1.18	
I型大城市	厦门	1.93	1.44	南方	海口	2.08	1.61
	长春	1.51			深圳	2.06	
	乌鲁木齐	1.46			厦门	1.93	
	宁波	1.40			武汉	1.92	
	合肥	1.32			上海	1.81	
	石家庄	1.31			南京	1.69	
	长沙	1.31			广州	1.58	
	太原	1.29			昆明	1.49	
II型大城市	海口	2.08	1.56		南宁	1.45	
	西宁	1.93			重庆	1.43	
	银川	1.69			宁波	1.4	
	呼和浩特	1.53			贵阳	1.4	
	南宁	1.45			合肥	1.32	
	贵阳	1.40			长沙	1.31	
	兰州	1.27			杭州	1.80	
	南昌	1.13			南昌	1.13	

（三）一线城市公园分布均好度明显高于总体平均值

经统计分析，4个一线城市公园分布均好度平均值为1.82，明显高于33个城市总平均值1.55。其中，深圳市三类公园服务覆盖整体较好，综合公园服务覆盖超过90%；上海市社区公园、游园服务覆盖情况较好，综合公园服务尚需完善；北京市综合公园服务覆盖情况优秀，游园服务覆盖尚有不足；广州市综合公园服务覆盖良好，社区公园及游园服务均有一定差距，见图2。

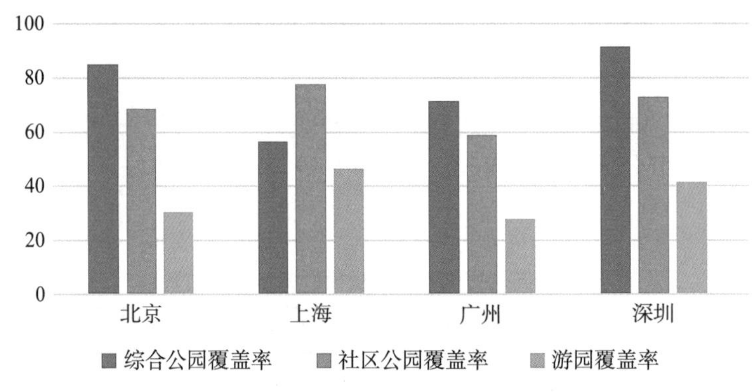

图2　一线城市公园分布均好度分析

（四）从公园类型来看，综合公园是基础，社区公园是关键，游园是突破口

综合公园由于自身规模与服务半径较大，公园服务覆盖情况相对较好，33个城市的综合公园服务覆盖平均值为73.54%。综合公园服务覆盖是各城市公园分布均好度的基础。

社区公园服务覆盖平均值为57.29%，但城市间差异较大，33个城市总体呈现出社区公园服务覆盖率越高，公园分布均好度越好的特点。社区公园建设是提升城市公园均好度的重点。

游园由于其整体规模和服务半径较小，服务覆盖平均值仅为23.96%，近年来各城市游园服务覆盖不断提升，但仍存在不同程度的短板。游园建设是各城市未来提高公园分布均好度的突破口，见图3。

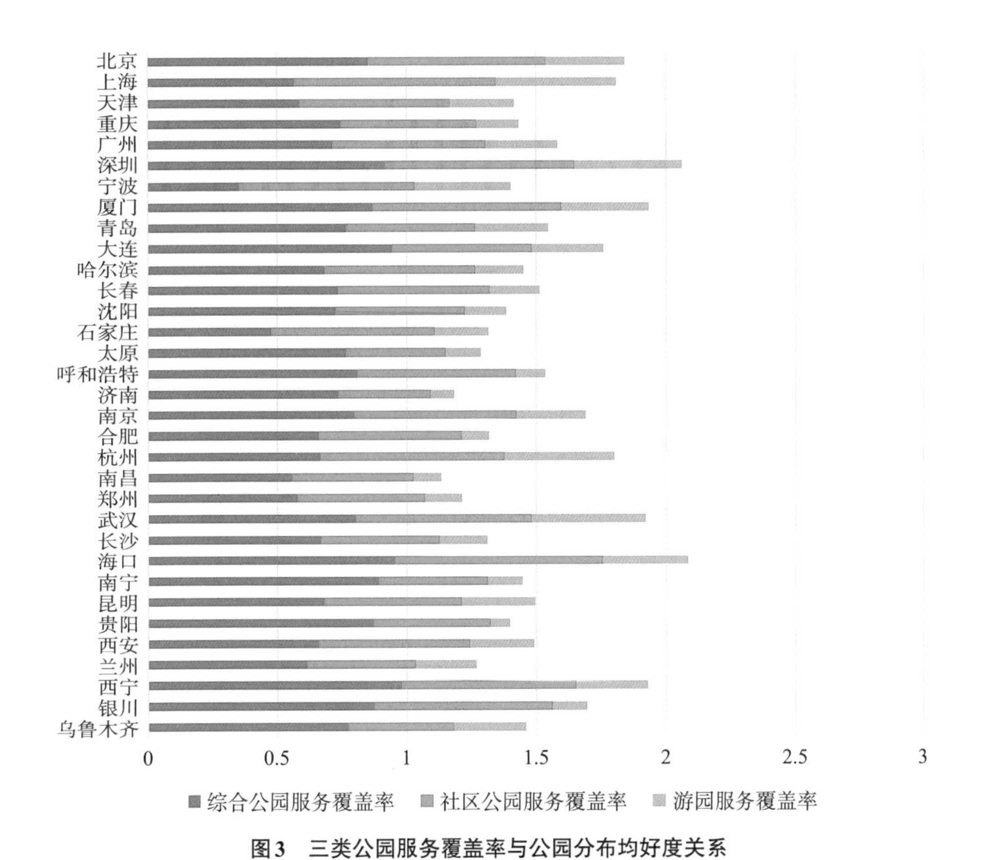

图3　三类公园服务覆盖率与公园分布均好度关系

二、主要城市人均公园保障度分析

（一）城市间差异大；计划单列市人均公园保障度明显好于直辖市和省会城市

33个城市人均公园保障度受公园绿地总量和人口密度双变量影响，整体数值差距较大，最高值为76.69%（大连），最低值为29.85%。

从城市类型来看，计划单列市平均人均公园保障度最高，达到59.13%；直辖市和省会城市的人均公园保障度相近，均达到50%，见图4。

（二）南方好于北方，I型大城市好于超大城市、特大城市及I型大城市

按照“秦岭—淮河”地理分界线区分南北方，南方城市人均公园保障度平均为55.34%，北方城市人均公园保障度平均为50.44%，南方人均供给情况总体好于北方，且差距较大。

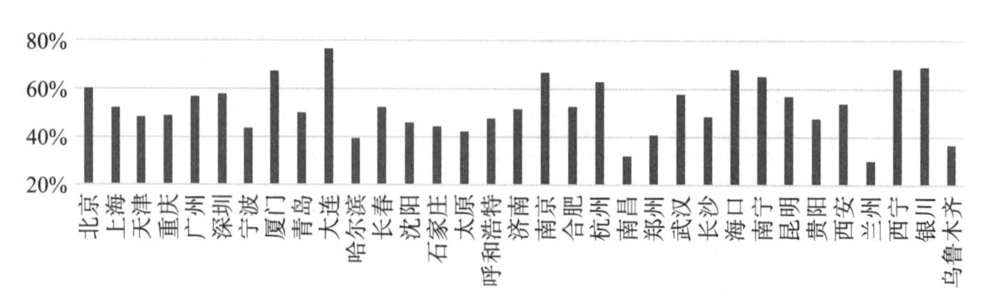

图4　主要城市人均公园保障度

超大城市人均公园供给指数平均值为53.96%，特大城市平均值为54.83%，Ⅰ型大城市平均值为48.47，Ⅱ型大城市平均值为53.53%；超大城市、特大城市以及Ⅱ型大城市人均公园供给水平相近，且均值较高，Ⅰ型大城市人均公园供给水平相对较低，见表2。

人均公园保障度与城市区位、城市规模关系　　　　**表2**

南北方	城市	人均公园保障度	均值
北方	大连	76.69%	50.44%
	银川	69.04%	
	西宁	68.40%	
	北京	60.03%	
	西安	54.02%	
	长春	52.32%	
	济南	51.62%	
	青岛	50.18%	
	天津	48.38%	
	呼和浩特	47.69%	
	沈阳	46.06%	
	石家庄	44.27%	
	太原	42.23%	
	郑州	40.77%	
	哈尔滨	39.22%	
	乌鲁木齐	36.70%	
	兰州	29.85%	
南方	海口	68.02%	55.34%
	厦门	67.40%	
	南京	66.80%	
	南宁	65.32%	
	深圳	57.82%	
	武汉	57.78%	
	昆明	56.98%	
	广州	56.67%	
	合肥	52.68%	
	上海	52.01%	
	重庆	48.84%	
	长沙	48.55%	
	贵阳	47.82%	
	杭州	63.04%	
	宁波	43.58%	
	南昌	32.11%	

城市规模	城市	人均公园保障度	均值
超大城市	北京	60.03%	53.96%
	深圳	57.82%	
	广州	56.67%	
	上海	52.01%	
	重庆	48.84%	
	天津	48.38%	
特大城市	大连	76.69%	54.83%
	南京	66.80%	
	武汉	57.78%	
	昆明	56.98%	
	西安	54.02%	
	济南	51.62%	
	青岛	50.18%	
	沈阳	46.06%	
	杭州	63.04%	
	郑州	40.77%	
	哈尔滨	39.22%	
Ⅰ型大城市	厦门	67.40%	48.47%
	合肥	52.68%	
	长春	52.32%	
	长沙	48.55%	
	石家庄	44.27%	
	宁波	43.58%	
	太原	42.23%	
	乌鲁木齐	36.70%	
Ⅱ型大城市	银川	69.04%	53.53%
	西宁	68.40%	
	海口	68.02%	
	南宁	65.32%	
	贵阳	47.82%	
	呼和浩特	47.69%	
	南昌	32.11%	
	兰州	29.85%	

（三）良好的城市空间布局是解决人口高密度城市人均公园保障度的有效途径之一

经统计分析发现，高密度人口城市不易实现高水平的人均公园保障，特别是自然本底条件一般的内陆平原城市；而良好的城市空间布局是解决人口高密度城市人均公园保障的有效途径之一。

厦门作为沿海城市，自然山水本底较好，且整体城市形态呈组团式分布，各个类型的公园绿地镶嵌于各个组团中，属于高密度人口城市中少有的人均公园保障度高的城市之一。

（四）组团型城市人均公园保障度明显高于其他城市

经统计分析发现，组团型城市人均公园保障度平均值为65.54%，明显高于总平均值52.29%。33个主要城市中，五个典型组团型城市的人均公园保障度均位于前列，其中大连排名第1，海口排名第4，厦门排名第5，深圳排名第10，武汉排名第11。

五个典型组团型城市均具有以下特征：高密度人口区域相对分散、公园绿地服务更加均衡有效、组团间隔离绿带就近构成大型绿色游憩空间。以上特点共同为实现城市高水平的人均公园保障提供了坚实的基础。

三、综合分析

（一）人均公园保障度与公园分布均好度呈现总体正相关的趋势

经统计分析，33个主要城市的人均公园保障度与公园分布均好度呈现总体正相关的趋势，即人均公园保障度高的城市公园分布均好度普遍较好，见图5。

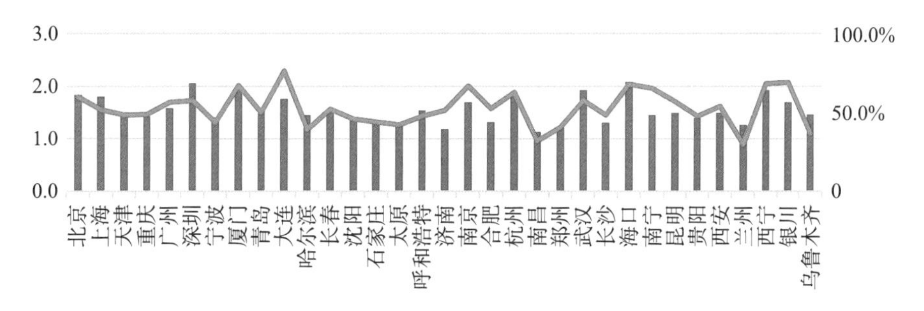

图5　公园分布均好度与人均公园保障度相关性分析

（二）规模密度是基础、人口密度影响大

公园分布均好度是人均公园保障度的基础，一个城市想要实现高水平的人均公园保障度必须首先解决公园分布均好度的问题。

城市发展空间格局和人口密度空间分布对人均公园保障度影响明显，过于集中的城市发展空间格局和过高密度的人口空间分布都不利于高水平人均公园保障度的实现，优化城市空间格局、疏解高密度区域人口是提高城市人均公园保障度水平的有效途径之一。

（风景园林和景观研究分院，执笔人：王忠杰、
刘宁京、王彦博、吴雯、高飞）

“一带一路”倡议下的全球城市报告

“一带一路”倡导包容性全球化，以共商共建共享为原则引领全球化范式的转变。中国城市规划设计研究院连续三年发布《“一带一路”倡议下的全球城市报告》，人民网、新华社等多家媒体进行了报道，形成了广泛社会影响。

2021年，新冠肺炎疫情持续蔓延、极端天气更加频繁、大国博弈持续加剧，全球城市复苏不确定因素与中长期挑战不断增多。报告因应全球化新特点和新趋势，进一步完善优化全球价值活力城市指数、“一带一路”潜力城市指数指标体系及算法，选取全球513个城市为研究对象，对疫情后全球城市复苏的特征作出新观察，揭示全球城市格局的动荡变革。

一、全球城市疫后格局分化隔离、沟壑纵横

（一）全球价值活力城市：前列城市维持增长，靠后城市两极分化

2021年，全球城市发展更加分化隔离，呈现“免疫鸿沟”“经济鸿沟”“数字鸿沟”等沟壑纵横的图景。从全球价值活力百强城市排名变化来看，排名前列的城市基本维持增长，相对靠后的城市两极分化，发展中国家城市遭受较大冲击，菲律宾、巴拿马、哈萨克斯坦等国家城市在2021年的排名中掉出全球前100行列。

（二）全球创新网络：东亚、北美城市领先优势持续扩大

东亚、北美全球创新网络前列城市数量旗鼓相当，且呈现增加趋势，与其他地区差距持续扩大。前100位城市中，东亚城市从2020年的27个增加至28个，北美城市从24个增加至27个，而其他地区均在12个以下，维持稳定甚至下降。

（三）全球生产和服务网络：东亚、东南亚的综合性优势凸显

部分城市在变异病毒的冲击下遭受打击，但也更多看到东亚、东南亚地区城市排名稳中有升。新加坡拥抱工业4.0，不断加强全球领先工业枢纽地位，弹丸之地却拥有3家灯塔工厂，相较2020年上升1位。中国内地5城上榜，广州及成都分别上升2位，面对因逆全球化、疫情蔓延而动荡不已的国际产业链供应链，发挥了重要的稳定器作用。

（四）全球联通设施网络：全球海运复苏曲折，中国城市快速反弹

2021年全球航空市场逐步开放，部分国家尝试控制疫情并扩大内需，但尚未实质复苏。得益于政策支持和有效防控，中国航空业快速恢复，进入前20城市从2020年4个增加至8个，上海、广州、北京等城市得分相较2020年均有提高。

国际海运面临疫情波动、供应链紊乱等不同挑战，航运重心由欧美向亚太地区转移。宁波、青岛、深圳等中国城市对港口码头采取了积极的干预政策，逆势增长，伦敦、东京、芝加哥等部分老牌海港枢纽得分较去年小幅下滑，见表1。

各维度上的领先城市　　表1

全球创新网络		全球生产与服务网络		全球联通设施网络	
旧金山	—	北京	—	上海	↑
东京	↑	东京	—	洛杉矶	↑
北京	↓	纽约	↑	伦敦	↓
首尔	↑	首尔	↓	迪拜	—
伦敦	↑	上海	—	广州	↑
上海	—	伦敦	—	东京	↓
新加坡	↓	中国香港	—	新加坡	↓
中国香港	↑	新加坡	↑	纽约	↓
深圳	↑	中国台北	↓	深圳	↑
巴黎	↑	旧金山	↑	中国香港	↓
洛杉矶	↓	广州	↑	芝加哥	↓
慕尼黑	↑	哥本哈根	↑	釜山	↑
纽约	↓	深圳	↓	鹿特丹	↓
圣地亚哥	↓	孟买	—	厦门	↑
西雅图	—	迪拜	↓	亚特兰大	↓

续表

全球创新网络		全球生产与服务网络		全球联通设施网络	
波士顿	↑	华盛顿	↑	北京	↑
杭州	—	洛杉矶	↓	宁波	↑
中国台北	↑	成都	↑	汉堡	↓
悉尼	—	斯德哥尔摩	—	青岛	↑
芝加哥	↑	巴黎	↓	巴黎	↓

二、全球城市加速走向区域联结

（一）全球价值活力城市：全球连接走向“区域化”

新冠肺炎疫情、全球气候变暖、大国博弈等多重挤压下，各个国家地区走向区域连接。全球价值活力城市前100位中，东亚、北美、西欧及北欧地区分别占25个、23个、23个，其中，东亚、北美地区数量呈现上升趋势，东亚从2020年的23个增加到2021年的25个，北美则从21个增加至23个，见图1。

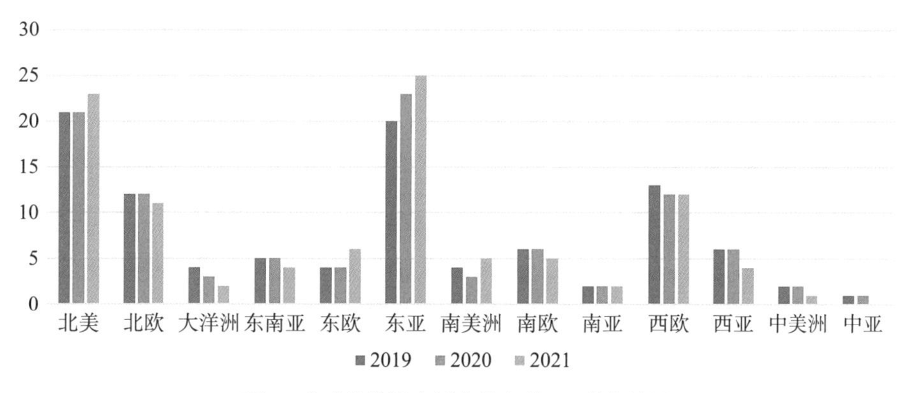

图1　全球价值活力城市排名前100所在地区

（二）“一带一路”潜力城市：亚洲城市多领域合作日趋紧密

进入“一带一路”潜力城市前100位的亚洲城市从2020年的51个增加到55个，伴随“一带一路”倡议深入推进，亚洲地区城市在政策机制、设施联系、经贸合作、民生交往等方面合作逐步深入，在多重挑战中维持了稳定运行，见图2。

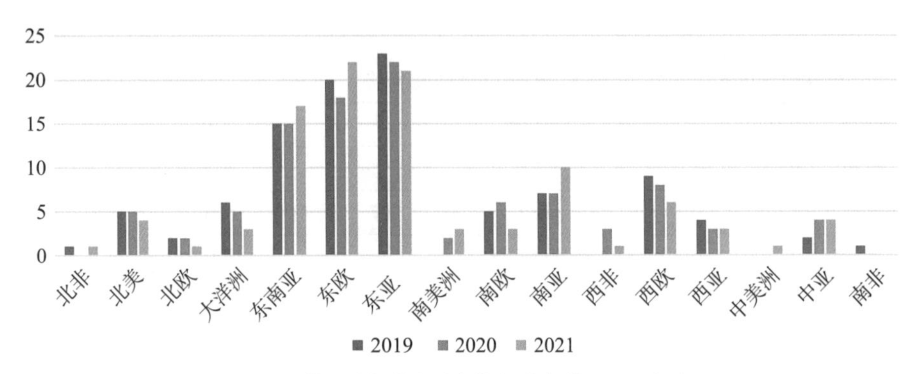

图2 “一带一路”潜力城市指数排名前100所在地区

三、“一带一路”成为跨越鸿沟的桥梁

（一）“一带一路”潜力城市：“海上丝绸之路”不断织密

“21世纪海上丝绸之路”沿线城市联系更加紧密，新加坡、雅加达、吉隆坡和曼谷等2020年排名前列的城市进一步上升，吉布提、瓜达尔、汉班托塔等城市首次进入“一带一路”潜力城市前100位。中国与沿线区域合作逆风前行，展现出强大韧性和旺盛活力。

（二）政策沟通：合作朋友圈压力中扩大

当前各国面临的国际环境更趋复杂，“一带一路”倡议在艰难中前行，合作朋友圈在压力中扩大。非洲国家刚果（金）和博茨瓦纳在2021年年初同中国签署“一带一路”合作文件，标志着“一带一路”倡议更加壮大并得到更广泛的认同。

（三）设施联通：中欧班列促进亚欧城市联结

疫情下全球空运、海运普遍受阻，中欧班列成为贯通中欧、中亚的重要运输方式，保障了亚洲与欧洲密切的货运联系。借力中欧班列，俄罗斯、波兰、白俄罗斯等与中国经贸交往日益活跃，莫斯科、华沙、明斯克等重要枢纽在潜力榜单中占据一席之地。

（四）贸易畅通：东亚率先恢复，沪深表现亮眼

东亚国家疫情防控表现出色，率先实现复工复产，经贸合作快速恢复，在贸易畅通前20名中占据5席。在全球国家普遍陷入疫情泥潭的背景下，中国成为

全球供应链的核心，中国香港、上海、深圳三个城市进入贸易畅通前20名。

（五）资金融通：中欧资金联系更为紧密

欧洲成为中国投资商的“理想投资地”，在资金融通前20位城市中，欧洲城市占据9席，巴黎、柏林、汉堡等城市排名普遍提升。2020年，中国对荷兰直接投资流量快速增长，占到对欧盟投资流量的近50%，推动阿姆斯特丹进入全球前20位。

（六）民心相通：东南亚、东欧城市合作升温

东南亚上榜民心相通前100位城市数量由2020年14个增加至25个，是排名提高幅度最大的区域，曼谷、清迈、马六甲在疫情期间与中国疫苗合作紧密，排名跃居前20。东欧地区前100上榜城市数量稳居前三，且2021年城市排名均有所上升，明斯克等城市在科教、旅游、抗疫多方面合作表现突出，成为“一带一路”沿线新亮点。

（深圳分院规划研究中心，执笔人：方煜、何斌、刘菁等）

中国主要城市建成环境密度报告

随着城市转向高质量发展阶段，交通拥堵、设施不足等“大城市病”愈发引起人们关注。中央在多份重要文件中，指出营造城市宜居环境、完善城市化战略的重点，是要改变过分追求高强度开发与高密度建设的状况，根据实际合理控制人口密度。在此背景下，如何准确认识我国城市的现状建设强度，正确理解人口密度的空间分布，有效引导城市更新和新城新区发展，是当前城市规划领域中迫切需要研究的内容。

报告选择以超大、特大城市为主的12座主要城市，通过统一数据来源和统一研究范围的划定方法，有效提升不同城市之间密度指标的可比性，从而精准评估各城市的建设强度与在地活动人口密度现状情况，见图1。

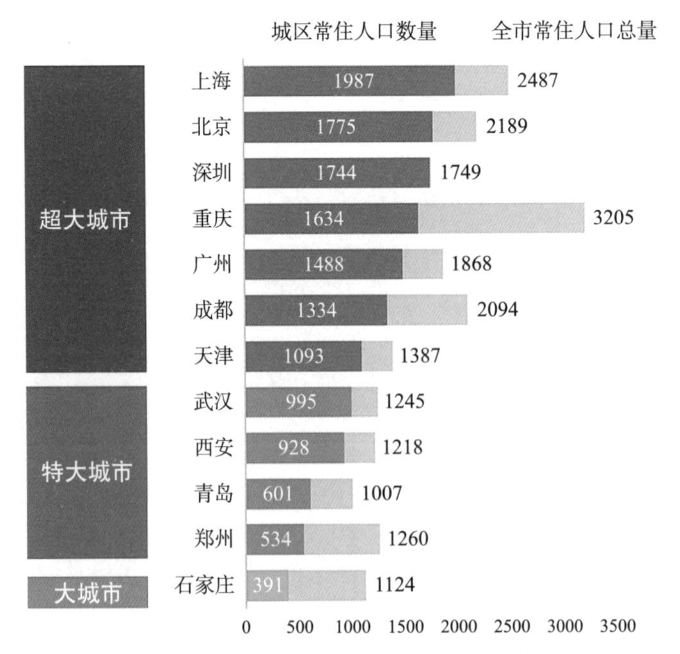

图1　12个样本城市城区、全市常住人口情况

一、构建宏观和中观尺度的城市密度研究框架

（一）拓展空间尺度，划定可比范围

基于当前国内城镇化转型背景和城市更新行动需求，将城市建成环境密度的研究框架扩大到建成区、核心建成片区等宏观和中观层面，结合城市结构与中心体系判断，充分利用多源大数据和高分辨率遥感影像，界定可比较的空间范围，构建科学的城市密度研究框架，见图2。

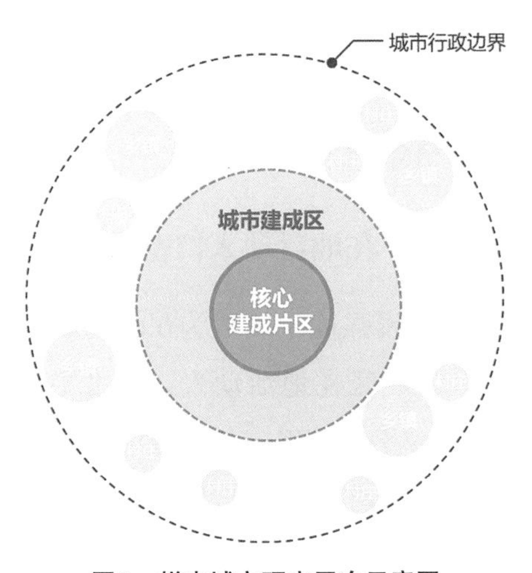

图2　样本城市研究层次示意图

报告针对样本城市的建成区和核心建成片区两个层次开展相关研究工作。通过“大数据判定+综合校核”的方法，统一划定12座主要城市的建成区范围，形成城市密度研究的基本层次。12座主要城市建成区面积在340～1960平方千米之间。

在建成区范围内，进一步识别处于城市中心区域、具有较高城市密度，容纳城市核心功能和设施的核心建成片区，从而更深入地认知城市中心区域的建设强度和人口密度水平。报告划定的核心建成片区有着相似的空间尺度（90～170平方千米左右），通过测度其密度指标，形成可比较、可推广的研究结论。

（二）准确掌握城市建设强度与在地活动人口密度现状情况

报告基于百度LBS获取在地活动人口数据，从而更准确地反映人们在城市中的活动情况；以遥感数据结合开放街景地图（OSM）数据反演，获取的建筑基底面积和建筑高度数据，为计算宏观尺度的建设强度提供了科学可靠的资料。通

过高分辨率遥感、新型大数据、GIS空间分析方法和三维数字模型，精准刻画城市人口分布和空间形态，同时拓展了研究的广度和深度。

为了避免与相关概念混淆，报告定义建设强度和在地活动人口密度作为主要指标。其中，"建设强度"是指单位面积用地上已建成建筑物的总建筑面积。其建筑面积数据是在遥感数据解译基础上，结合开放街景地图OSM数据对解译斑块进行修正，从而获得研究范围内的建筑面积总和。"在地活动人口密度"是指研究范围内单位面积用地范围内的在地活动人口数量。其人口数据是以百度LBS数据为基础，识别在100米×100米栅格范围内、满足一年中超过六个月时间在居住用地内连接WiFi属性单一或连接非公共WiFi的人群，将其认定为在地活动人口。

二、客观呈现数据，科学比较密度

（一）建成区的建设强度、在地活动人口密度明显低于核心建成片区

12座城市中，建成区的建设强度平均数为0.69万平方米/公顷，核心建成片区为1.49万平方米/公顷；建成区在地活动人口密度平均数为1.24万人/平方公里，核心建成片区为2.47万人/平方公里。各个城市自身的比较中，核心建成片区的建设强度与在地活动人口密度均显著高于建成区。因此，在比较不同城市的建成环境密度时，首先要定义出相似的空间尺度才能得出有效结论，见表1、表2。

建成区主要指标测算表 **表1**

样本城市		划定研究范围（平方公里）	总建筑面积（亿平方米）	在地活动人口（万人）	在地活动人口密度（万人/平方公里）	建设强度（万平方米/公顷）
超大城市	上海市	1957.8	12.8	2150.2	1.10	0.65
	北京市	1505.5	10.9	1903.1	1.26	0.73
	深圳市	963.9	8.6	1828.1	1.90	0.89
	重庆市	744.7	5.2	906.1	1.22	0.70
	广州市	1285.3	8.0	1774.1	1.38	0.62
	成都市	1050.7	7.1	1402.8	1.34	0.68
	天津市	1283.1	6.4	963.9	0.75	0.50
特大城市	武汉市	753.8	6.6	931.2	1.24	0.88
	西安市	679.8	5.6	1045.4	1.54	0.82
	青岛市	793.5	3.2	612.3	0.77	0.40
	郑州市	614.8	4.2	723.6	1.18	0.68
大城市	石家庄市	339.8	2.2	413.7	1.22	0.66

核心建成区主要指标测算表 表2

样本城市		划定研究范围（平方公里）	总建筑面积（亿平方米）	在地活动人口（万人）	在地活动人口密度（万人/平方公里）	建设强度（万平方米/公顷）
超大城市	上海市	164.7	25329	475.1	2.88	1.54
	北京市	168.9	24199	424.0	2.51	1.43
	深圳市	135.0	21193	393.7	2.92	1.57
	重庆市	123.4	19632	339.5	2.75	1.59
	广州市	145.0	24459	518.9	3.58	1.69
	成都市	126.3	16199	306.8	2.43	1.28
	天津市	125.8	15568	256.4	2.04	1.24
特大城市	武汉市	121.3	18861	275.5	2.27	1.55
	西安市	155.3	27977	431.6	2.78	1.80
	青岛市	122.1	11334	196.0	1.61	0.93
	郑州市	108.4	13924	235.2	2.17	1.29
大城市	石家庄市	94.8	11150	199.5	2.10	1.18

（二）样本城市中，南方城市的建成环境密度总体高于北方

在核心建成片区尺度下，样本城市的建设强度总体是1.2～1.6万平方米/公顷，见图3；在地活动人口密度总体是2.0～2.8万人/平方公里，见图4。从城市排名来看，南方城市的两项密度指标总体高于北方城市；西安、广州、深圳的两项指标均在前四位，天津、石家庄、青岛三城的两项指标均为后三位。

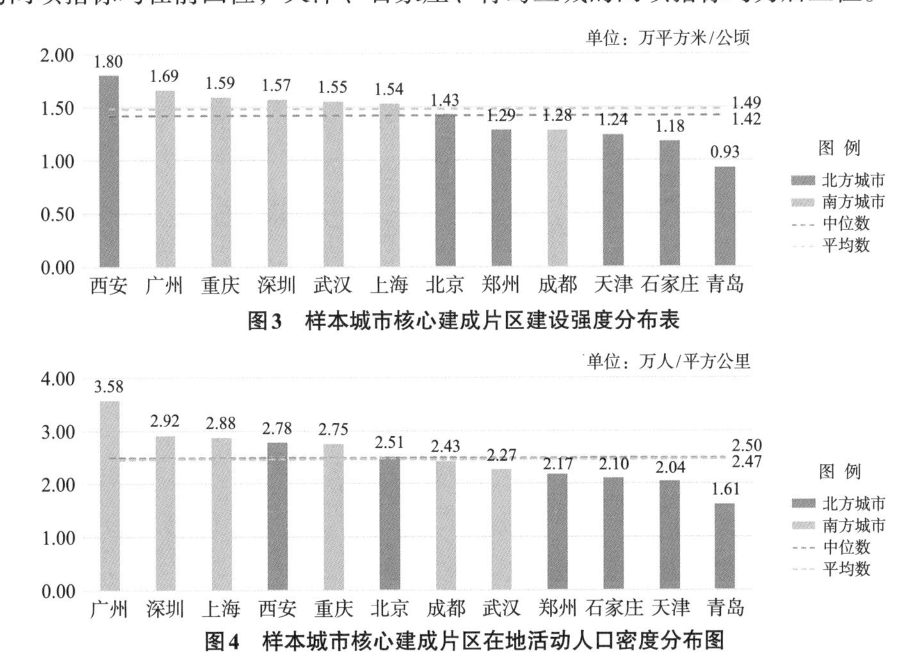

图3 样本城市核心建成片区建设强度分布表

图4 样本城市核心建成片区在地活动人口密度分布图

（三）不同城市的建筑基底覆盖率相似

样本城市核心建成片区的建筑基底覆盖率集中分布于20%～25%，平均值为23%。最高为石家庄和广州的28%，最低为深圳的19%。不同等级的城市间建筑基底覆盖率差别较小，见图5。

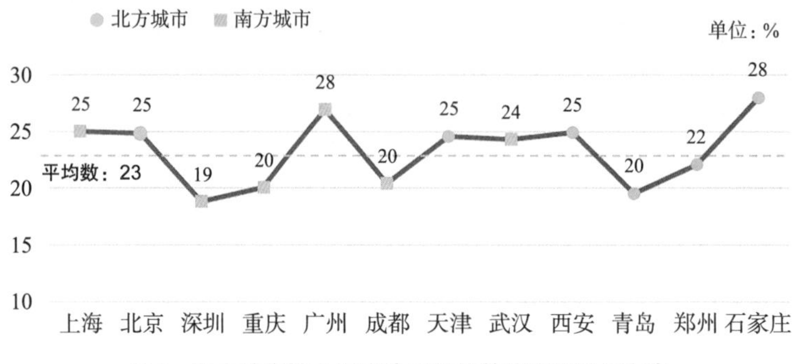

图5　样本城市核心建成片区建筑基地覆盖率分布表

（四）各城市之间人均建筑面积差异较小

样本城市核心建成片区的人均建筑面积集中分布于55～60平方米/人，各城市之间差异性较小，说明人口密度与建设强度高度相关。北方城市的人均建筑面积相对较高（更宽敞），南方城市的人均建筑面积相对较低（更拥挤），见图6。

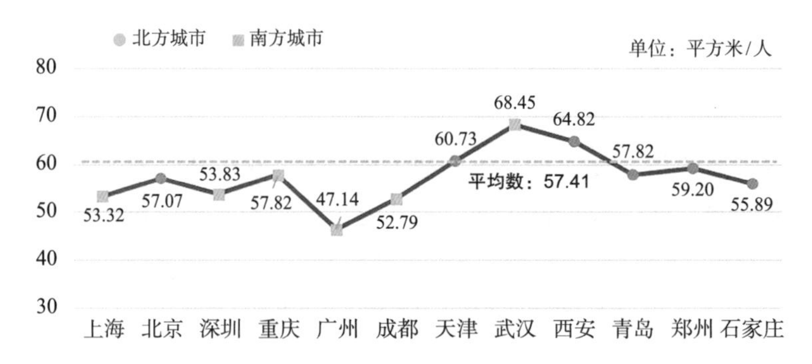

图6　样本城市核心建成片区人均建筑面积分布表

三、比较国际城市，准确理解密度现状

（一）国内主要城市的建设强度与国际城市相似

选取纽约、旧金山、东京、首尔、巴黎、伦敦等国际主要城市，通过相似方

法划定核心建成片区并进行密度分析。从分析结果可知，国际城市与国内样本城市核心建成片区的建设强度总体位于同一水平，即1.2万～1.6万平方米/公顷。除纽约的建设强度显著较高外，其他国际城市与国内城市的核心建成片区建设强度数值是较为接近的，见图7。

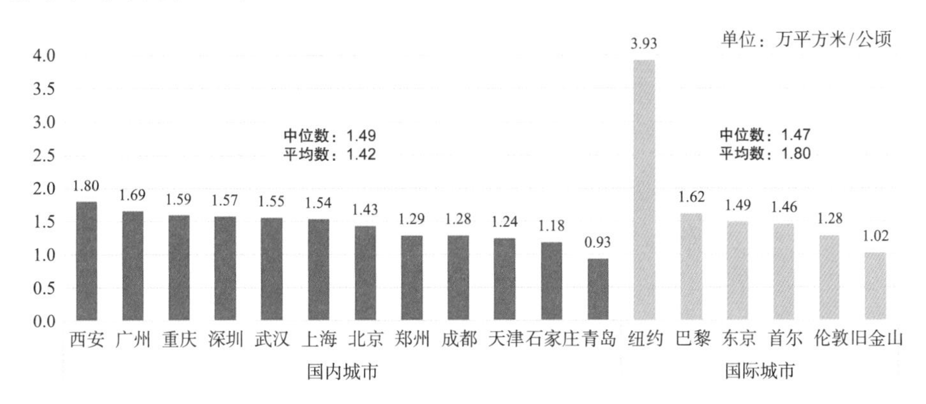

图7　国内外样本城市核心建成片区建设强度对照表

（二）国内主要城市的人口密度高于国际城市

国际城市的核心建成片区人口密度显著低于国内城市，国内城市平均值为2.5万人/平方公里，国际城市则为1.84万人/平方公里。因此，与国际城市相比，国内超大、特大城市的城市中心地区存在人口密度偏高的情况，见图8。

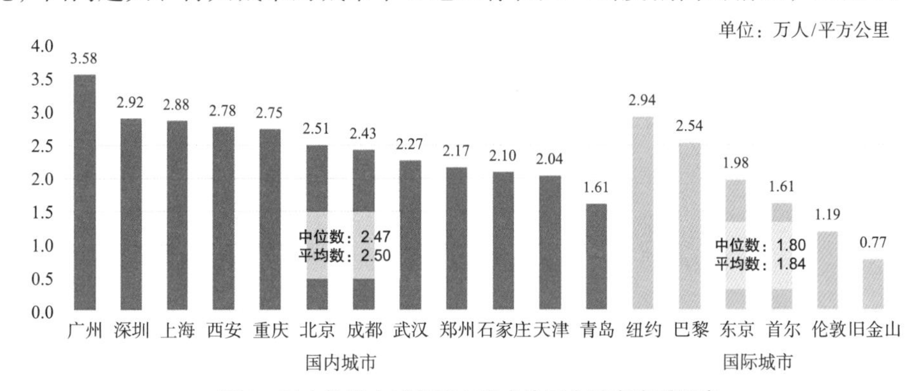

图8　国内外样本城市核心建成片区人口密度对照表

（三）建设强度与人口密度呈正相关

考察核心建成片区建设强度和人口密度的关系，可见无论是国内城市还是国际城市，建设强度与人口密度均呈正相关，即建设强度越高，人口密度也越高，反之亦然。这说明当核心建成片区人口密度过高时，可以通过控制建设强度的方式加以缓解，对于解决大城市病具有借鉴意义，见图9。

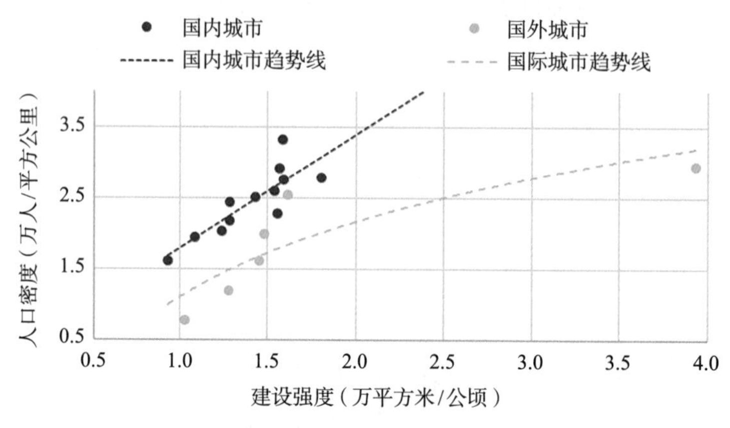

图9　建设强度与人口密度关联分析

（城市设计研究分院，执笔人：顾宗培、韩靖北等）

中国主要城市共享单车/电单车骑行报告

现阶段，共享骑行已经成为我国城市慢行交通的重要组成，而大力发展慢行交通也是新时代我国城镇建设工作的重要方面。为进一步落实有关慢行交通政策要求与工作部署，持续引领共享单车行业健康有序发展，中国城市规划设计研究院联合美团，开展了中国主要城市共享骑行的研究。

2021年9月22日，研究团队向全社会正式发布了《2021年中国主要城市共享单车/电单车骑行报告》(以下简称“报告”)。希望通过报告的发布，逐步建立起覆盖全国各类型城市的共享单车、电单车的出行特征指标，为今后城市治理、政策制定、行业发展提供参考，也为持续提升城市交通治理的科学化、精细化水平，建设人民更满意的共享骑行环境贡献积极力量。

一、共享电单车的骑行可达性，显著高于共享单车

(一) 共享电单车活跃用户日均骑行距离约是共享单车的1.5倍

共享电单车活跃用户的日均骑行距离（3.0公里）约是共享单车（2.0公里）的1.5倍；超大城市的共享单车日均骑行距离整体小于其他规模城市。其中兰州市是共享单车用户日均骑行距离最远的城市，达到2.4公里；石家庄市和呼和浩特市是共享电单车用户日均骑行最远的城市，均达到3.6公里，见图1、图2。

(二) 共享电单车更聚焦于2公里以上骑行

共享单车82%的日均骑行在2公里以内，共享电单车超过50%的日均骑行大于2公里。具体城市中，长沙市2公里以内共享单车骑行占比最高，达到91%，石家庄市3公里以上共享电单车骑行占比最高，达到46%，见图3、图4。

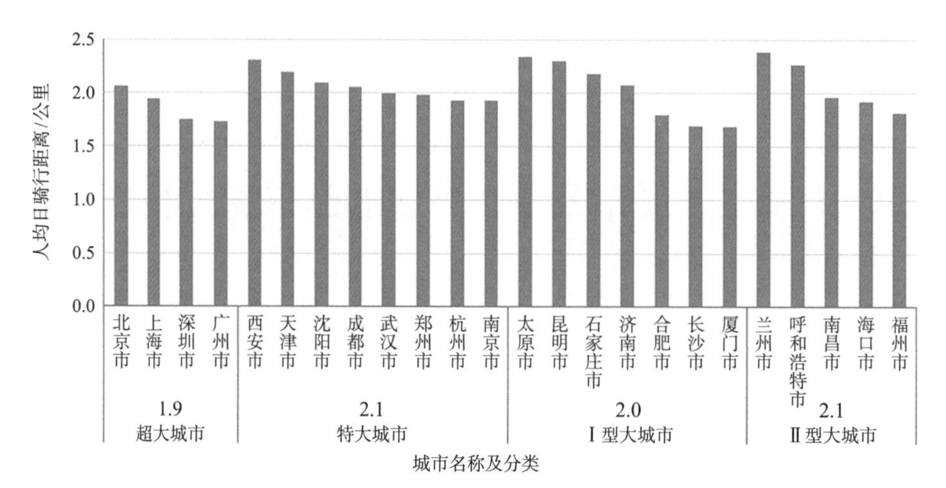

图1　主要城市共享单车活跃用户日均骑行距离

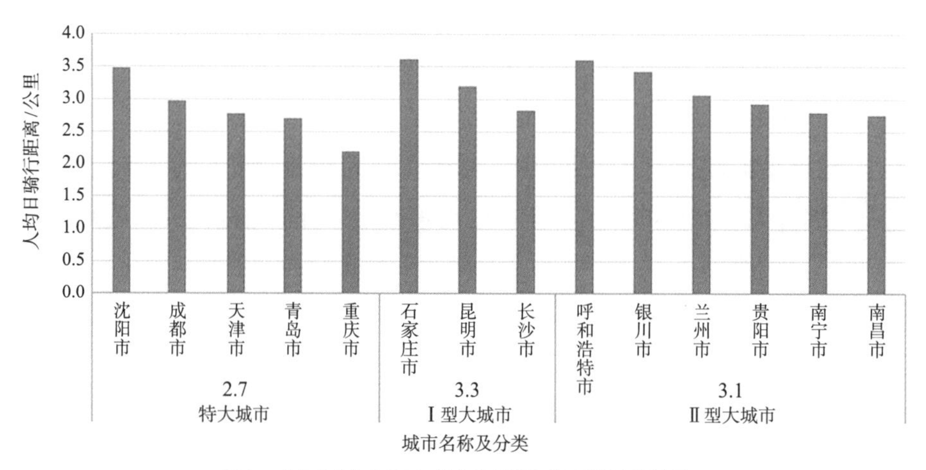

图2　主要城市共享电单车活跃用户日均骑行距离

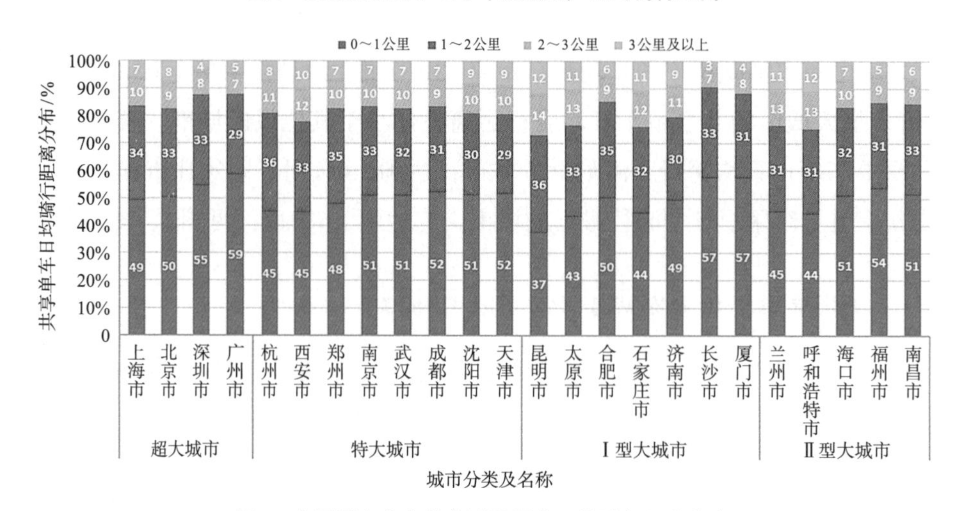

图3　主要城市共享单车活跃用户日均骑行距离分布

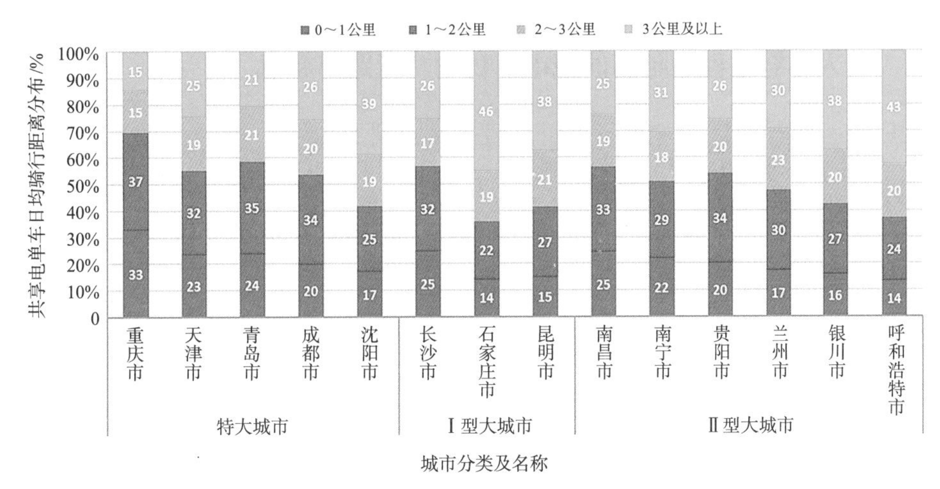

图4　主要城市共享电单车活跃用户日均骑行距离分布

二、共享骑行便捷性、活跃性与道路基础设施条件、外部骑行环境优劣有密切关系

（一）道路网络密度越低的城市，日均骑行距离越远

道路网络密度低于5公里/平方公里的城市共享单车日均骑行距离最远，达2.2公里，道路网络密度高于7公里/平方公里的日均骑行距离最短为1.8公里；道路网络密度低于5公里/平方公里的城市共享电单车日均骑行距离最远，达3.4公里。从鼓励骑行的角度，高密度路网可以显著提升慢行网络的连通性与可达性，增加出行意愿，见图5。

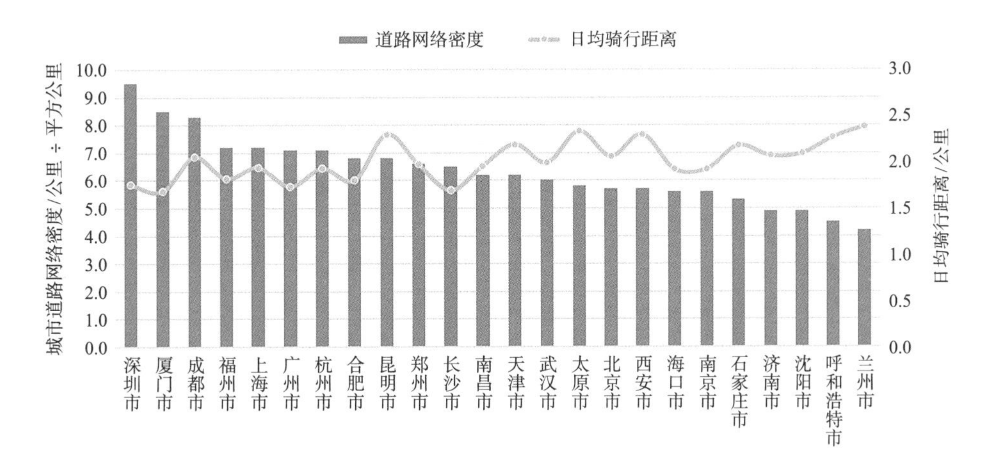

图5　共享单车活跃用户日均骑行距离与道路网密度关系

（二）人体舒适程度越高的城市，日均骑行距离越远

基于6～8月份样本城市人体舒适度数据，研究发现，最舒适城市共享单车日均骑行距离高于一般舒适城市约28%，最舒适城市共享电单车日均骑行距离高于一般舒适城市约14%，兰州、呼和浩特、昆明等在夏季气候相对凉爽的城市，共享单车的日均骑行距离最远，见图6。

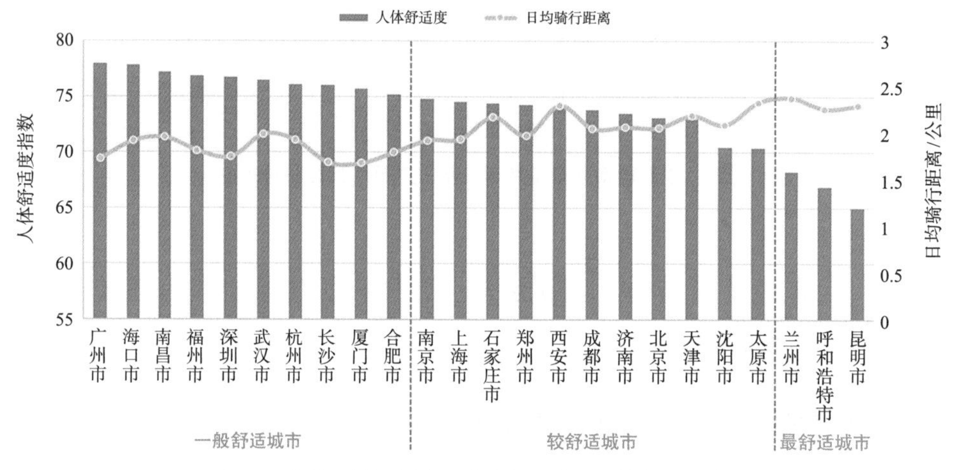

图6　共享单车活跃用户日均骑行距离与人体舒适度关系

三、共享骑行作为轨道接驳作用明显，拓展了轨道交通服务覆盖

（一）300公里以上轨道运营城市，共享骑行作为轨道接驳作用明显

轨道里程300公里以上城市，除杭州外，共享单车骑行发生在轨道周边100米范围内均超过35%，北京市轨道周边骑行比例最高，达到41%。共享电单车轨道接驳功能逐渐显现，轨道站点周边共享电单车骑行总量平均占比为17%，南宁市、长沙市、南昌市的共享电单车骑行总量相对较高，分别为26%、25%、25%，见图7、图8。

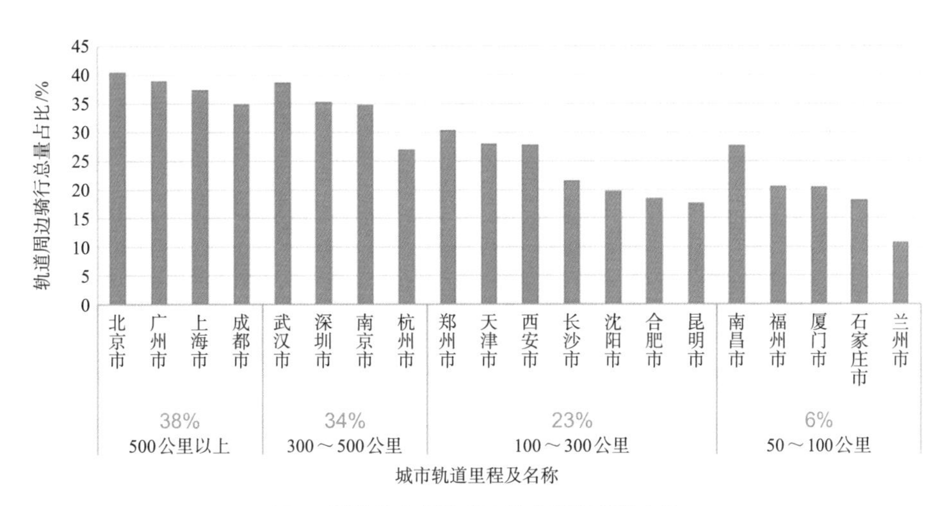

图7　轨道站点周边共享单车骑行总量占比

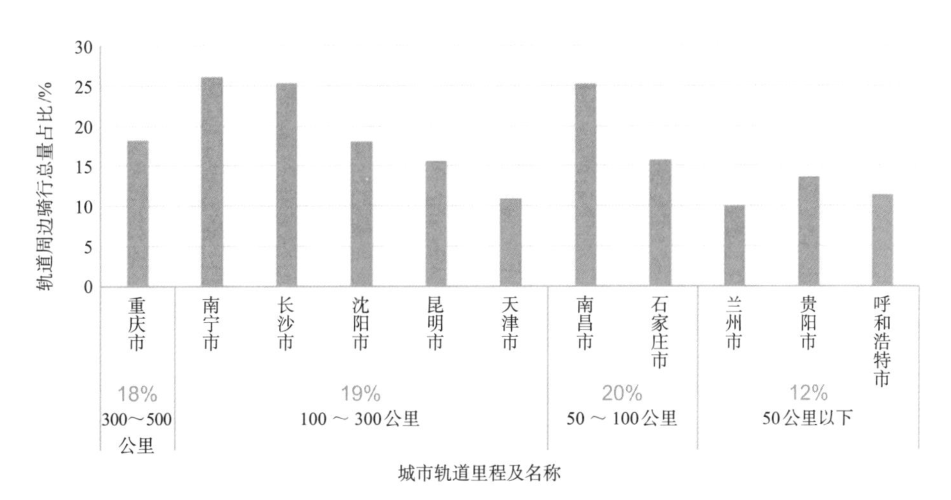

图8　轨道站点周边共享电单车骑行总量占比

（二）轨道周边共享电单车的平均骑行距离远高于共享单车

共享电单车的平均骑行距离（2.3公里），约是共享单车（1.2公里）的1.9倍。轨道规模越低的城市，其周边共享单车平均骑行距离越长，轨道里程50～100公里的城市，共享单车平均骑行距离为1.3公里，约是300公里以上城市的1.2倍；共享电单车轨道周边平均骑行距离普遍高于2公里，石家庄市共享电单车轨道周边骑行距离最长，约为3公里，约是石家庄共享单车的2倍，见图9、图10。

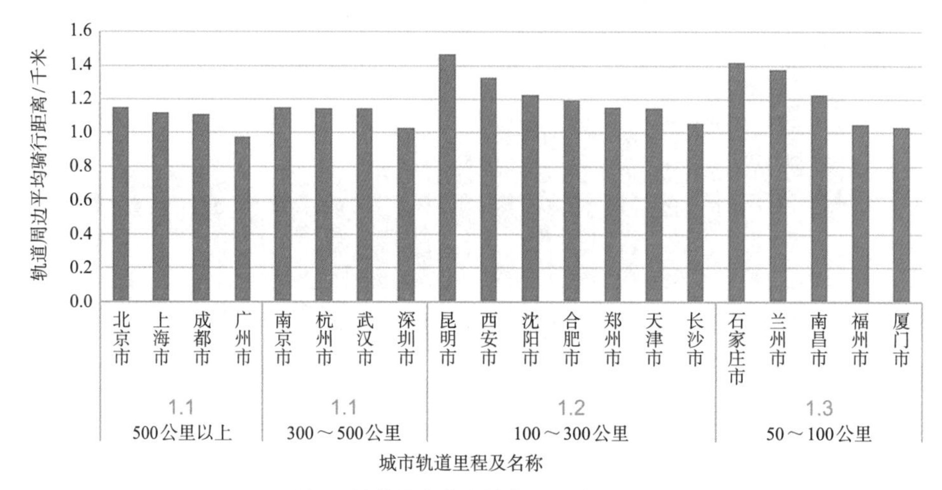

图9　轨道周边共享单车平均骑行距离

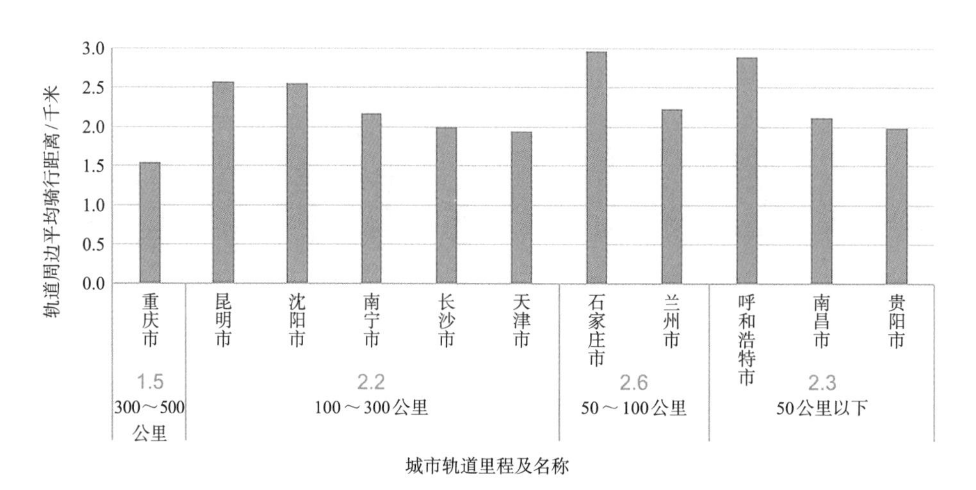

图10　轨道周边共享电单车平均骑行距离

四、共享骑行对“公众健康”“双碳目标”“夜经济发展”均有积极促进作用

（一）共享单车骑行一次消耗的能量约等于吃一块奥利奥饼干

单次骑行平均能量消耗在62～83卡路里之间，所有城市的平均值为71.6卡路里。超大城市的单次骑行平均能量消耗低于其他规模城市。呼和浩特市是单次骑行能量消耗最大的城市，为82.7卡路里，约等于1.2块奥利奥的能量，见图11。

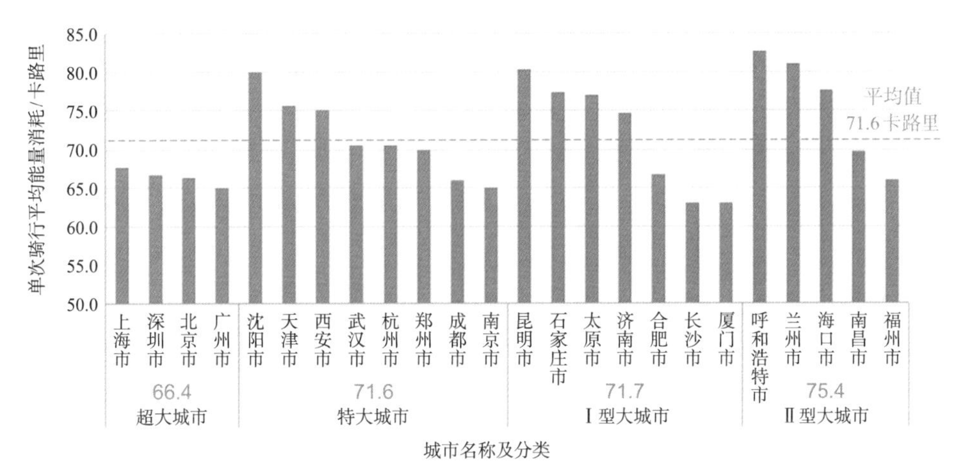

图11　主要城市共享单车单次骑行平均能量消耗

（二）共享骑行是弥补早晚公交空档、促进夜间经济活力的重要补充

共享骑行是促进城市夜间经济活力的重要补充，22∶00—次日6∶00，共享电单车夜间骑行平均占比达7.9%，共享单车为5.7%，夜间消费活跃度高的城市，如深圳市、海口市、成都市等，其夜间共享骑行占比也较高，见图12、图13。

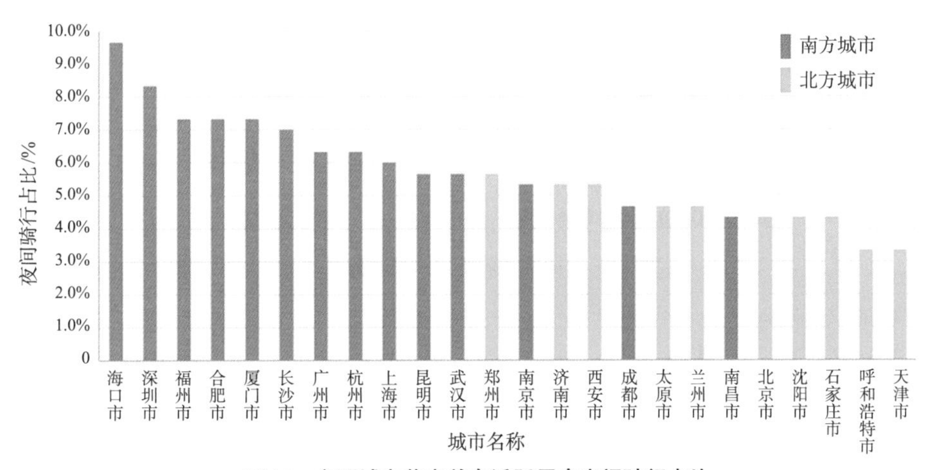

图12　主要城市共享单车活跃用户夜间骑行占比

（三）每多增加1位共享骑行用户，人均年减碳量约等于多种2棵树

共享电单车用户的人均年碳减排（48.9千克）约是共享单车（35.6千克）的1.4倍。城市规模与人均碳减排呈现反比趋势，特大城市共享单车人均年减碳量普遍低于其他规模城市。兰州市、太原市的共享单车人均年减碳量最高，分别为42.2千克、41.3千克，见图14～图16。

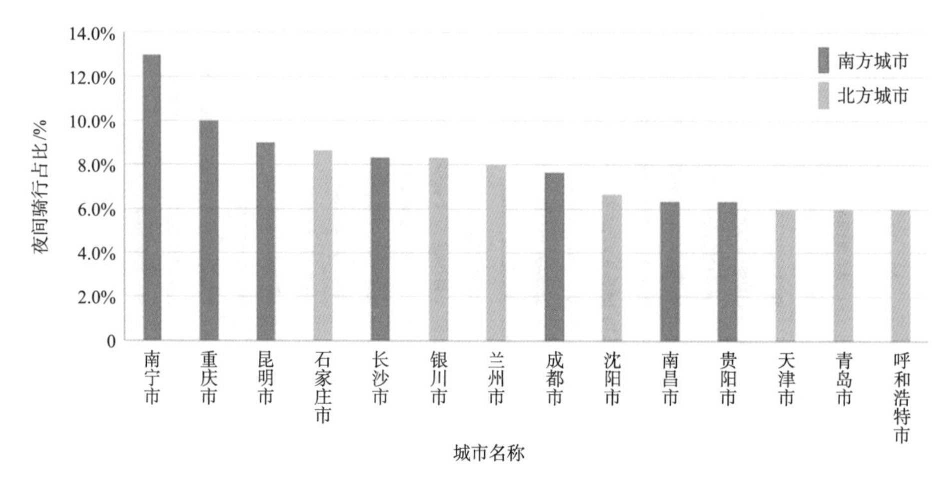

图13　主要城市共享电单车活跃用户夜间骑行占比

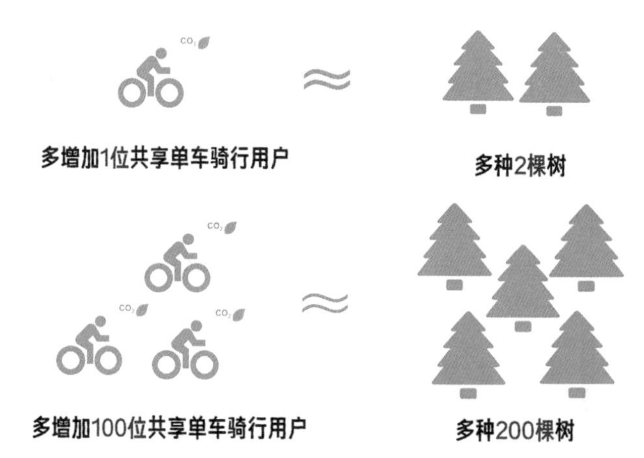

图14　增加共享骑行用户减碳量类比

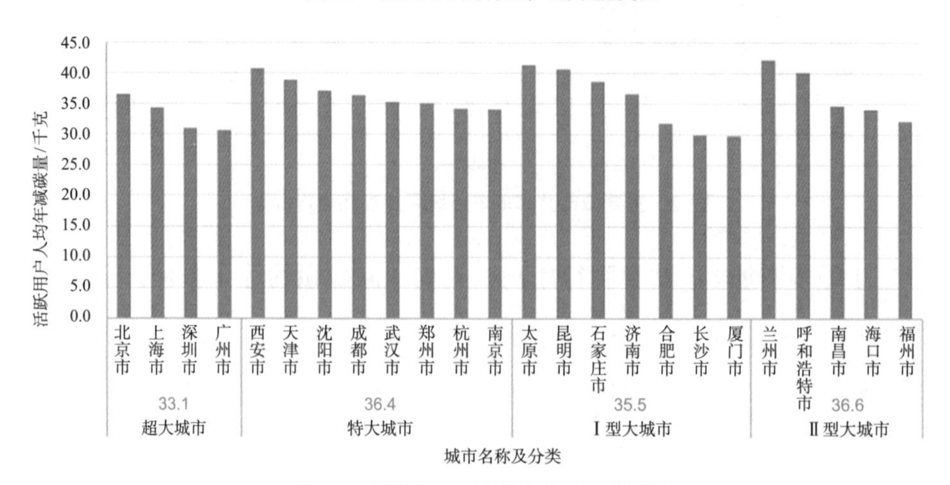

图15　主要城市共享单车人均年减碳量

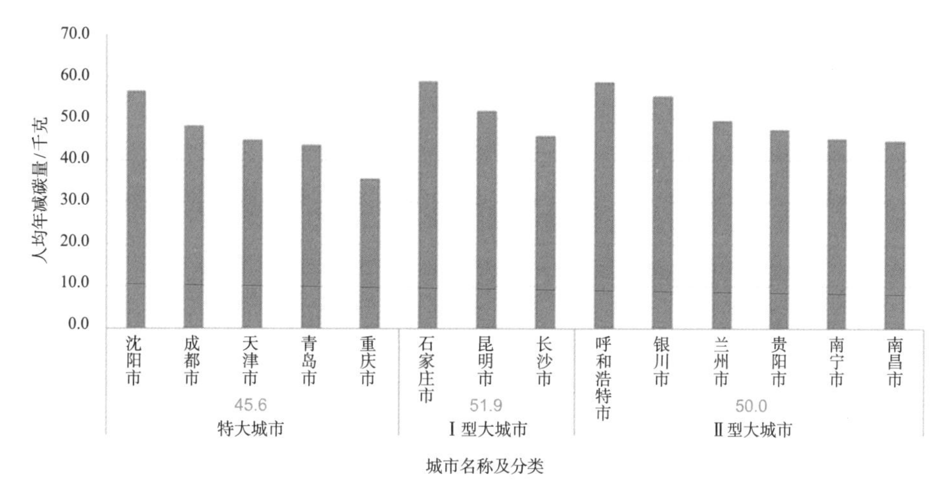

图16　主要城市共享电单车人均年减碳量

五、对策建议

一是持续完善提升城市慢行交通基础设施水平与环境品质，从“有没有”转向“好不好”。

二是优先做好轨道周边骑行设施与环境的精细化设计，作为完善大城市共享单车治理、提升轨道服务覆盖、促进城市绿色出行的重要抓手。

三是丰富完善共享骑行的监督考核办法，立足新发展阶段，考虑将共享骑行对“双碳目标”“夜经济发展”等方面的促进作用纳入考量，以实现高质量、精细化治理目标。

四是合理有序引导共享电单车健康发展，共享电单车作为新的出行方式选择，与共享单车使用习惯及出行特征有较大差异，应持续跟踪研究，贯彻以人为本、因地制宜、因城施策的发展思路，避免“政策一刀切”。

（城市交通研究分院，执笔人：康浩、王庆刚）

中国主要城市充电基础设施监测报告发布

2020年初，国家明确将充电基础设施作为新型基础设施建设的重要内容，以激发新消费需求，助力产业升级，提高基础设施服务水平，推动能源低碳转型，全面提升城市品质。在上述背景下，住房和城乡建设部城市交通基础设施监测与治理实验室、中国城市规划设计研究院，联合北京满电出行科技有限公司，开展了中国主要城市充电基础设施的研究工作，编制完成了2021年度《中国主要城市充电基础设施监测报告》。

报告选取25座中国主要城市，重点面向中心城区的公用桩，从规模、布局、结构、效能等角度选取8项指标，从静态与动态两方面分别解析主要大城市中心城区公用桩的建设和使用情况。同时，从规模、布局、结构等角度选取3项指标，简要评估典型城市群区域内高速公路沿线充电基础设施的建设情况。

一、充电基础设施建设步伐加快，但仍存在提升空间

（一）中心城区公用桩密度差异较大，平均覆盖率整体超过70%

25座全国主要城市公用桩的平均密度为17.3台/平方公里。深圳、上海、广州、南京、长沙和厦门排名靠前，公用桩密度超过20台/平方公里，其中深圳市的公用桩密度最高，达到73.2台/平方公里，见图1。

25座城市中心城区公用桩的平均覆盖率为73.5%。其中，公用桩覆盖率超过80%的有上海、西安、深圳等11座城市，最高的上海市达到92%。公用桩覆盖率较低的城市中，太原市的公用桩覆盖率最低，仅为48.1%，见图2。

（二）中心城区直流快充服务发展较快，但覆盖率存在提升空间

25座城市中心城区的直流公用桩占比均值接近50%，15座城市的直流公用

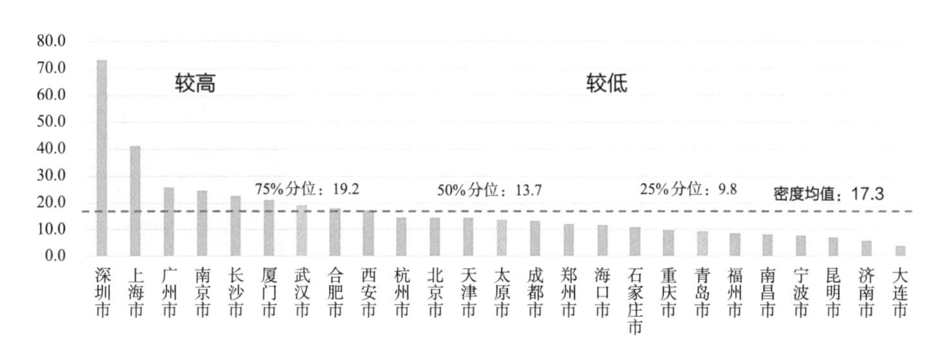

图1　25座城市公用桩密度分布（单位：台/平方公里）

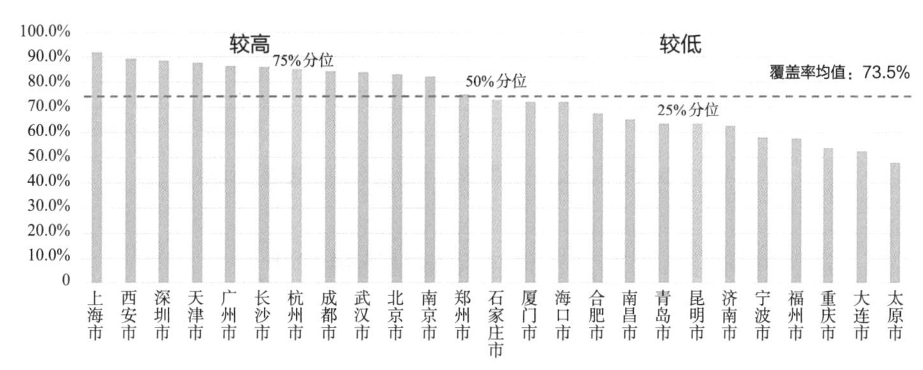

图2　25座城市公用桩覆盖率分布

桩占比超过50%。其中，厦门中心城区直流公用桩规模是交流公用桩的5倍以上，位居所有城市之首，见图3。

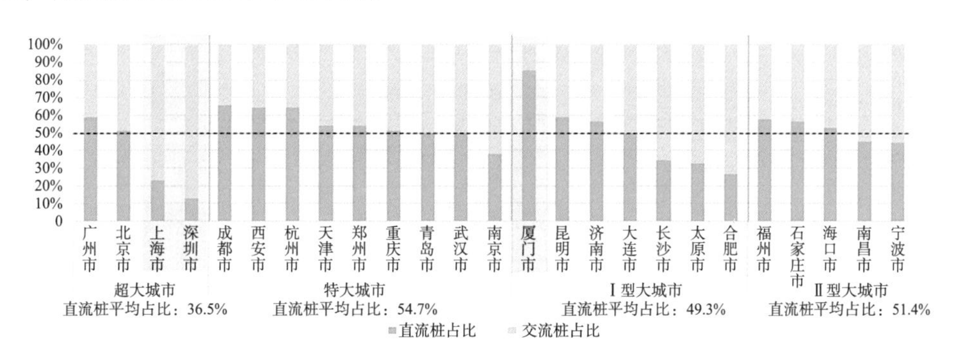

图3　中心城区直流公用桩占比汇总

25座城市直流公用桩平均覆盖率为62.9%，较所有公用桩的平均覆盖率低10%。其中，济南、深圳、成都、武汉等部分城市的直流公用桩覆盖率显著低于所有公用桩的覆盖率，空间布局存在较大的提升空间，见图4。

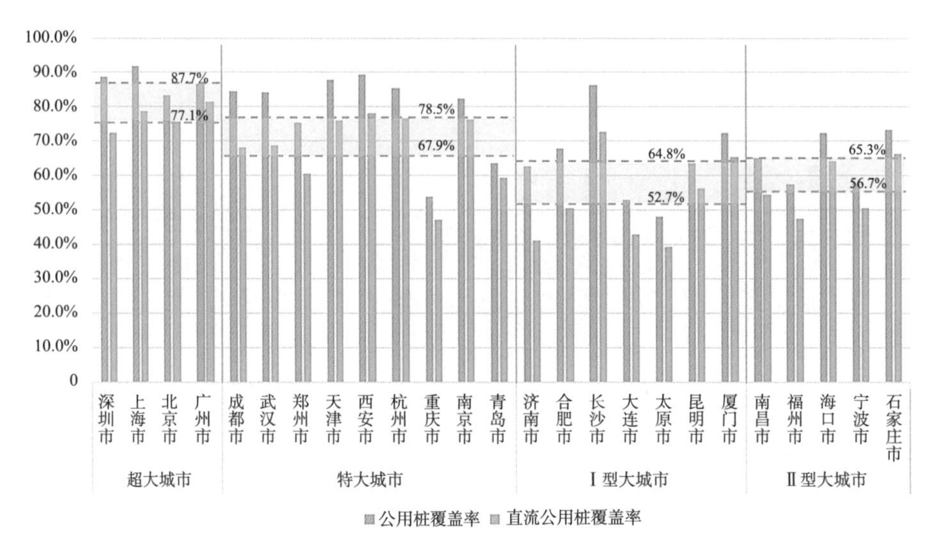

图4　中心城区直流公用桩覆盖率与所有公用桩覆盖率比较

二、公用桩利用率不高，不同使用场景下差异大

（一）中心城区公用桩以快速补电为主，整体服务效能偏低

25座城市公用桩的平均桩数利用率为34.9%，平均桩数利用率超过40%的城市仅有9座。其中，最大的太原市达到64.0%，最小的深圳市仅为14.2%，见图5。

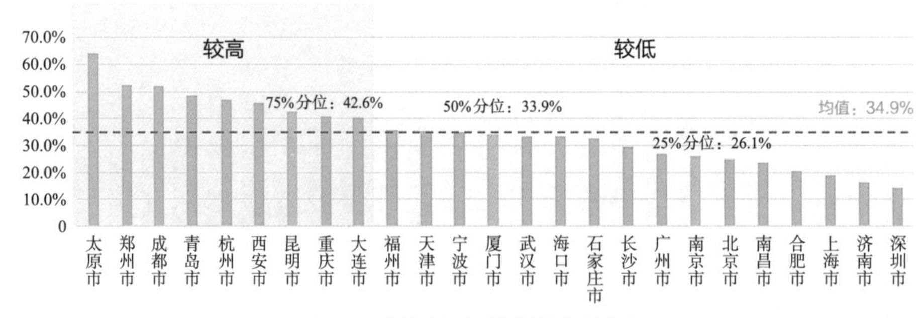

图5　25座城市平均桩数利用率分布

25座城市公用桩的平均时间利用率为6.7%。平均时间利用率超过10%的城市仅有3座。其中，太原市的公用桩平均时间利用率最高，达到19.6%，而济南市的公用桩平均时间利用率最低，仅为2.3%，见图6。

25座城市公用桩的平均周转率为1.9。平均周转率超过2的城市仅有10座。其中，平均周转率最大的太原市达到5.1，平均周转率最小的深圳市仅为0.3，见图7。

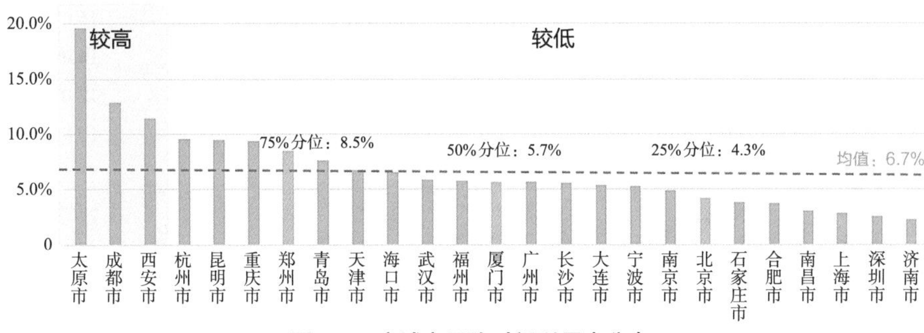

图6　25座城市平均时间利用率分布

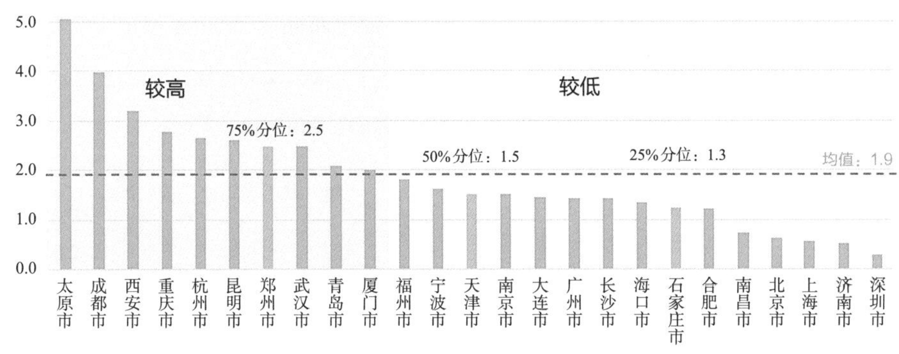

图7　25座城市平均周转率分布

（二）城市冬季的公用桩效能高于秋季，北方城市变化更加明显

所有城市公用桩的平均桩数利用率、平均时间利用率冬季指标值均高于秋季。北方城市的平均桩数利用率冬季比秋季平均高8.4%，南方城市平均高4.2%；北方城市的平均时间利用率冬季比秋季平均高5.3%，南方城市平均高2%。北方城市的公用桩效能受季节影响更大，见图8～图10。

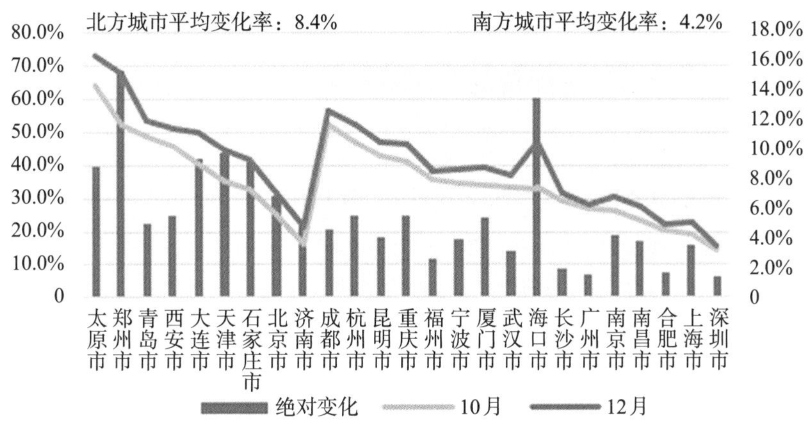

图8　南北方城市秋冬季平均桩数利用率对比

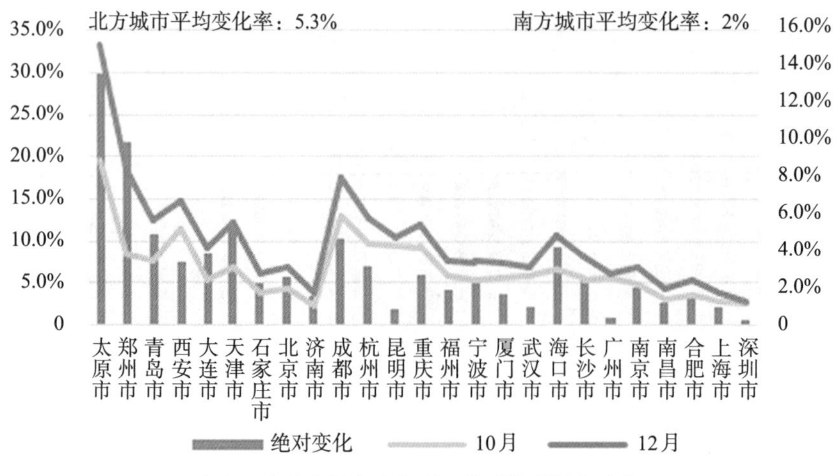

图9　南北方城市秋冬季平均时间利用率对比

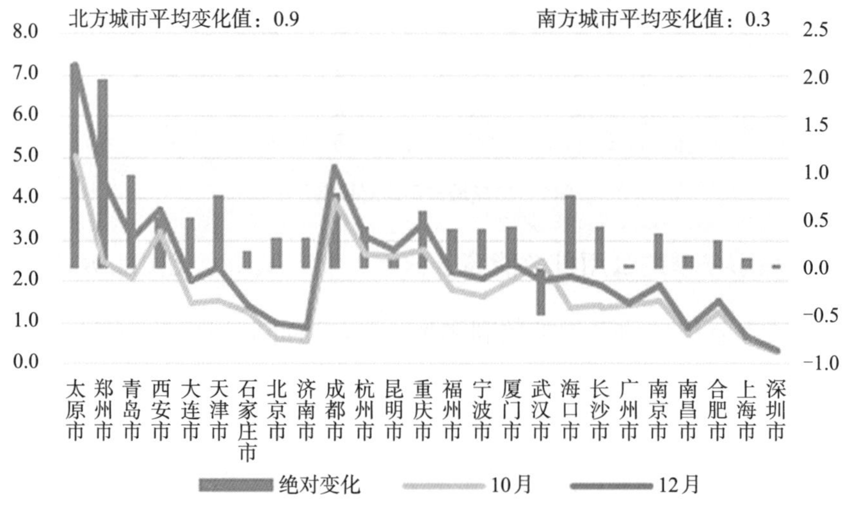

图10　南北方城市秋冬季平均周转率对比

（三）公建类建筑周边配置的公用桩服务效能相对最高，不同城市间差异大

公建类建筑周边配置的公用桩在平均桩数利用率、平均时间利用率、平均周转率上最高，单位类建筑其次，居住类建筑最低。然而，这种整体平均特征在不同城市呈现出较大的差异。例如，杭州、南京、武汉、大连、合肥、济南、海口7座城市单位类建筑周边配置的公用桩在时间利用率上高于其他类建筑；上海、广州、天津、石家庄4座城市居住类建筑周边配置的公用桩在所有业态类型中的时间利用率最高，见图11、表1。

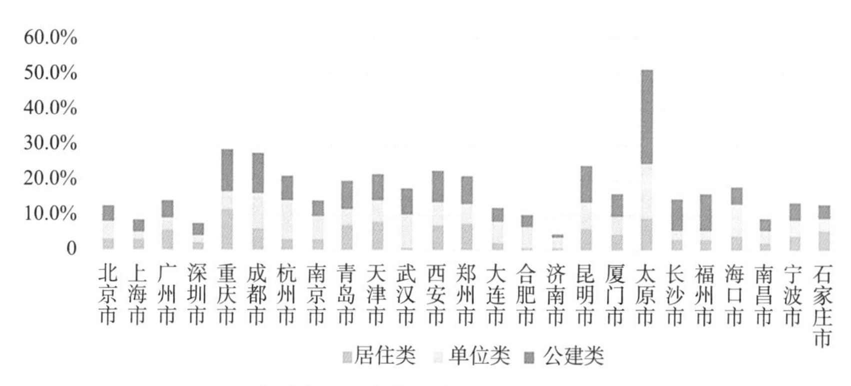

图11　各城市分业态类型的公用桩平均时间利用率

25座城市分业态类型的公用桩服务效能整体统计指标　　表1

公用桩服务效能指标	居住类	单位类	公建类
平均桩数利用率	25.6%	31.3%	38.8%
平均时间利用率	4.7%	5.7%	7.2%
平均周转率	1.2	1.6	2
平均充电时长（分钟）	73	61	54

三、直流桩成为城际充电服务主体，长三角配置优于珠三角

（一）直流桩已成为高速公路沿线充电服务的主体

长三角和珠三角典型区域的高速公路沿线，直流公用桩的整体占比分别达到96%和87%，远高于交流公用桩。空间分布上，直流桩占比较低的片区相对集中在长三角的常州市、珠三角的广州市中部和东莞市东南部片区，这些片区的高速公路沿线有待进一步提升直流快充服务的比例。

（二）长三角沪苏锡常区域的高速公路沿线在公用桩配置上整体优于珠三角的广深莞区域

长三角沪苏锡常区域的高速公路沿线单位里程配置的公用桩数达到0.13台/公里，是珠三角广深莞区域的2倍。分别以30公里和50公里间距计算高速公路沿线公用桩点位的覆盖长度比例，发现沪苏锡常区域的覆盖比例分别为80%和98%，广深莞区域的覆盖比例分别为67%和90%，高速公路公用桩50公里间距的覆盖目标基本实现，长三角典型区域的高速公路沿线覆盖率略高于珠三角典型区域，见表2。

典型区域高速公路沿线公用桩配置指标汇总 **表 2**

区域	高速公路名称	直流占比	单位里程桩数
长三角 沪苏锡常	杭州湾环线高速公路	100%	0.40
	常嘉高速公路	100%	0.36
	沪芦高速公路	100%	0.22
	沈海高速公路	100%	0.20
	扬溧高速公路	100%	0.19
	长深高速公路	100%	0.18
	沪渝高速公路	100%	0.16
	京沪高速公路	100%	0.13
	沪宜高速公路	100%	0.13
	常台高速公路	100%	0.12
	绕城北线	100%	0.12
	上海绕城高速公路	100%	0.10
	通锡高速公路	100%	0.10
	申嘉湖高速公路	100%	0.09
	绕城西南线	100%	0.08
	沪陕高速公路	100%	0.07
	沪武高速公路	86%	0.17
	江宜高速公路	80%	0.43
	沪蓉高速公路	80%	0.16
珠三角 广深莞	济广高速公路	100%	0.24
	广州绕城高速公路	100%	0.13
	珠三角环线高速公路	100%	0.11
	广深沿江高速公路	100%	0.11
	乐广高速公路	100%	0.11
	武深高速公路	100%	0.09
	大广高速公路	100%	0.07
	沈海高速公路	100%	0.05
	莞佛高速公路	78%	0.41
	广台高速公路	50%	0.18
	京港澳高速公路	50%	0.03
	广河高速公路	0	0.06
	广州环城高速公路	0	0.04

四、对策建议

基于充电基础设施在空间发展与运营服务等方面的特征问题，报告从4个方面提出8项对策建议，为国家部委相关部门管控充电基础设施提供参考，见表3。

提出4个方面8项对策建议 **表3**

精准规划，有序建设	公用桩覆盖率随规模增加提升幅度趋缓，精准选址和开放运营须并重
	差异化预留充电桩配置条件，逐步增加实际建桩数量
奖惩共促，提高效能	逐步完善充电基础设施的运营补贴政策，引导充电设施的高效利用
	针对高峰时段占据充电车位的汽油车辆、超时占桩车辆，逐步明确惩罚措施
共享合作，老旧更新	引导“随车配桩”模式向“公用桩统配、私桩共享”模式转变
	借力周边错峰资源，盘活存量供给潜能
可达提质，全程服务	公建类建筑和城际高速公路沿线区域，可进一步提高直流快充桩的配置比例
	建桩重心由中心城区向外围乡镇地区延伸，提高全市域充电基础设施建设力度和覆盖广度

（城市交通研究分院，执笔人：冉江宇）

中国主要城市道路网密度与运行状态监测报告

2021年度《中国主要城市道路网密度与运行状态监测报告》以全国36个主要城市为研究对象，持续跟踪监测城市道路网密度与道路运行状态发展情况，其中包括直辖市4个、省会城市27个、计划单列市5个。

一、全国主要城市道路网密度指标持续平稳增长

（一）36个主要城市道路网密度增长平稳，总体增幅1.5%

截至2020年第4季度，全国36个主要城市道路网总体平均密度为6.2公里/平方公里，相较于2019年的平均密度6.1公里/平方公里，总体增长约1.5%。其中，深圳、厦门和成都3座城市道路网密度达到8公里/平方公里以上，达到“8公里／平方公里”国家目标要求，共有9座城市达到7公里/平方公里以上，较2019年度增加1座城市，占比达1/4。相较于2019年度，全国36个主要城市中，24座城市道路网密度指标实现不同程度增长。

2021年度深圳、厦门、成都3座城市道路网密度指标依然维持前3名，分别达到9.6公里/平方公里、8.5公里/平方公里、8.4公里/平方公里。路网总体密度处于较低水平的3个城市分别为兰州、拉萨、乌鲁木齐，排名与2020年度相同，密度指标仍低于4.5公里/平方公里。

（二）福州、南宁、南昌、海口等城市路网密度指标进步明显

从全国主要城市道路网密度的年度增长情况来看，2021年度有5个城市道路网密度增长率高于3%，其中道路网密度年增长率最高城市为南昌市4.8%，其次为海口市3.6%、武汉市3.3%、长沙市3.1%、重庆市3.0%。

以南昌市为例，其2021年度中心城区建成区道路里程为1461公里，相较于

2020年度建成区内新增道路里程约56公里，总体道路网密度由6.2公里/平方公里增长至6.5公里/平方公里。海口市中心城区建成区新增道路里程约23公里，总体路网密度由5.6公里/平方公里提升至5.8公里/平方公里；武汉市中心城区建成区新增道路里程约85公里，总体路网密度由6.0公里/平方公里提升至6.2公里/平方公里，见表1。

我国主要城市道路网密度总体情况　　表1

城市	排名	2021年度	2020年度	密度增长	排名变化	城市	排名	2021年度	2020年度	密度增长	排名变化
深圳市	1	9.6	9.5	0.1	→	大连市	19	6.1	6.1	0.0	↓
厦门市	2	8.5	8.5	0.0	→	太原市	20	5.9	5.8	0.1	→
成都市	3	8.4	8.3	0.1	→	西安市	21	5.8	5.7	0.1	↑
福州市	4	7.4	7.2	0.2	↑	海口市	22	5.8	5.6	0.2	↑
南宁市	5	7.4	7.2	0.2	↑	北京市	23	5.7	5.7	0.0	↓
上海市	6	7.2	7.2	0.0	↓	南京市	24	5.6	5.6	0.0	↓
杭州市	7	7.2	7.1	0.1	↑	长春市	25	5.5	5.5	0.0	→
广州市	8	7.1	7.1	0.0	↓	西宁市	26	5.5	5.4	0.1	↑
合肥市	9	7.0	6.8	0.2	↑	青岛市	27	5.4	5.4	0.0	↓
重庆市	10	6.9	6.7	0.2	↑	石家庄市	28	5.4	5.3	0.1	→
昆明市	11	6.8	6.8	0.0	↓	哈尔滨市	29	5.1	5.0	0.1	→
宁波市	12	6.8	6.7	0.1	↓	沈阳市	30	4.9	4.9	0.0	→
郑州市	13	6.7	6.6	0.1	→	济南市	31	4.9	4.9	0.0	→
长沙市	14	6.7	6.5	0.2	→	银川市	32	4.9	4.8	0.1	→
南昌市	15	6.5	6.2	0.3	→	呼和浩特市	33	4.6	4.5	0.1	→
贵阳市	16	6.3	6.2	0.1	→	兰州市	34	4.3	4.2	0.1	→
天津市	17	6.3	6.2	0.1	→	拉萨市	35	4.0	4.0	0.0	→
武汉市	18	6.2	6.0	0.2	↑	乌鲁木齐市	36	3.5	3.4	0.1	→

二、城市道路网密度分区特征差异明显，与城市活力密切相关

（一）城市外围新城区维持较高增长，部分城市核心城区指标增长明显

2021年度所有涉及行政区的道路网密度平均值达6.5公里/平方公里，相比2020年的平均值6.4公里/平方公里，增长约1.6%。所有行政区中，道路网密度达标的行政区数量达到39个，较2020年度增加3个，分别为南宁青秀区、南昌新建区、成都金牛区，占比达18%。其中道路网密度超过10公里/平方公里的行政区共7个，占比3%；道路网密度超过12公里/平方公里的行政区仍仅有上海黄浦区（14.4公里/平方公里）。

从全国主要城市行政区的道路网密度增长情况来看，214个主要行政区中，道路网密度增长幅度超过10%的行政区有1个，为南昌青云谱区。增长幅度5%～10%的行政区共计10个，主要包括福州马尾区、贵阳南明区、呼和浩特回民区、武汉洪山区、长沙雨花区等，约占全部统计行政区的5%。

城市外围行政区道路网密度指标仍维持较高增长速度。从密度指标增长速度前20名的主要行政区来看，如南昌青云谱区（10.7%）、福州马尾区（8.5%）、贵阳南明区（7.0%）、呼和浩特回民区（6.7%）、呼和浩特新城区（6.0%）等均覆盖了面积较大的外围城市新建成区，其他增速较高的行政区如武汉洪山区、天津津南区等也均为城市外围行政区域。

相比2020年度，部分城市的核心城区在城市更新背景下，道路网密度指标实现了一定程度的增长，如福州台江区（4.9%）、南昌西湖区（4.8%）等行政区均为城市中心城区核心行政区，其路网密度指标的增长，也使得福州、南昌城市总体路网密度水平实现了较大的提升，见图1。

城市行政区道路网密度汇总

主要城市总体情况

排名	城市	总密度	行政区路网密度标准差	主要行政区路网密度									
1	深圳	9.6	1.41	福田区 11.8	罗湖区 10.6	南山区 8.4							
2	厦门	8.5	0.88	思明区 9.7	同安区 9.0	湖里区 8.8	集美区 8.6	翔安区 8.6	海沧区 6.8				
3	成都	8.4	0.53	锦江区 9.5	成华区 9.3	青羊区 8.7	武侯区 8.7	金牛区 8.0					
4	福州	7.4	0.91	台江区 8.6	仓山区 8.1	晋安区 7.9	马尾区 7.7	鼓楼区 7.6	闽侯县 5.7				
5	南宁	7.4	1.27	良庆区 9.6	邕宁区 8.4	青秀区 8.1	江南区 6.5	西乡塘区 6.4	兴宁区 6.1				
6	上海	7.2	2.54	黄浦区 14.4	虹口区 10.5	长宁区 9.2	静安区 8.4	徐汇区 7.1	普陀区 7.1	闵行区 7.0	浦东新区 7.0	杨浦区 6.5	宝山区 4.8
7	杭州	7.2	1.57	上城区 11.4	下城区 8.3	西湖区 7.5	滨江区 7.5	江干区 7.4	余杭区 6.8	拱墅区 6.5	萧山区 5.9		
8	广州	7.1	1.37	越秀区 10.1	荔湾区 8.4	海珠区 7.5	天河区 7.1	白云区 6.9	黄埔区 5.7				
9	合肥	7.0	0.46	包河区 7.6	瑶海区 6.8	蜀山区 6.6	庐阳区 6.4						
10	重庆	6.9	1.11	渝中区 9.7	江北区 7.9	渝北区 7.3	南岸区 7.1	沙坪坝区 6.6	九龙坡区 6.6	北碚区 6.4	巴南区 6.0	大渡口区 5.9	
11	昆明	6.8	0.19	西山区 7.1	五华区 6.8	官渡区 6.8	呈贡区 6.8	盘龙区 6.5					
12	宁波	6.8	1.18	海曙区 8.2	鄞州区 7.8	江北区 7.6	北仑区 5.5	镇海区 5.5					
13	郑州	6.7	0.65	二七区 7.7	金水区 7.1	管城回族区 6.5	惠济区 6.4	中原区 5.8					
14	长沙	6.7	0.55	开福区 7.8	雨花区 7.0	芙蓉区 6.9	岳麓区 6.8	望城区 6.8	天心区 5.9				
15	南昌	6.5	1.65	东湖区 9.7	西湖区 8.7	新建区 8.0	青云谱区 6.2	青山湖区 5.6	南昌县 5.3				
16	贵阳	6.3	1.25	云岩区 8.5	南明区 7.6	乌当区 7.1	观山湖区 6.5	花溪区 5.1	白云区 5.1				
17	天津	6.3	1.61	和平区 11.2	河北区 7.4	红桥区 7.4	河东区 7.2	河西区 6.9	南开区 6.7	西青区 5.9	津南区 5.7	东丽区 5.5	北辰区 5.3
18	武汉	6.2	1.45	江汉区 8.9	汉阳区 7.7	武昌区 7.0	江岸区 6.8	硚口区 6.6	蔡甸区 6.1	江夏区 5.6	洪山区 5.0	青山区 3.6	
19	大连	6.1	1.34	西岗区 8.6	中山区 8.1	沙河口区 7.6	甘井子区 5.6	金州区 5.6	旅顺口区 5.3				
20	太原	5.9	0.68	迎泽区 7.2	杏花岭区 6.3	晋源区 6.0	小店区 5.9	万柏林区 5.8	尖草坪区 4.9				
21	西安	5.8	0.91	碑林区 7.8	灞桥区 6.5	莲湖区 6.4	新城区 6.0	雁塔区 5.6	未央区 5.4	长安区 4.7			
22	海口	5.8	0.51	龙华区 6.7	琼山区 5.9	秀英区 5.5	美兰区 5.4						
23	北京	5.7	1.19	西城区 8.1	东城区 7.6	海淀区 5.7	朝阳区 5.5	丰台区 5.5	石景山区 4.9				
24	南京	5.6	1.28	雨花台区 8.0	建邺区 7.9	秦淮区 7.2	鼓楼区 6.9	浦口区 5.6	六合区 5.2	玄武区 5.1	江宁区 5.0	栖霞区 4.4	
25	长春	5.5	0.38	宽城区 6.1	朝阳区 5.7	二道区 5.7	南关区 5.3	绿园区 5.0					
26	西宁	5.5	0.63	城西区 6.8	城中区 5.8	城东区 5.5	城北区 5.1						
27	青岛	5.4	1.79	市南区 9.4	市北区 7.1	崂山区 5.4	城阳区 5.4	李沧区 5.1	黄岛区 3.8				
28	石家庄	5.4	0.42	桥西区 5.9	新华区 5.8	裕华区 5.2	长安区 4.9						
29	哈尔滨	5.1	0.90	道里区 6.4	南岗区 5.8	松北区 5.0	香坊区 4.8	道外区 4.7	呼兰区 3.9	阿城区 3.9	平房区 3.7		
30	沈阳	4.9	1.21	和平区 7.7	沈河区 6.6	浑南区 5.5	铁西区 5.3	大东区 5.2	皇姑区 4.3	苏家屯区 4.3	于洪区 4.1	沈北新区 3.8	
31	济南	4.9	0.66	槐荫区 5.9	历下区 5.7	天桥区 4.8	市中区 4.6	历城区 4.3	长清区 4.2				
32	银川	4.9	0.73	兴庆区 5.6	金凤区 5.2	西夏区 3.9							
33	呼和浩特	4.6	0.68	新城区 5.3	赛罕区 4.9	回民区 4.8	玉泉区 3.5						
34	兰州	4.3	0.82	城关区 5.0	七里河区 4.4	安宁区 4.4	西固区 2.8						
35	拉萨	4.0	0.60	堆龙德庆区 4.9	城关区 3.7								
36	乌鲁木齐	3.5	0.58	新市区 4.4	沙依巴克区 4.1	水磨沟区 3.4	头屯河区 3.3	天山区 3.1	米东区 2.7				

*注：行政区道路网密度标准差用以表征城市各行政区道路网密度差异性太小。

图1　全国主要行政区道路网密度汇总

（二）城市道路网密度与城市活力相关性较高

报告以2021年度中国主要城市道路网密度监测结果为研究基础，进一步分析研究了北京、上海、广州、重庆、成都5座城市的道路网密度与城市活力要素密度、活力指数的关系。

从数据结果来看，城市活力特征与道路网密度在统计上呈现一定的正相关性，片区道路网密度越高，其城市活力要素密度、平均活力指数以及中高活力、高活力栅格所占比例越高。当道路网密度在1～9公里/平方公里区间逐步增长时，城市活力与道路网密度呈现明显线性增长关系。

城市道路网密度达到9公里/平方公里以上时，城市活力增长开始逐步放缓，并呈现一定稳中缓降趋势特征。不同城市活力增长拐点不同，上海、成都等拐点约为11～13公里/平方公里区间，北京、重庆、广州等城市约为9～11公里/平方公里。

由此可见，道路网密度对城市活力的带动并非越高越好，当道路网密度过高时，对应片区道路等级较低、路面过窄，难以支撑大量活力要素设施的分布。核心密集区道路网密度在9～13公里/平方公里，更能较好地支撑城市活力要素空间分布与服务，见图2。

三、全国道路状态总体处于中度拥堵，与人均道路里程具有相关性

道路运行状态方面，全国36个主要城市工作日高峰平均运行速度为20.5千米/时，总体处于中度拥堵状态，绝大部分城市速度处于20～25千米/时，另有13个城市速度低于20千米/时，拥堵态势较为严重。36个主要城市周末高峰小时平均速度为23.2千米/时，交通状况明显好于工作日。

（一）单日交通状态呈明显双波峰态势，大部分城市晚高峰比早高峰更拥堵

工作日城市一日交通运行状态呈明显双波峰态势，89%的城市早高峰为8:00～9:00，75%的城市晚高峰为18:00～19:00。但相比较而言，大部分城市（83%）晚高峰要比早高峰更拥堵。

周末，所有城市的早高峰都出现推迟，平均推迟2小时，70%的城市周末早高峰为10:00～11:00。但晚高峰时间与工作日相差不大，多数城市（58%）周末

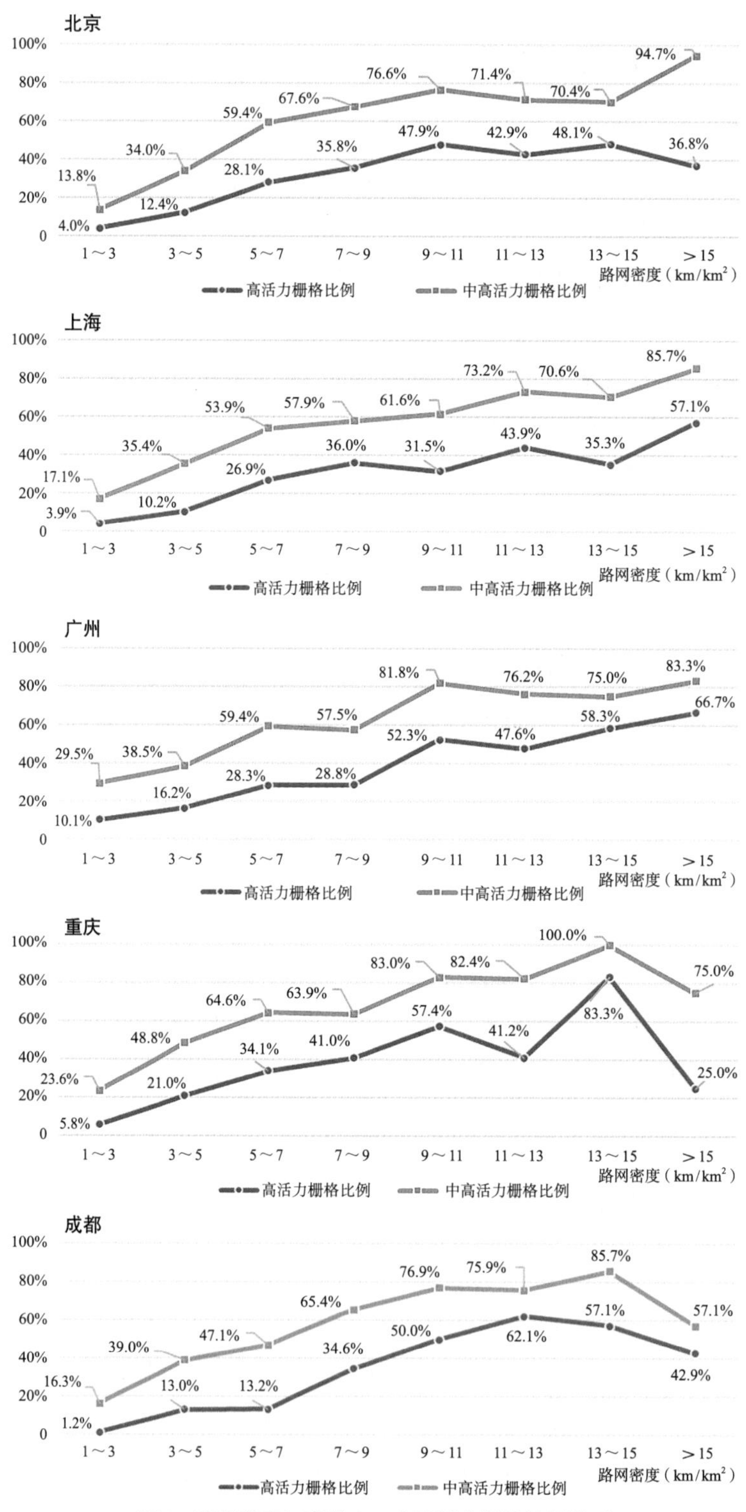

图2　路网密度与高活力、中高活力栅格比例关系

晚高峰为18:00～19:00，且晚高峰明显比早高峰更拥堵，见图3。

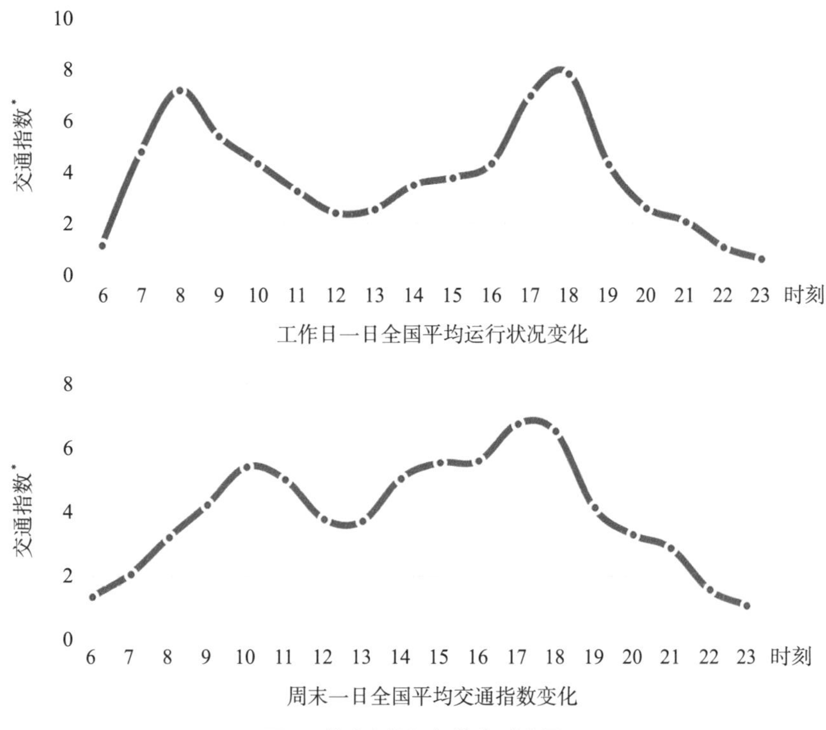

图3　道路交通运行状态时变图

（二）高峰平均运行速度与人均道路里程具有相关性

将36个城市所含的214个行政区按人均道路里程分为三组，其中人均道路里程小于5公里/万人的行政区60个，高峰平均速度17.5公里/时；介于5公里/万人和10公里/万人之间的行政区81个，高峰平均速度19.7公里/时；大于10公里/万人的行政区73个，高峰平均速度22.3公里/时。可见，随着城市人均道路里程的增加，高峰平均速度呈明显增加趋势，两者之间呈正相关关系，见图4。

四、对策建议

持续监测密度指标变化，主动落实“窄马路、密路网”规划理念。各城市通过城市体检等工作强化路网密度与道路运行状态指标的监测评估，将相关指标纳入城市规划编制、城市更新行动中予以落实。

持续推进城市道路体系完善，引导道路基础设施建设。按照新版《城市综合

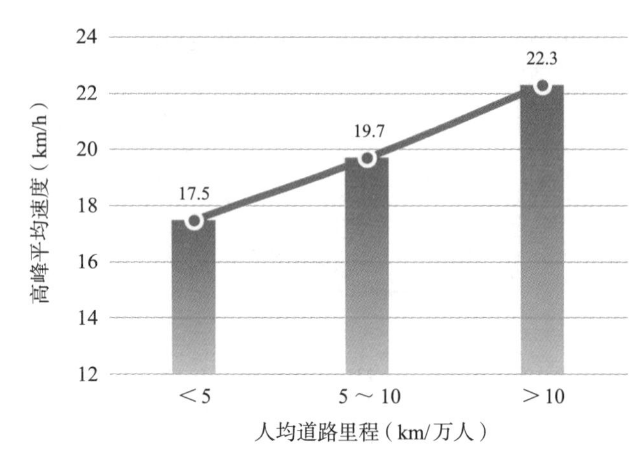

图4　人均道路里程与高峰平均速度关系

交通体系规划标准》GB/T 51328—2018城市道路规划设计要求，促进城市道路体系功能级配的合理配置，完善城市集散型道路的建设。

开展打通城市断头路、促进城市微循环等建设行动。通过打通城市断头路、治理城市支路巷道空间环境、改善片区交通组织，进一步提升路网密度指标。

（城市交通研究分院，执笔人：王芮、曹雄赳）

中国主要城市人居环境气象监测报告

为了深入贯彻中央城市工作会议和党的十九大精神，积极响应习近平总书记的要求，建设“美丽中国”，推动城市人居环境高质量发展，为城市人民群众创造优良的人居环境。中国城市规划设计研究院开展了中国主要城市人居环境气象监测的研究工作，并编制完成了《中国主要城市人居环境气象监测报告》。报告选取36个中国主要城市，基于国家气象站采集的权威气象数据，主要研究1978年改革开放以来，中国城镇化40多年发展历程中城市人居环境的演变特征，重点关注城市人体舒适度、热岛效应和热岛面积比三项监测指标。

一、中国城镇化快速发展期间，全国主要城市的人体舒适水平不断提升

（一）全国年均人体舒适度基本呈上升趋势

人体舒适度反映城市的气候环境资源是否适宜生活，可以定量评估城市人居环境的气候舒适性和适宜性。2019年人体舒适度指数提升至59.61，基本达到最舒适水平，2000年以来的年均较舒适天数明显增多。36个主要城市中，11个城市人体舒适度达到最舒适水平，21个城市达到较舒适水平，只有4个城市为不舒适水平。其中广州市、深圳市、南宁市、厦门市和福州市为全国人体舒适度水平最高的城市，见图1。

（二）春季和秋季的人体舒适度水平最高，较舒适天数最多

春季和秋季的平均人体舒适度分别为58.06和59.61（接近最舒适区间），其中5月和9月为全年最舒适月份。全年月均较舒适天数为18天，在春季和秋季的月均较舒适天数远高于夏季和冬季，5月、9月、10月均超过25天，冬季月份的较舒适天数远低于其他月份，见图2、表1。

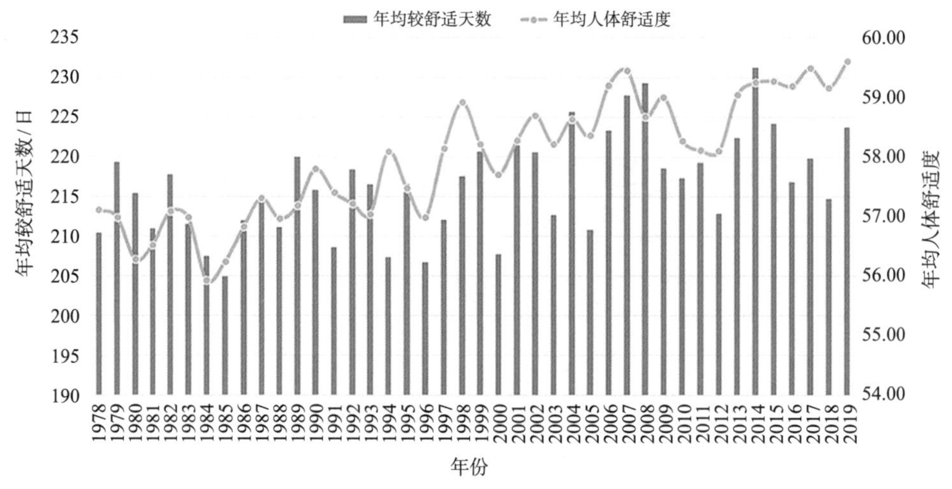

图1　全国年均人体舒适度变化情况

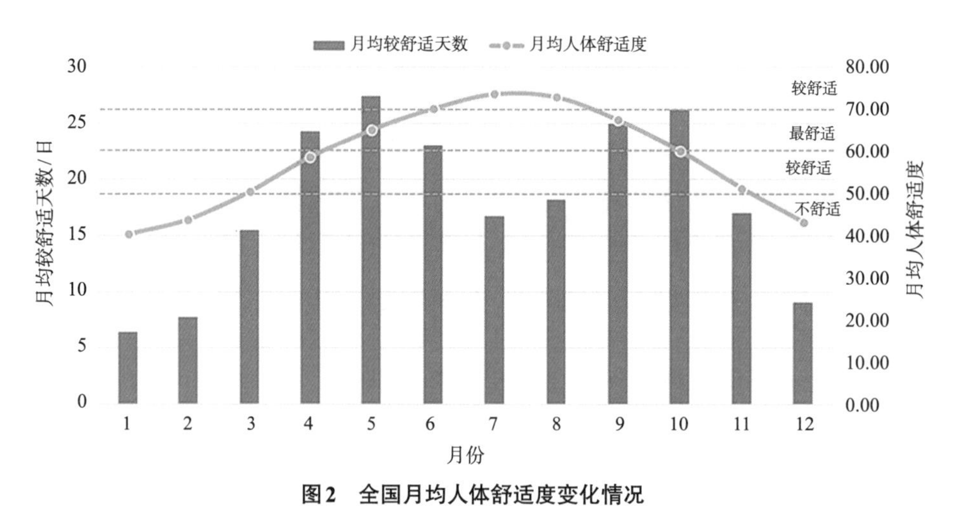

图2　全国月均人体舒适度变化情况

二、全国主要城市热岛效应整体较弱，但建成区内热岛面积比处于较严重水平

（一）全国年均热岛效应整体偏弱，但年均热岛面积比处于较严重水平

热岛效应反映城市建成区内外的温度差异，可以评估城市开发强度对于城市整体温度的影响。热岛面积比反映城市建成区内高温区域面积占总面积的比例，可以定量评估城市开发建设对建成区人居环境中温度适宜性的影响。1978—2019年，全国42年的年均热岛效应值为0.37摄氏度，热岛效应强度偏弱，建成区内外温差较小。2015—2019年，全国5年的年均热岛面积比值为39.1%，建成

全国主要城市月均人体舒适度汇总图 **表1**

人体舒适度分级

寒冷	冷	凉	凉爽	最舒适	温暖	暖	热	炎热
			较舒适					

排名	城市	年均人体舒适度	月均人体舒适度											
			1	2	3	4	5	6	7	8	9	10	11	12
1	海口	70.98	60.45	62.56	67.69	72.99	76.48	78.11	78.07	77.34	75.30	71.68	67.14	61.90
2	广州	69.02	57.23	58.37	62.38	68.97	74.17	77.08	78.15	78.52	76.38	71.93	66.08	60.08
3	深圳	68.76	58.50	59.27	63.10	68.53	73.22	75.96	77.08	77.17	75.35	71.36	66.14	60.58
4	南宁	68.66	55.05	56.84	61.85	69.54	74.43	77.27	77.95	78.32	75.97	71.27	65.63	59.22
5	厦门	66.21	55.41	55.27	58.33	64.34	69.65	73.86	76.69	76.59	74.00	68.90	63.95	58.10
6	福州	65.60	52.87	53.46	57.19	63.90	69.60	74.87	78.23	77.54	73.82	68.13	62.58	56.09
7	重庆	62.91	45.98	49.68	56.05	63.50	68.61	72.99	77.49	77.31	71.12	63.50	56.31	48.14
8	南昌	62.46	44.00	46.72	52.71	62.34	69.54	74.45	78.85	78.21	72.37	65.04	56.65	48.64
9	武汉	61.45	42.75	45.86	52.27	61.55	68.62	73.99	77.92	77.58	71.40	63.85	55.28	47.18
10	成都	61.33	45.65	48.83	55.10	62.72	67.87	71.65	75.03	74.80	68.76	62.39	55.54	48.03
11	杭州	61.28	43.10	45.52	51.81	60.76	67.58	72.52	78.38	77.41	71.27	64.14	55.75	47.72
12	长沙	61.08	41.50	44.84	51.24	61.04	68.25	73.69	77.56	76.86	70.78	63.32	55.03	46.81
13	宁波	59.72	42.47	44.25	49.86	58.16	65.18	71.05	77.27	76.11	70.15	63.01	55.39	46.79
14	上海	59.62	42.53	44.39	49.65	57.94	65.14	70.63	77.01	75.87	70.08	62.99	55.21	46.77
15	合肥	59.58	40.70	43.57	50.48	59.51	66.93	72.12	76.98	76.33	69.88	62.48	53.46	44.87
16	南京	59.41	41.10	43.68	50.14	59.05	66.46	71.63	76.77	76.02	69.66	62.39	53.68	45.14
17	郑州	58.62	40.89	44.39	50.80	59.56	66.68	72.59	75.74	74.43	68.13	60.85	51.20	43.48
18	昆明	58.60	50.38	52.55	56.13	59.95	62.78	64.63	64.99	65.25	62.76	59.22	55.08	50.88
19	西安	58.56	40.26	44.38	51.46	60.25	66.78	72.56	75.54	74.15	67.39	59.18	49.83	42.39
20	石家庄	57.85	39.17	43.18	50.64	58.96	66.59	72.83	75.89	74.39	68.30	60.02	48.89	40.83
21	贵阳	57.60	40.93	44.64	51.39	58.97	63.57	67.26	69.67	69.88	65.75	59.11	52.72	45.17
22	济南	57.08	38.54	42.38	49.35	57.71	65.24	71.48	75.10	73.83	67.51	59.32	49.00	40.66
23	北京	55.83	37.86	41.33	48.40	57.05	64.83	70.93	74.80	73.64	66.73	57.62	46.79	39.53
24	天津	55.55	36.37	40.28	47.65	56.58	64.32	70.71	74.68	73.63	66.85	57.85	46.58	38.28
25	兰州	54.90	37.79	43.06	49.74	56.96	62.06	66.81	69.48	68.45	62.95	55.85	47.60	39.57
26	太原	54.76	37.58	41.36	47.98	56.30	63.22	68.73	72.06	70.50	64.11	56.06	46.20	38.96
27	青岛	53.68	36.19	38.69	44.37	51.82	59.58	65.22	71.42	72.10	66.09	58.21	48.17	39.27
28	银川	53.20	34.14	39.63	47.17	55.38	61.43	66.94	70.12	68.41	62.51	54.87	43.95	35.55
29	拉萨	52.16	43.89	45.72	48.72	51.95	56.04	60.07	60.38	59.45	57.88	53.89	49.38	45.30
30	西宁	50.76	37.20	40.64	45.93	52.28	56.83	61.01	63.94	63.24	57.64	51.45	44.85	39.26
31	沈阳	50.23	26.77	33.19	41.93	52.27	60.84	67.62	72.41	71.34	63.63	53.01	39.50	29.02
32	大连	50.06	30.48	33.42	40.78	49.37	57.50	64.15	69.59	70.40	63.81	53.73	42.58	33.78
33	呼和浩特	49.85	28.47	34.92	43.03	51.87	59.29	65.01	68.66	67.03	60.10	51.22	39.60	30.54
34	乌鲁木齐	48.70	15.46	21.20	36.57	53.11	60.31	66.15	68.69	67.17	61.17	51.16	34.38	20.17
35	长春	45.80	17.63	25.73	36.85	48.37	57.35	65.04	69.19	67.89	59.80	48.30	33.21	20.90
36	哈尔滨	44.71	12.66	21.91	35.58	48.10	57.25	65.43	69.51	67.86	59.30	47.41	31.19	16.66

注：表中各城市人体舒适度为1978—2019年的平均值。

区内热岛面积比等级为较严重水平。2019年相比2015年，热岛面积比有所降低。

（二）大部分城市的热岛效应强度较弱，多数城市热岛面积比等级偏高

热岛效应方面，36个主要城市中，25个城市为无热岛强度，7个城市为弱热岛强度，只有西宁、兰州为中等热岛强度，乌鲁木齐为强热岛强度，青岛市、昆明市和厦门市的热岛效应强度最弱，见图3。热岛面积比方面，16个城市热岛面积比为一般等级，16个城市为较严重等级，4个城市为严重等级，分别为北京、太原、济南和呼和浩特，成都市、南京市、沈阳市的热岛面积比等级最低，见图4。

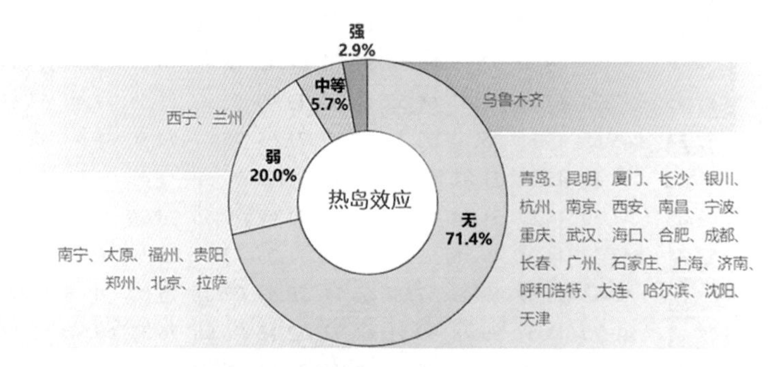

图3　全国主要城市热岛效应强度分布情况

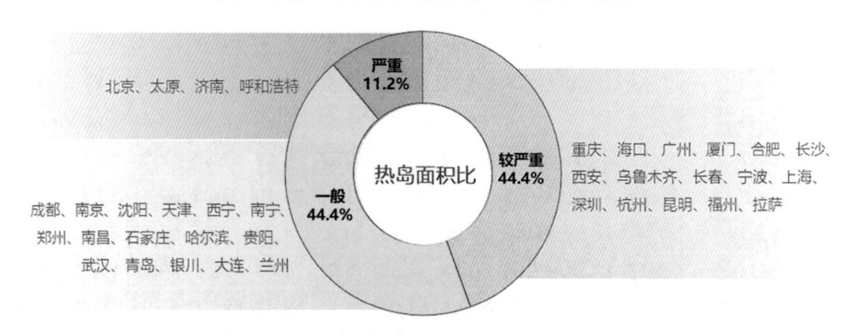

图4　全国主要城市热岛面积比等级分布情况

（三）全国月均热岛效应和热岛面积比基本与气温呈正相关，夏季最高、冬季最低

夏季热岛效应均值为0.56摄氏度，达到弱热岛强度，远高于其他月份，其他月份为无弱岛强度。冬季热岛效应均值仅为0.13摄氏度，全年最低，见图5。夏季热岛面积比均值为43.1%，6月热岛面积比最高为44.9%，冬季热岛面积比均值为37%，全年最低，见图6。

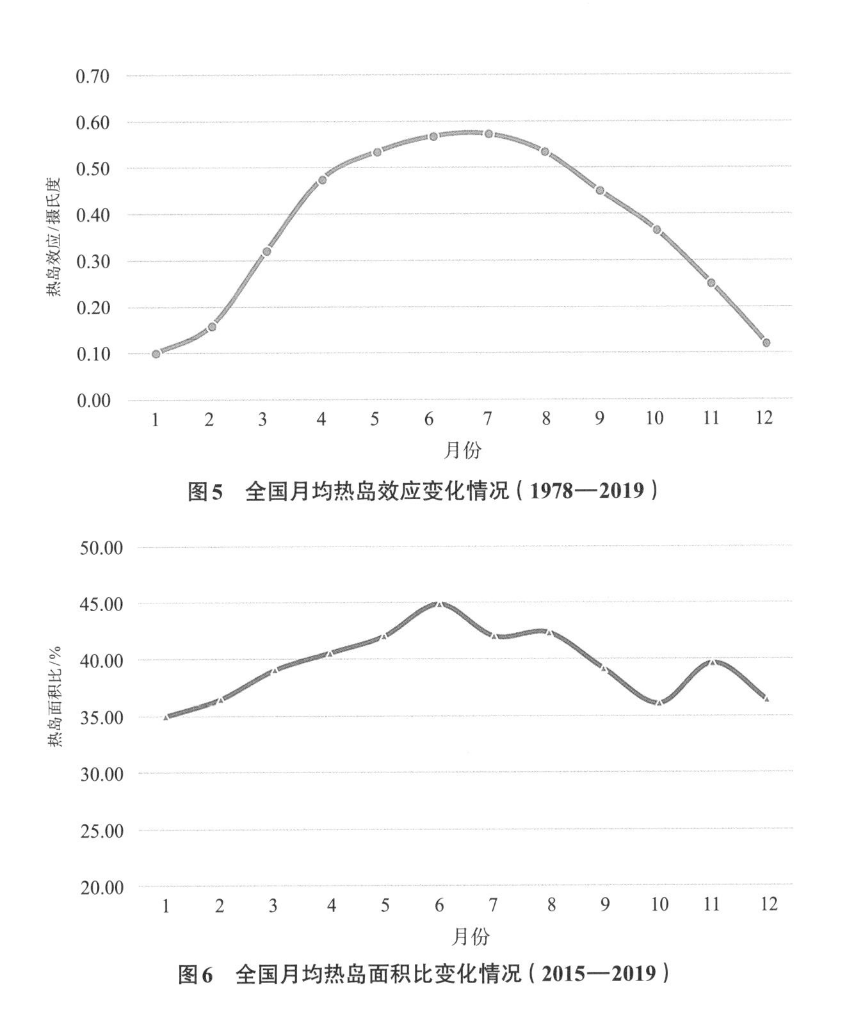

图5　全国月均热岛效应变化情况（1978—2019）

图6　全国月均热岛面积比变化情况（2015—2019）

三、人体舒适度和热岛效应受地理区位影响较大，热岛面积比受地理区位影响较小

（一）南方城市人体舒适度整体优于北方城市，沿海城市优于内陆城市

南方城市月均人体舒适度为63，水平为最舒适，北方城市月均人体舒适度为53，水平为较舒适。南方城市全年月均较舒适天数为12天、北方为17天，见图7。沿海城市月均人体舒适度为62，处于最舒适水平，内陆城市月均人体舒适度为56，处于较舒适水平。沿海与内陆城市全年月均较舒适天数均为18天，见图8。

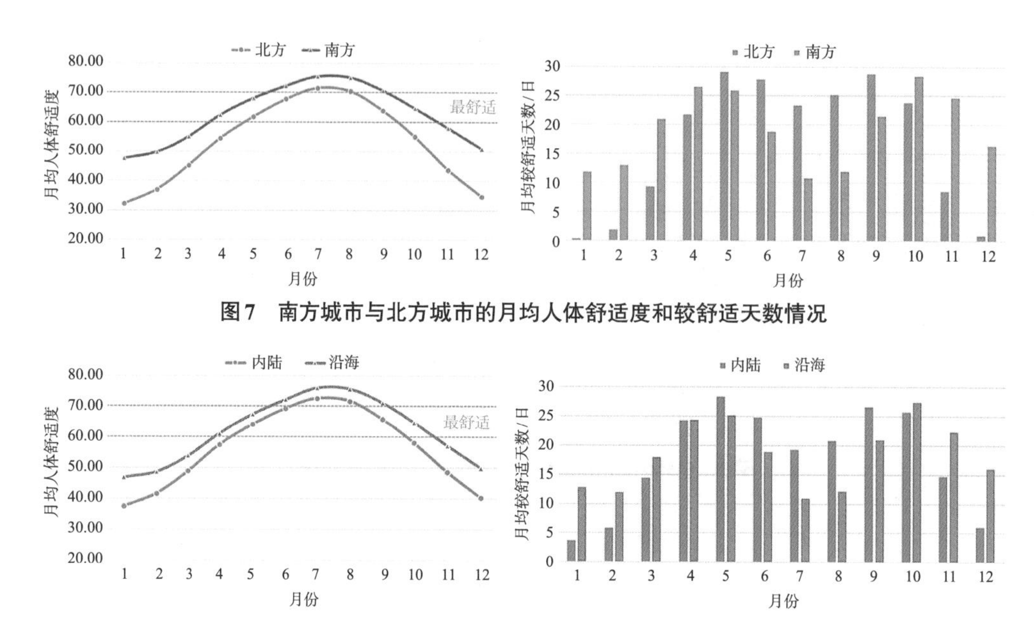

图7　南方城市与北方城市的月均人体舒适度和较舒适天数情况

图8　沿海城市与内陆城市的月均人体舒适度和较舒适天数情况

（二）南方城市热岛效应整体弱于北方城市，沿海城市整体弱于内陆城市，热岛面积比水平相当

南方城市热岛效应整体较弱，月均热岛效应为0.01摄氏度，北方城市月均热岛效应为0.75摄氏度。南方城市全年热岛效应在0摄氏度附近波动，北方城市冬季热岛效应最弱为0.35摄氏度，夏季较强为1.1摄氏度。南方城市和北方城市的月均热岛面积比为30%～50%，均处于较严重等级，6月的热岛面积比最高，南方城市为43.3%，北方城市为46.6%，见图9。沿海城市、内陆城市热岛效应与热岛面积比特征，与南方城市、北方城市的特征类似，见图10。

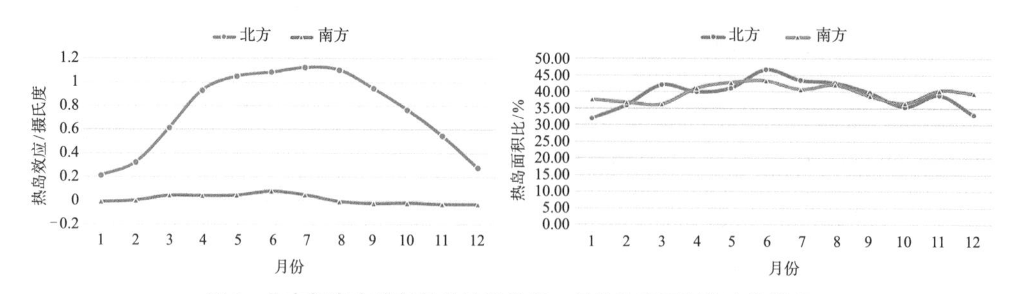

图9　北方与南方城市月均热岛效应、月均热岛面积比变化情况

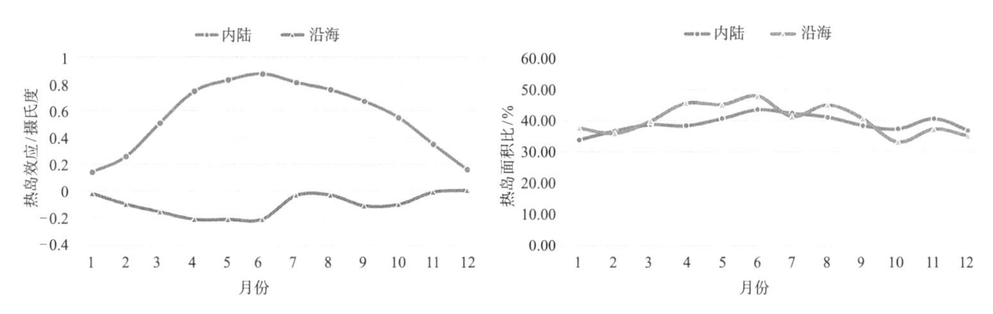

图10　内陆与沿海城市月均热岛效应、月均热岛面积比变化情况

四、不同气候区城市的人体舒适度受季节影响较大

（一）夏季中温带和高原气候区城市的人体舒适度更高，冬季热带城市的人体舒适度最高

夏季，中温带和高原气候区城市的人体舒适度更高，亚热带、热带城市的人体舒适度感觉偏热。冬季，热带城市的人体舒适度最高，亚热带城市次之，其他气候区城市偏冷。暖温带城市夏季偏热、冬季偏冷，春季和秋季的人体舒适度水平最高；中温带城市冬季人体舒适度较差，5—9月人体舒适度水平最高；高原气候区城市，夏季人体舒适度水平最高，其他季节舒适度水平较差，见图11。

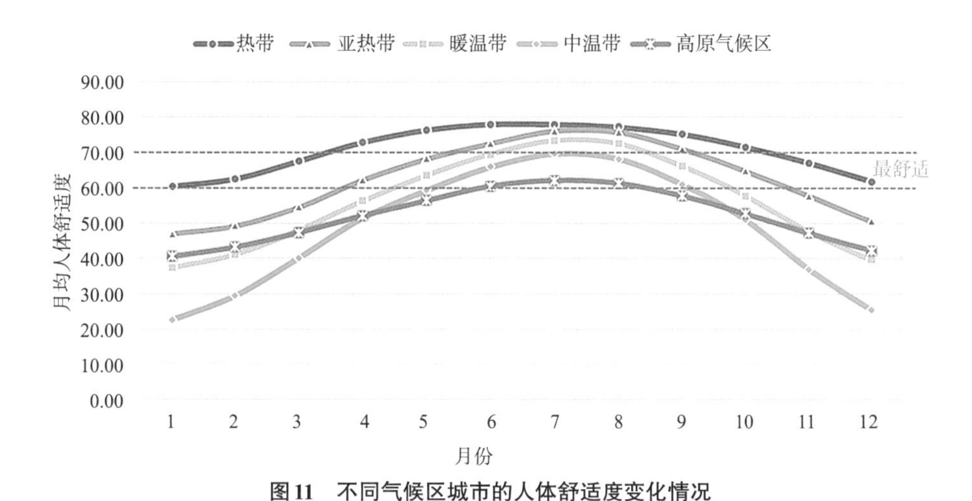

图11　不同气候区城市的人体舒适度变化情况

（二）温度越高的城市，整体热岛效应越弱

热带和亚热带城市的全年热岛效应基本为0摄氏度，建成区内外温差较小。

中温带和高原气候区城市的热岛效应受温度影响较大，夏季热岛效应较强，为中等强度，冬季热岛效应最弱。热带城市的热岛面积比最低，为32.1%，暖温带和高原气候区城市的热岛面积比最高为41.5%，见图12。

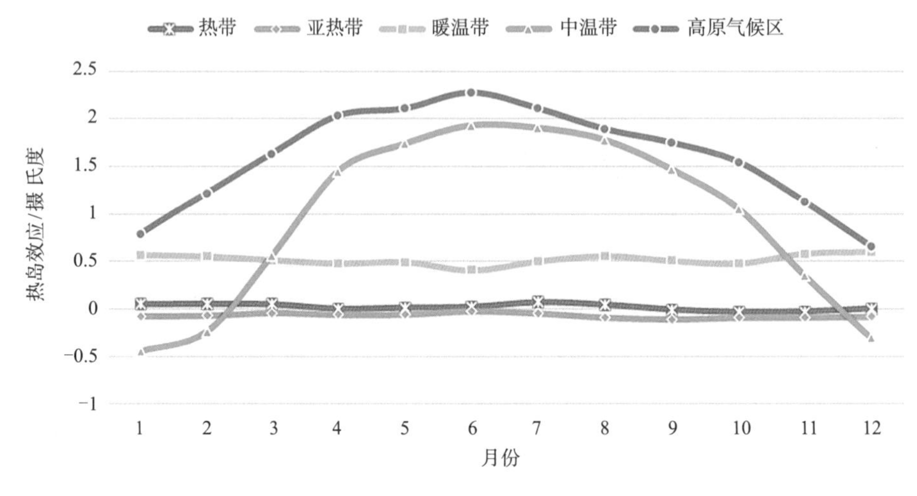

图12　不同气候区城市的月均热岛效应变化情况

五、对策建议

完善城市人居环境监测评估指标体系，科学评估城市人居环境改善效果。坚持“以人为本”的原则，通过权威、准确、全面的大数据分析方法和客观、科学的评估手段，构建面向治理、面向共识、面向应用的城市人居环境评估指标体系，科学有效地指导全国人居环境改善效果评估工作。

建立全国城市人居环境监测中心，提高城市人居环境改善和治理的现代化管理水平。加强多源数据信息资源的实时采集与分析能力，满足城市改善和治理的调度、预警预报和辅助决策等需要，提升决策支持的技术能力。

（城市交通研究分院，执笔人：王庆刚）

CHAPTER 3

主题观点篇

编者按

中国已经进入城镇化的“下半场”，经济社会、人民生活、空间格局、资源配置正在经历和面临剧烈变革。城市空间由增量扩张转向存量更新，人口布局由区际寻业转向住城定居，资源利用由“以需保供”转向“双碳”约束，人民追求由满足刚需转向精神愉悦，空间传导由政府主导转向谋求共识……因此，众多的思维定式需要破除，众多的传统做法需要检讨，众多的创新抉择需要汇聚，众多的观点见解需要争鸣，众多的规划实践需要思考。期待这些行业的观点，能够启发规划人的思考。

全面实施城市更新行动，推动城市高质量发展

我国的城市发展进入提质增效的重要时期。我们不仅要持续解决城市化过程中带来的问题，还要注重解决城市发展本身累积和新生的问题。从外延快速扩张转向内涵提质增效，是尊重规律的必然选择。

一、全面实施城市更新行动的背景

城市更新行动是国家“十四五”规划纲要中的重要内容，是推动解决城市发展中的突出问题和短板，提升人民群众获得感、幸福感、安全感的重大举措，对推动转变经济发展方式具有十分重要的作用。城市更新行动能够有效衔接国家区域协调发展战略和乡村振兴战略，形成完整的国家空间发展战略体系，既为区域协调发展提供坚实支撑，又为乡村振兴提供动力引擎，这个战略体系的构建对促进高质量发展至关重要。

二、实施城市更新行动对国民经济和社会发展的重要意义

（一）适应城市发展新形势，推动城市高质量发展的必然要求

进入新发展阶段，国家发展目标、价值取向、市场需求、百姓诉求、评价标准、游戏规则都在发生变化。城市建设需要主动适应这些变化。城市建设的目标从解决“有没有”的问题，到解决“好不好”的问题，让城市成为人民群众美好生活的空间载体。看问题的维度也发生了变化，一是时间维度，城市建设要经得起历史检验，不留历史遗憾；从生命周期看，城市是“千年大计”。二是领域维度，城市建设从助力经济发展，扩展到社会、生态、文化、艺术、美学等更广泛领域。

（二）坚定实施扩大内需战略、构建新发展格局的重要路径

新冠肺炎疫情出现后，扩大内需战略更为急迫。成都猛追湾是一个成功的城市更新案例。猛追湾原来是一个衰退的滨河老街区，一条交通道路阻隔了街区的亲水性，实施城市更新后，成为成都著名、全国闻名的活力休闲区。猛追湾通过四大做法取得了城市更新的成功。其一，在上位旧城更新理念指引下，以运营商为主导，策划、规划、设计、建设、运营一体化集成推进。其二，政府主导，区政府利用收储、租赁闲置房屋，国家开发银行金融支持，长期、低息放贷。其三，市场参与，万科运营。万科这家房地产企业转型较早，由开发商转型为运营服务商，这可能是房地产企业的凤凰涅槃之路。其四，居民在物业管理规则下自主改造，共同经营好商业环境。

（三）推动城市开发建设方式转型、促进经济发展方式转变的有效途径

过去城市开发建设方式本质是以土地增值为核心、以融资开发为手段、以商品住房消费为支撑，形成高投资、高周转、高回报的闭环。存量更新时代不能沿用这种模式，要探索以价值提升、资产增值为核心，以盘活资源、升级业态为手段，以城市运营、增值服务为支撑的新模式，倒逼经济发展转型。我们绝不能将房地产主导的开发建设方式移植到城市更新中，不能在城市更新行动中搞大拆大建。

（四）推动解决城市发展中的突出问题和短板、提升人民群众获得感、幸福感、安全感的重大举措

武汉城市内涝治理，是解决突出问题的案例，成效显著。上海黄浦江两岸始终围绕公共空间做好“贯通、开放、活力、人文”八字文章，齐心协力把两岸建设成服务于市民健身休闲、观光旅游的公共空间和生活岸线，用实例诠释了把“工业锈带”变成了“生活秀带”。

三、全面实施城市更新行动的目标、任务和主要举措

城市更新行动主要有七个方面的重点任务，每一项任务之下又有若干举措。

（一）完善城市化战略，优化城市布局结构

1.建立健全国家城市体系，构建世界城市、区域中心城市、地区中心城市三个层级的城市体系，明确不同层级城市战略定位和核心功能

第一层级的重点是一线城市，目标定位是世界城市。通过提升对全球人才、资本、创新等资源的集聚和配置能力，实现经济的组织力、发展的创新力、文化的影响力“三力”强大。第二层级重点为省会城市和计划单列市，要落实国家战略，引领区域发展，参与国际竞合，中西部有条件的省区培育多个中心城市。第三层级为地级市，充分发挥引领、辐射、集散功能，带动周边地区发展。

2.完善国家城市与城市群战略性布局

加快打造棋盘式“三纵三横”发展带，促进国土空间均衡开发。构建“点、线、面”整体均衡、以我为主、攻守兼备的国土空间发展布局。该构想与国家自然地理格局相适应，与国家总体安全战略相呼应，与国家交通运输通道相契合；并重点加强沿边战略支点城市，强化海洋安全和权益保护。总体而言，是要统筹安全与发展，促进解决我国国土空间发展布局不平衡不充分问题。

城市群尺度，要推动城市从“万马奔腾”走向分工协作。都市圈尺度，要推进公共服务一体化、均等化，生态保护修复协同化。我国大城市内外圈层人口落差大，中心过密，外围过疏。要通过疏解、重组，形成多中心、网络化、均衡协同格局。对超大、特大城市，要调整结构，优化布局，提高治理水平。

3.推进以县城为重要载体的就地城市化

县是农村经济社会文化发展的基本单元，是解决“三农”问题的主阵地。县城是县域经济社会发展的中心和城乡融合发展的关键节点，要形成适应县城特点的发展路径和开发建设方式，实现绿色低碳转型，保护传承历史文化，彰显特色。住房和城乡建设部等15部门印发了《关于加强县城绿色低碳建设的意见》，作为县城营建法则，对县城的建设密度、强度、高度，以及与自然生态相协调提出了十个方面的具体要求。

4.以古城更新助力新型城镇化

在推进以县城为重要载体的就地城镇化进程中，应通过古城更新，提升古城的魅力、活力和竞争力，更好助力新型城镇化。江西永新古城挖掘继承传统营城智慧，重塑永新城市文化精神，以文化为引领，实现了古城复兴。这充分表明，人们对城市魅力的感知正在转向，从关注传统意义的景区景点到关注由艺术家、

设计师或文化商业品牌所营造的高颜值、有独特地域文化内涵、展现当下鲜活生活场景的都市型品质空间，如特色风情街、美食街等。这种现象折射的，是新时代人们对城市空间的新型需求，包括对美和艺术的追求、对空间背后鲜活文化的情感共鸣、对个性化元素的新鲜感追捧、对深度参与和互动的体验性需求。

（二）实施城市生态修复和功能完善工程

城市是由自然生态系统、基础设施系统、社会经济系统耦合而成的复杂有机体，这三套系统相互支持、相互支撑。自然生态系统为人类提供了广泛的产品和服务，是人类赖以生存繁衍的生命支持系统。在高速发展过程中，城市的盲目扩张对自然生态系统造成了较大破坏，生态系统的退化又反制城市的健康发展，形成恶性循环。自然山水环境与城市的关系重归和谐是生态文明建设的应有之义。自然山水是城市发展的基础，是城市文化的载体，是城市集体记忆的印迹，也是城市风貌的底色。“郡邑城市时有变更，山川形势终古不易”。城市建设要尊重自然山水，保护生态环境，构筑山水城理想空间格局，让城市布局得体合宜，城市开发强度与承载力相适应，城市形态与山川形势相得益彰。

徐州的矿坑生态修复尤为突出。采矿与修复利用、变废为宝古已有之。如绍兴东湖，采石矿坑修复为风景名胜。南京汤山，百年采石烧制水泥留下创痕，通过生态修复，融合园博园盛会，实现了华丽转身。公园、乐园、花园、家园四园融合，打造旅游休闲度假目的地，成为中国园林传承创新的精品力作。

（三）加强历史文化保护，塑造城市风貌

城市应该由历史累积而成，而不能因开发拆迁而生。城市更新绝不能搞大拆大建，而应该遵循“留、改、拆”的原则。在中央城市工作会议上，习近平总书记指出“每一个建筑都在穿行的岁月里留下沧桑的故事”“我们要借鉴国外城市建设有益经验，但不能丢掉了中华优秀传统文化”“我们讲要坚定文化自信，不能只挂在口头上，而要落实到行动上”“记得住乡愁，就要保护弘扬中华优秀传统文化，延续城市历史文脉，保留中华文明基因”。

南京小西湖是居住类历史风貌区的更新案例。政府、企业、社会、居民、学者联合起来，共同缔造（共商、共建、共享、共赢）。以院落和单栋建筑为单位，采取“公房腾退、私房收购或租赁腾迁、厂企房搬迁”的方式，降低片区人口密度，释放建筑空间，改善生活环境，激发片区活力。更新中保留原有建筑格局和

传统街巷肌理，尽量留存历史记忆。有位住户将自家院落开放，与游人共享，并觉得此举改变了自己的生活态度和交往方式，心情比以前舒畅多了，这就是“共同缔造”的社会意义，它可以增强社区居民互信、互助、互爱，有利于构建和谐社会。

（四）加强居住社区建设

居住社区是城市居民生活和城市治理的基本单元，是党和政府联系、服务人民群众的“最后一公里”，要以安全健康、设施完善、管理有序为目标，把居住社区建设成满足人民群众日常生活需求的完整单元。提升居住社区建设质量、服务水平和管理能力，使人民群众生活得更方便、更舒心、更美好。目前居住社区存在规模不合理、设施不完善、公共活动空间不足、物业管理覆盖面不高（全国设区市53.2万个住宅小区，物业管理仅覆盖48%）、管理机制不健全等问题。下一步在建设完整居住社区时，可以采取5项举措：合理确定规模（0.5万～1.2万人）；落实建设标准（各地结合实际细化深化标准）；补齐既有居住社区建设短板（因地制宜）；确保新建住宅项目同步配套设施；健全共建共治共享机制（建立“党委领导、政府组织、业主参与、企业服务”的居住社区管理机制），提高物业管理覆盖率，推动城市管理进社区。目标是到2025年，街道所属社区的完整居住社区覆盖率应达到60%以上。

（五）推进新型城市基础设施建设

推进新型城市基础设施建设，重点是推进城市信息模型（CIM）平台建设。整合全要素信息、多维度空间信息模型数据及城市运行感知数据，构建全面覆盖、统一完备的城市基础数据库，形成城市规建管一体化的数字底版，推进CIM平台与城市大数据中心、城市大脑等数据基础设施的互联互通，提升电子政务、行业服务效能。实施智能化市政基础设施建设和改造；协同发展智慧城市与智能网联汽车；推进智慧社区建设；推动智能建造与建筑工业化协同发展；推进城市运行管理服务平台建设。

（六）加强城镇老旧小区改造

我国2000年年底前建成需改造的老旧小区21.9万个，涉及居民3800万户、住宅建筑面积31亿多平方米。2019—2021年，中央共安排补助资金2230亿元，支持改造各地老旧小区11.2万个，惠及2000万户居民。目前工作中还存在群众和市场参与度不高；统筹协调的工作机制不完善；在项目审批、金融、土地等方面支持政策还不适应改造需要等问题，要探索可持续改造机制。下一步应总结推广可复制政策机制和典型经验做法，抓好实施，注重安全质量，确保成效；指导各地因地制宜推进城镇老旧小区改造，提升水电气信等基础设施，有条件的加装电梯，配建停车库，完善菜市场、便利店等各类设施；加强小区及周边地区的联动改造，利用闲置土地和房屋配建社区养老、托幼、医疗、助餐、保洁等服务设施；统筹谋划"十四五"城镇老旧小区改造工作，科学确定改造目标，尽力而为、量力而行，不搞"一刀切"、不层层下指标、不盲目攀比、不举债铺摊子。

（七）增强城市防洪排涝能力

要用统筹的方法、系统的思维解决城市内涝问题。一是统筹区域流域生态环境治理和城市建设，全面实施生态修复和功能修补工程；二是统筹城市水资源利用和防灾减灾，全面实施全域海绵城市建设工程；三是统筹城市防洪和排涝工作，全面实施城市排水防涝设施补短板工程。

重点有以下几项举措，一是根据水需求增加水空间，恢复和增加河湖湿地面积，重点提升大江大河流域的湖泊调蓄能力。拓展河流缓冲带，退让河流两岸洪泛区，减少堤防束水。保留蜿蜒性，减少裁弯取直。二是提升调蓄能力。分类管理和建设蓄滞洪区，确保蓄滞洪区有效运用。在严重缺水城市谋划和建设一批城市蓄水工程。三是建立水资源保护和利用的区域、流域政策体系。根据不同区域、不同流域水资源特点和开发利用情况，制定差异化的区域、流域水资源保护和利用机制。四是建设海绵城市。建设城市蓄水设施，充分利用城市雨水资源，恢复和连通城市河湖水系湿地，增加城市透水能力。沿江城市滨水公共空间可以探索弹性利用模式，分级设防，雨旱两宜，水进人退，水退人进。

四、城市更新行动未来发展方向

一是以城市体检评估为抓手，推进实施城市更新行动；二是出台文件《关于实施城市更新行动，推动城市高质量发展的若干意见》；三是制定和发布城市营建要点（明确底线约束，设立指标引领，倒逼城市转型）；四是选择一批城市试点，摸索、总结、推广成功经验；五是支持地方实施城市更新行动中的政策、机制、规范、标准等方面的探索创新；六是推动政银合作。

我们期待，通过实施城市更新行动，到“十四五”期末，我国城市建设方式与发展方式能够发生历史性、转折性、全局性变化。实施城市更新行动，既要提质增效，开创未来，又要留住根脉，记住乡愁。

（全国工程勘察设计大师，住房和城乡建设部总经济师，杨保军）

基于“减碳”和“增汇”视角，推进绿色城镇化转型

改革开放40年以来，中国实现了全球规模最大的城镇化，成绩斐然。但在资源能源紧约束的条件下，我国城镇化高消耗、高排放、人口老龄化以及超特大城市功能与结构不合理、交通拥堵等问题突出。同时，“双碳”目标也面临着城镇化水平提高、经济稳健发展和现代化建设的多重挑战。生态文明建设背景下，中国已经进入绿色城镇化发展的新阶段，这是城镇化“下半场”转型发展的必然选择，要将“减碳”和“增汇”作为技术主线，从城镇格局、交通出行、绿色建筑、基础设施、城市运营这五个方面，探索绿色城镇化的规划技术体系。

一、“七普”开启了观察我国人口布局和流动变化的“新窗口”

（一）人口向特大城市和都市圈集聚的态势显著

从2020年第七次全国人口普查的结果看，一方面，近10年我国人口流动向特大城市集聚的趋势显著。深圳、成都、广州、郑州、西安、杭州、重庆、长沙、武汉、佛山10个人口增速最快的城市，人口总量达到1.58亿人，比2010年增长4210万人，其占全国人口的比重，由2010年的8.7%提高到2020年的11.2%（见图1）。另一方面，城市群都市圈地区成为人口流入的主要区域，2020年，京津冀、长三角、粤港澳、成渝等主要城市群都市圈地区常住人口5.53亿人，占全国比重达到40%，比2010年增长5418万人，见图2。

（二）重要生态功能区人口承压力减小

国家重点生态功能区承载着水源涵养、水土保持、防风固沙和生物多样性保护等重要生态功能，占国土面积的54%，涉及676个区县。近10年来，这一地区的总人口不断减少，从2010年的2.9亿人减少到2.8亿人，减少了1000万人，

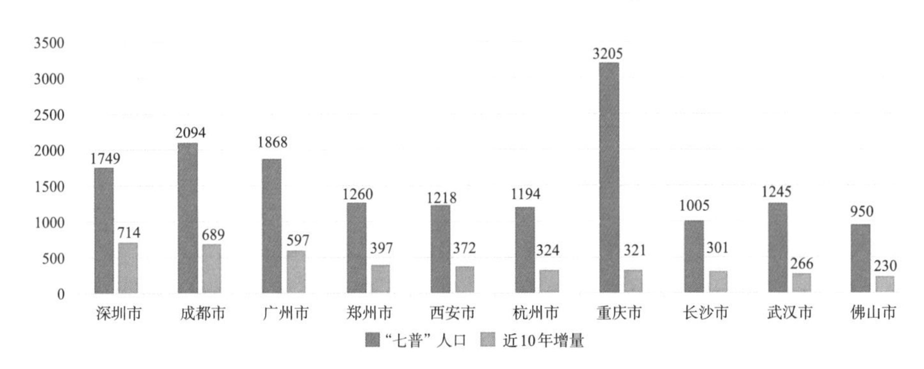

图1 近10年我国人口增长最快的10座城市（单位：万人）

资料来源：根据国家统计局“六普”“七普”人口统计数据绘制。

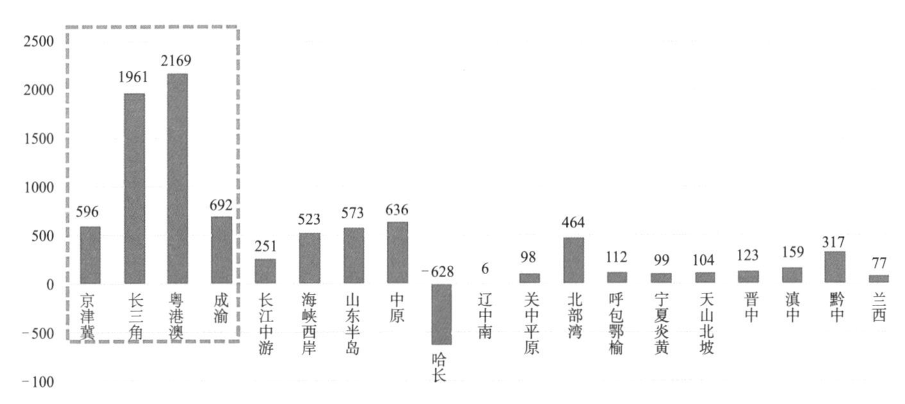

图2 近10年我国主要城市群都市圈地区总人口变化量（单位：万人）

资料来源：同上。

人口的减少一定程度上缓解了重要生态功能区的环境压力。同时，近20年我国退耕还林还草约0.34亿公顷（约5.15亿亩），成林面积占全球同期增绿面积4%以上[1]，实现了农业生产空间向生态空间的大规模“反哺”。

（三）人口向阳光地带迁移的态势越发显著

严寒地区人口流失与“阳光地带”人口快速增长并重。一方面，东北三省等严寒地区人口流失现象凸显，老龄化程度深。10年间，东北三省人口减少了1101万人，辽宁、吉林、黑龙江三省占全国人口比重由2010年的3.27%、2.05%、2.86%分别下降至3.02%、1.71%、2.26%。另一方面，广东、海南等华南夏热冬暖地区人口进一步增加，近10年，广东省人口增量达2171万人，增长20.81%，平均每年增加217万人。海南省人口增长约141万人，增长了16.26%，三亚、海口等海滨城市近10年人口增长分别达到50.48%、40.43%。

二、基于绿色视角的我国城镇化问题和趋势

（一）从绿色视角看人口布局变化带来的影响

1.人口向特大城市的集聚，是绿色城镇化的“双刃剑”

人口向特大城市集聚水平持续提升，带来高技术水平劳动力持续向特大城市转移，显著提升了创新集聚能力及其对周边地区的辐射，为高效率利用和配置资源创造更好条件。然而，这些特大城市在人口快速集聚的同时，由于人口规模大、密度高，在极端天气气候和公共卫生事件背景下往往面临着城市安全韧性问题，成为灾害风险大、损失严重的地区，深刻地影响着人民群众的生产生活安全。以中规院《中国主要城市建成环境密度报告（2021）》数据为例，国内超大、特大城市的城市中心地区人口密度平均为2.5万人/平方公里，已经明显高于旧金山、东京、首尔、巴黎、伦敦等国际主要城市1.84万人/平方公里的平均水平。此外，特大城市农副产品本地自给率普遍不高，居民日常生活物资需要国内外的输入来保障，长距离、大规模运输导致的碳排放成为不容忽视的因素。

2.人口和经济更加集中地布局，是生态环境好转的重要推力

重要生态功能区的人口减少促进了生态空间的“扩容”。2020年，全国森林覆盖率达到了23.4%，自然保护区以及各类自然保护地面积占到陆域国土面积的18%[2]。人口和经济的集中布局也有助于改善区域土壤环境和流域水环境质量，促进生态空间的“增效”。如全国地表水优良水体比例由2015年的66%提高到2020年的83.4%，劣V类水体比例由2015年的9.7%下降到2020年的0.6%[2]。

3.阳光地带人口的集聚，顺应了人口老龄化的养老和宜居需求

2020年，我国60岁以上老年人口达到了2.64亿人，占总人口比重约18.7%，65岁以上老年人口达到1.9亿人，占总人口比重约13.5%。老龄化已成为今后较长时期的重要国情，人口结构矛盾还将继续加剧，积极应对人口老龄化已经成为我国重要的战略选择。2035年，中国将进入深度老龄化社会，东北地区转型发展乏力的资源型城市面临“未富先老”的严重老龄化[3]，以及人口向广东、海南等沿海“阳光地带”流动的双重困境。

因此，可以考虑在东北深度老龄化及人口流失严重的工矿型城市，开展精明收缩城市建设试点，引导人口居住和城市功能集中布局，基于步行尺度建设适老型社区和公共空间。另外，还应顺应“候鸟型”和迁移型老龄人口规模化的规

律，在“阳光地带”建设一批医养、康养型城市和社区。

（二）传统的城市开发模式带来能源资源的高消耗

1.城镇化进程中的高消耗、高排放

我国城镇化进程存在高资源消耗、高能源消耗、高碳排放等问题。一是，我国城镇化过程中土地与建材资源消耗量大。近年来，我国每年房屋新开工面积约20亿平方米，消耗的水泥、玻璃、钢材分别占全球总消耗量的45%、42%和35%[4]。同时，土地资源消耗速度过快，2000年至2018年，我国城市建成区面积增长161%，新城、新区人均城市建设用地面积近200平方米/人[4]。二是，我国能源消耗总量和化石燃料消耗处于高位。2018年，我国煤炭消费总量居世界首位，石油消费总量居世界第二，天然气消费总量居世界第三[6]。三是，我国碳排放总量全球第一。2019年，我国碳排放总量占全球总排放量的27.2%[7]。同时，碳排放增速远高于世界主要经济体，2000年至2018年，我国碳排放总量年均增长11.6%[7]，而欧盟等主要发达经济体都已实现负增长。2020年，我国人均GDP刚超过1万美元，仅为主要发达经济体的1/6～1/4，但碳排总量是其2～3.5倍，我国的碳减排任务面临经济稳健发展和现代化建设的双重挑战。

2.特大城市功能与结构不合理

虽然特大城市的框架不断“拉大”，但优质的医疗、教育和公交资源仍然高度集中在中心城区，导致外围组团发展缺乏“合力”“多中心、网络化、组团式”的结构推进不佳。如广州市新增建设用地虽然主要投放番禺、花都、白云、南沙等外围新区，但是公共服务仍然主要集中在越秀、天河、海珠等中心城区，导致新区功能单一，缺乏配套居住和公共服务设施，无法有效吸引老城区人口疏解。上海2008年到2018年，新增就业岗位依然在向中心城区集中，外围的新城新区就业岗位在10年期间反而减少35万个。杭州的轨道交通对外围组团支撑不足，目前50%的城市副中心缺乏交通枢纽，50%的次中心缺乏轨道交通站点的支持。

3.幸福通勤和公共交通保障支撑不足

超特大城市交通拥堵严重，让幸福通勤变得“遥不可及”。根据《2020年度全国主要城市通勤监测报告》，大城市工作日高峰期平均运行速度仅为20.5公里/时，没有一座超特大城市在高峰期的平均运行速度超过25公里/时。单程平均通勤距离与城市规模成正比，超特大城市通勤距离分别达到9.1公里、8.2公里，60分钟以上极端通勤人口比重平均为12%，北京依旧是极端通勤人口比重最高的城市，

达到27%。5公里以内幸福通勤比重，超大城市只有49%，特大城市只有51%。

（三）2020年后我国城镇化的趋势判断

1.应对“两峰”迭加的机遇期

2020年，我国城镇化率为63.89%，根据世界城镇化的一般规律，我国的城镇化虽仍增速较快，但已实质性地迈入中后期阶段。既有研究表明：按照我国城镇化发展的高水平情景预测，预计2035年我国城镇化率将达到75%，2050年将达到80%[5]，未来还有1.5亿～2亿的新增城镇人口。2035年前后，我国城镇化预计进入稳定时期，城镇人口将达到10.5亿～11亿人，届时碳排放也将达到峰值，人均GDP将超过2万美元。因此，2035年前后是城镇人口峰值与碳排放峰值这“两峰叠加”的关键时期（见图3）。

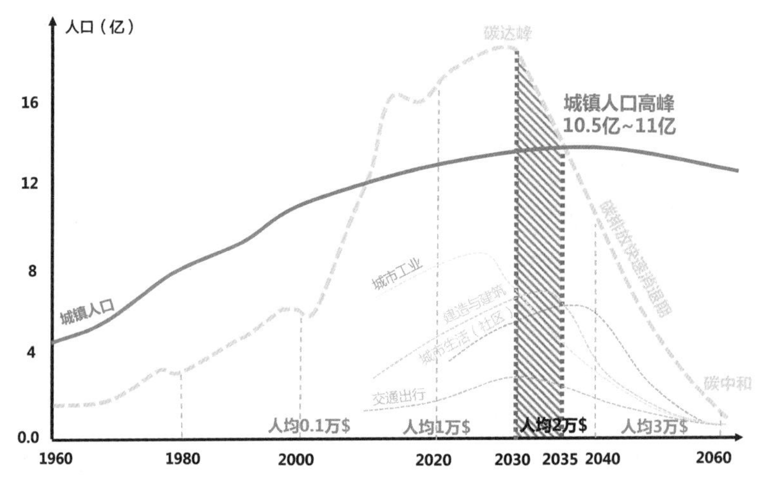

图3 我国“双碳”目标、人均GDP增长与城镇人口高峰的时间路线图

资料来源：根据2020年全球碳项目的碳预算补充数据绘制。

2.形成绿色城镇化体系的塑造期

反思过去和当前的城市规划、建设和管理，需要对当前高碳模式的发展路径做出彻底改变，避免发生城市空间结构和基础设施的高碳“锁定”效应。“双碳”目标下，2035年前后，我国城镇化和经济发展仍将处于长时间的“爬坡增长期”，也是我国城市发展转型的重要“窗口期”。要走出绿色城镇化道路，需要调控能源、工业、交通、建筑、废弃物、农业和土地利用等多领域[8]的碳排放，促进城乡发展由高能耗、高投入、高排放向低能耗、低投入、低排放模式转变。

三、绿色城镇化的重点规划建议

促使城市建设与系统运营迈向碳中和愿景，规划领域技术创新的重点在于建立绿色城镇化的关键规划技术，从生态优先、公交出行、低碳建造、绿色韧性、智慧运营五个方面形成系统性的规划技术图谱（见图4）。

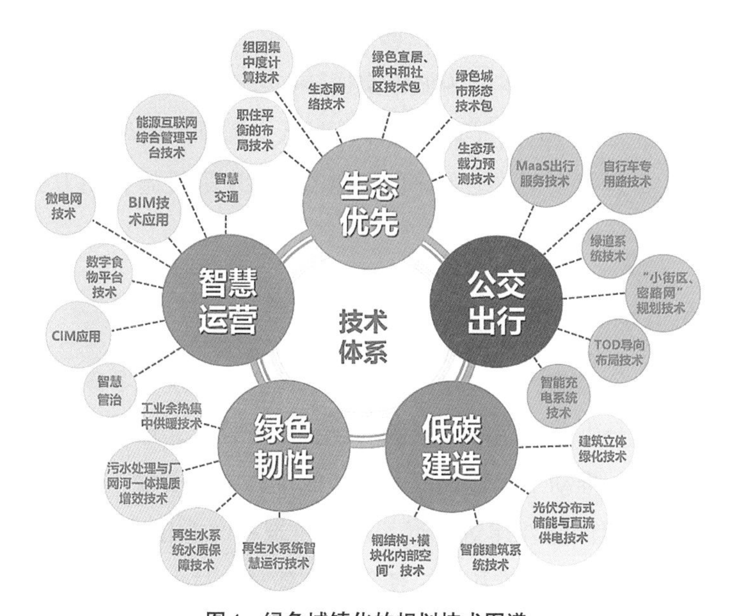

图4 绿色城镇化的规划技术图谱

资料来源：根据国内外绿色低碳城市规划实践整理、绘制。

（一）生态优先的城镇格局

要坚持生态优先，城市要在高碳汇系统性的绿色空间中布局建设，要推广生态环境承载力预测技术、绿色城市形态的布局技术、碳计量与生态网络测算技术等系列关键技术的运用，形成生态优先的城镇格局和低碳化组团式的空间形态。在城市群、城市、组团等不同尺度，城镇格局的优化目标各有不同，因而要把握差异化的技术重点。城市群尺度上，重点在于构建人与自然和谐共生的城镇空间格局。城市尺度上，注重保护修复山水林田湖草生命共同体，提高碳汇能力，重点在于营建新时代的“田园城市”。在组团尺度上，要提升绿色碳汇和人居环境，重点在于营造随处可达的绿色空间以及混合高效的空间布局。

（二）公交导向的交通出行

从城市交通领域的碳排放来看，规划重点在于通过发展公共交通，降低单位客运量的碳排放强度；构建连续通达的慢行系统，引导城市居民低碳出行，逐步减少城市交通领域对化石能源的依赖，控制和降低交通运输碳排放。因而要鼓励公共交通，要促进绿色出行、规划布局、实施管理有机结合，形成“小街区、密路网”的规划技术、TOD导向的空间布局技术、城市绿道的规划技术和MaaS出行服务技术等关键规划技术，为城市交通转向公交和慢行导向的低碳出行、舒适步行提供“一体化”的绿色方案。此外，降低交通维度的城市碳排放，还应增加电动车充电桩、共享停车系统等绿色安全的低碳交通设施，助力交通用能的减排脱碳和交通运输结构的调整优化。

（三）绿色低碳的建筑建造

要全面推行绿色建造，加快绿色建筑、超低能耗建筑、零碳建筑的应用示范和全面建设，探索全生命周期绿色减碳的建筑建造技术，最大程度提高建筑热工性能，提升节能率，推动工程建设低消耗、低排放、高质量和高效益。应大力发展绿色建筑，推广超低能耗建筑、近零能耗建筑和产能建筑。要避免大拆大建，控制未来的建筑拆除量。应推积极广使用绿色建材，尽可能减少建筑建造阶段的隐含排放，鼓励建筑垃圾的资源化利用。倡导更多绿色化建造技术，因地制宜推进装配式建筑，争取到2030年装配式建筑占当年城镇新建建筑比例达到40%。

（四）绿色韧性的基础设施

要推广市政基础设施绿色韧性，以海绵城市、韧性城市和“厂—网—河—湖”一体化规划建设技术为核心，匹配工业余热回收再利用、再生水系统水质保障和智慧运行等关键技术，实现供水高效，设施绿色韧性，固废处理高资源化。推动水资源的循环利用，减少固废处理过程产生的碳排放，提升能源生产的清洁程度，使得水资源、固体废物和能源彼此相互作用和利用。在水资源管理方面，采取“海绵城市”的建设方式，控制供水管网漏损率，提升水资源效率，建设节水型城市。在固体废物管理方面，通过建立健全生活垃圾投放、收集、运输、处置的全程分类体系，构建高资源化的固废处理系统。在能源利用方面，建设能源互联网系统，推广可再生能源利用。

（五）智慧互联的运行系统

要以智慧化方式运营管理，采用互联网、物联网、云计算、大数据、人工智能等先进技术，强化BIM、CIM技术的推广应用，搭建基于CIM基础平台的城市智慧互联运营系统，形成对节能低碳指标的全过程设计、收集、监控与运营的平台，积极探索在智慧运行管理中发展必要的绿色消纳技术，有序引导城市发展摆脱化石能源依赖，转向可再生能源利用。从减碳技术体系支撑角度，智慧运营的重点抓手是能源的智慧监测及管控系统。从城市运营管理者、决策者角度，运用数字孪生的城市建设方法，针对规划设计阶段的城市空间，构建事前辅助决策、事中协同管理、事后动态运行的协同平台。

（全国工程勘察设计大师，中国城市规划设计研究院院长，王凯）

[参考文献]

[1] 中华人民共和国国家林业和草原局.中国退耕还林还草二十年（1999—2019）[R/OL]. 2020-06-30.

[2] 中华人民共和国生态环境部.2020中国生态环境状况公报[R/OL]. 2021-05-26.

[3] 王晗，刘鉴，房艳刚.东北地区人口老龄化的多尺度时空演变及影响因素[J].地域研究与开发，2021，40（6）：147-153.

[4] 住房和城乡建设部标准定额司.城乡建设绿色低碳发展（内部讨论稿）[R].2021-06-23.

[5] 王凯，林辰辉，吴乘月.中国城镇化率60%后的趋势与规划选择[J].城市规划，2020（12）：9-17.

[6] 根据世界能源组织（IEA）、英国石油公司（BP）、美国能源信息署（EIA）数据整理。

[7] 根据世界银行数据（各国二氧化碳碳排放量）整理。

[8] 从联合国政府间气候变化专门委员会（IPCC）和中国关于碳排放项目清单看，碳排放主要领域包括能源、工业、交通、建筑、废弃物、农业和土地利用。

善用国土空间规划，提升现代化发展进程

要真正理解高质量发展的背景和内涵，就必须充分认识中国社会发展阶段和主要矛盾的变化。党的十九大报告指出，当前我国社会的主要矛盾是人民日益增长的美好生活需要和不平衡不充分的发展之间的矛盾，这既反映出改革开放四十年的伟大成果和中国人民最本质的变化，也揭示了中国实现现代化必须跨越的两大“陷阱”。中国人均GDP已经超过1万美元，如果不出意外，“十四五”期间中国能够进入联合国统计的高收入国家行列，这样的社会必然对美好生活提出更高要求。中国人民在美好生活的追求过程中必然会带来巨大的能源和资源消耗，如果用西方的模式来实现，显然是难以为继的。另外，在富起来的过程中，中国的收入差距在扩大，社会阶层在分化，区域城乡差距也在拉大，如果不实现社会的公平正义，同样会出问题。因此，中国的现代化必须要走绿色低碳、共同富裕的道路，在充分满足人民美好生活需要的同时，跨越资源过度消耗、社会失衡的发展陷阱，最终实现高质量发展。

一、国土空间规划体系

从体系构建的基础来看，中国国土空间规划的源头与过去的城乡规划和土地规划有深刻的差异：城乡规划体系的确立源于城乡有序发展和城市健康发展的需要，土地利用规划产生的背景是保障粮食安全和耕地规模，国土空间规划体系建立的基本出发点则是生态文明建设和空间治理现代化。

当年中央深改办在推动“多规合一”改革时，最关注的问题就是两个：一是有没有改善政府管理的行政效能，二是怎么处理发展和保护的关系。2018年体制改革以后，建立了“五级三类”的国土空间规划体系。但是这个体系的建立，并不会自然消解原有的矛盾和冲突，很多博弈和问题依然需要在实践探索中去解

决。因此，只有全面系统地理解中央精神，才能把握好国土空间规划的重点和方向，比如，中央城镇化工作会议提出以人为核心的城镇化，中央城市工作会议提出“尊重城市发展规律、实现五个统筹”，也包括习近平总书记在不同场合对城市规划的要求。

具体来说，在编制原则上，国土空间规划必须坚持战略性底线思维，守住常住人口规模、建设用地总量、生态环境、城市安全、城市文化等多条底线；把握发展阶段变化而引发的空间价值转换与规划理念更新，从追求直接经济效益与利益最大化转向追求社会公平正义，从满足增长的物质主义转向文化和生态价值的守护与制造，真正编制守护城市长久价值的“终极规划”；沿海地区的国土空间规划应高度重视陆海统筹问题，为国家的海洋强国、科技强国战略打下坚实的基础；科学配置高效的基础设施体系，基础设施建设应与气候条件、资源禀赋相适应、与应对和适应气候变化的建设要求相适应；科学谋划支撑国土空间格局的交通运输体系。

在编制方法上，要充分认识地域资源禀赋差异和发展阶段差异，顺应地方发展规律，科学理性制定国土空间发展策略，合理配置国土空间资源要素；在“双评价”的基础上，开展城乡发展质量评估和国土空间资源绩效评估；注重“全域规划”，要充分认识不同地区之间、城乡之间、城镇之间的发展差异和禀赋差异，采取差异化的发展策略、国土空间资源配置方法和规划管控手段；注重“全要素规划”，既要摸清“山水林田湖草沙”，也要重视经济社会发展的“城乡绿文服产”等各类空间要素家底，实现各类空间管控要素精准落地；注重“多规合一”，要求政府各个部门充分协调，不同专业机构充分参与，充分吸收不同领域专家的智慧知识；突出“高质量发展、高品质生活”规划，应当广泛动员社会和公众参与规划编制，充分了解并满足居民美好生活和企业的发展需求。

面对如此复杂的规划体系改革和规划实践，不应当过于理想地追求规划的完美，而应当抓住核心目标，追求规划的“最大公约数”。

二、国土空间特征与格局

从宏观格局上看，中国存在突出的区域差异，胡焕庸线两侧形成了巨大的空间分异；从基层单元上看，中国有两千多个县级单元，同样存在巨大的差异和不平衡，任何一个政策出台，一定有受益者，也一定有受损者，没有分类就无法出台有效的政策。我院在2016—2017年承担的中国工程院的城镇化研究中，基于区位因素、地形因素和人口密度等多种因素，把中国的两千个县域单元划分成六种类型。但是这种差异化分类的思维，在当下的国土空间规划中体现得还不够充分。我分析了“一带一路”对国家空间格局的重大影响，也回顾了过去十几年对全国城镇体系格局的研究认识变化，指出中国的空间格局正在发生良性的变化，进入了再平衡的过程，如中西部地区的发展明显开始加速，这也符合美国等发达国家的普遍经验。与此同时，基于消费升级的美好生活需要，不同类型国土空间的价值也在发生转变，比如，随着居民旅游度假休闲需求的快速增长，自然资源和文化资源富集的魅力空间的体验经济价值不断提升，成为国土空间规划必须重点关注的新型空间。

三、发展制度与模式问题

习近平总书记对雄安新区的建设提出了一系列要求，包括：平原建城，尊重自然，不堆山、不挖湖，不要高楼林立，不要水泥森林，不要“玻璃盒子”等。这些要求的背后，是中央对于城市发展制度和模式的重新安排。回顾改革开放40年来的城镇化进程，中国探索出一系列成功的制度创新，取得了城镇化上半场的辉煌成绩。但是，在未来城镇化发展的下半场，这些制度创新可能反而变成高质量发展的制约，需要在国土空间规划中予以回应。主要表现在以下三个方面：

一是土地财政和房地产依赖，导致国土空间资源配置失衡。以间接税、企业税为主的税制造成地方政府过度配置工业用地，重企业、轻居民；地方财政缺口大，高度依赖土地收入和房地产，追求单块土地的高收益。“十四五”规划纲要提出：“建立权责清晰、财力协调、区域均衡的中央和地方财政关系”，这也意味着国土空间资源的配置模式应当做出重大调整。

二是碎片化的开发区体制。单一的经济与产业发展目标，忽视资源使用效率，忽视人的生活需求，忽视社会发展与公共服务，忽视资源环境的外部性，甚至造成了社会的安全隐患。而以开发区为代表的碎片化园区在城市中大量存在，必须充分考虑如何在国土空间规划中进行织补与缝合。

三是行政化、层级化的资源配置体制。以城市/市区为导向的资源配置，损害县（市）单元与农村的利益，加剧了城乡二元体制弊端和城乡差距；层级化的财政转移支付、土地指标划拨，导致县（市）从“吃饭财政”沦为“讨饭财政”。因此，应当保持县（市）单元国土空间规划的相对独立性和土地指标在不同行政层级之间的合理分配。

四、社会需求和城市空间供给

在城镇化下半场，城市发展面临着三个基本变化：

一是发展主体的变化，随着社会阶层分化，中产阶级群体不断壮大；大学生成为社会新增就业的主体；进城务工人员群体的选择能力提高，因此个体选择生活与选择就业优先顺序正在发生改变。

二是发展模式的变化：从投资、消费、出口三驾马车驱动，转向供给侧改革，转向供给要素的优化配置，转向创新驱动。

三是发展逻辑的变化：从“低价要素供给—招商引资—企业入驻—吸引就业与人才”，转向“城市生活质量与服务水平—吸引人才—企业入驻—经济发展”。

因此，城市必须面向社会阶层的分化和不同的消费需求，提供满足不同人群的空间产品，既要坚持发展的公平正义，维护低收入群体的生存与发展诉求；又要为快速成长的中产群体提供可选择、可承受、不断改善与提升的供给。必须通过空间供给的多元化、空间组织方式和规划设计的创新为不同群体提供多样化多层次的空间与设施，“用设计做规划”，从人的需求和尺度出发，解决具体而微观的空间问题。

五、法理和四大资本视角的空间治理

（一）法律和法理对国土空间规划具有巨大影响

我国的宪法和土地管理法明确定义了国有土地、集体所有土地的不同支配、使用和管理权利，国土空间规划应当依法差别化对待城镇和农村两种属性建设土地的配置与规划。此外《城乡规划法》《土地管理法》在土地管理和城乡规划管理的法理上差异很大，《城乡规划法》规定了规划管理的唯一权力来自法定规划，而《土地管理法》赋予的土地空间资源管理权力则有规划、计划、指标和合同等多元化的法律工具，因此，好的国土空间规划必须建立在两种思维模式充分融合的基础上。

（二）应当审慎考虑“人地脱钩”的做法

我国从 1980 年代的城市规划，到后来的土地利用规划，逐步形成了按人口数量和 100平方米/人左右的用地指标定量配置城市国土空间资源的方法，这一“以人为本”的配置方法具有科学合理性、公平正义性和管理弹性。在某种程度上，人均用地100平方米左右是居民获得有品质的居住生活、公共服务和就业的物质性保障；也意味着人均建设用地指标具有公共品特征，是城市居民的一项基本权利。因此，可以得到两个推论：第一，无论城市的规模、发展水平如何，只要有人口增量，就应获得建设用地指标，这一公共品的配置权利不应受到侵犯和剥夺；第二，不同阶层的居民（常住人口）应该公平享有这一权益。当个人（家庭）的居住生活所占用的土地高于平均值时，即产生负外部性，应当支付更多的成本，对社会做出补偿；当个人（家庭）居住生活占用的土地少于平均值时，即产生了正外部性，应该获得社会的奖励和补偿。在规划编制中追求人口规模以获得更多用地指标的问题根源在于前述的土地财政依赖，与居民用地权益无关，也不能因此强调“人地脱钩”。

（三）通过国土空间规划提升国家现代化进程所需的“四大资本”

从提升物质（空间）资本水平的角度来看，要通过空间资源的合理配置与建设管控，建设符合未来发展需求的高标准、高质量、高审美价值的城乡聚落与建筑，具有永久性使用价值的城市和农村住房，是国土空间规划的重要出发点和核心价值。从提升社会资本水平的角度来看，要平衡好效率和公平，要重视弱势地区和不同层级人群的发展机会和上升通道，重视物质空间对不同需求、不同能力人群的包容性和弹性。通过国土空间资源优化配置缩小地区、层级、人群的发展差异，促进社会人群流动与和谐发展，提升社会资本水平。

从提升人力资本水平的角度来看，中国县级单元的教育水平将决定中国的人力资本水平，保障人力资本提升的公共服务空间资源的合理配置是国土空间规划必须关注的内容。自然资源部门应当配合国家发展改革委的县城补短板政策，与国家、省级公共财政支持相协调，给予建设用地指标支持。

从提升自然资本水平的角度来看，国土空间资源配置可以通过引导人口和经济活动的合理聚集与分布，城乡聚落的优化布局和发展模式向低消耗、低碳排转型，促进国家低碳绿色发展。通过“三线”划定，最大限度地保护自然资源，提高自然资本水平；通过密集地区人口经济布局优化、城市用地布局优化，提高密集地区自然资本的生态服务功能，保护生物多样性，降低污染和碳排放；通过差异化的政策引导，促进人口高密度农业地区的三次产业融合发展、低碳发展；推动人口低密度的农业地区充分利用自然文化资源价值，发展特色农业、旅游休闲业等绿色产业。

（全国工程勘察设计大师，中国城市规划设计研究院原院长，李晓江）

构建减碳技术体系，推动多层次空间减碳实践

工业革命以来的人类活动，尤其是大量化石能源的消费，导致温室气体浓度持续上升，加剧全球气候变暖，目前全球平均气温已比工业化前高出1.1℃[1]。为应对气候变化，2020年9月，习近平总书记在第七十五届联合国大会一般性辩论上提出："二氧化碳排放力争于2030年前达到峰值，努力争取2060年前实现碳中和。""双碳"目标将倒逼整个经济与社会系统进行结构性调整，绿色低碳转型成为当前城镇化新阶段的发展目标。

城市是碳排放的重点也是低碳发展的重要载体，消耗了全世界78%的能源，排放了超过60%的温室气体[2]。作为承担地区重大战略发展任务的综合功能区，城市更需要推进深度绿色低碳转型，成为国家实现绿色低碳发展的重要路线样本。

一、城市绿色低碳转型的主要挑战

当前，我国碳排放总量全球第一且增速仍然较快，二氧化碳（CO_2）排放高质量达峰任务重；同时，从碳达峰到碳中和国家承诺的时间仅有30年，相比之下在主要国家中时间最短，碳中和压力大。城市建设领域长期依循"大量建设、大量消耗、大量排放"的粗放式建设方式，实现绿色低碳的转型发展面临四大现实挑战。

挑战一：城市建设高资源消耗，减碳压力大

过去三十年尤其是进入新世纪后，城市建设大量消耗材料物资，而资源化利用仍显不足。近年来，我国每年房屋新开工面积约20亿平方米，消耗的水泥、玻璃、钢材分别占全球总消耗量的45%、42%和35%。同时，我国每年产生的

建筑垃圾约20亿吨，约占城市固体废弃物总量的40%，资源化利用率仅为9%。未来城市的建设增量与改造存量都将进一步增加，粗放消耗土地资源、材料物资的旧有模式下，城市建设的减碳面临巨大压力。

挑战二：能源消费含碳量高，城市能源结构亟需优化

我国能源消耗总量持续高位，人均能耗水平仍将继续提升，能源结构亟需优化。清洁燃料代替化石燃料发电是碳中和的核心；然而，我国煤炭发电占比高达66%，风电、光伏等清洁能源发电仅占9%，相较而言，美、欧、日煤炭发电占比均低于32%。且我国燃煤发电的碳排强度过高，为610克二氧化碳/千瓦时，高于美国的410克二氧化碳/千瓦时和欧盟的270克二氧化碳/千瓦时，能源的清洁使用任重道远。

挑战三：交通碳排快速增长，城市绿色出行占比少

城市交通碳排放持续增长。一方面，公交出行、绿色交通比重偏低，2020年主要城市中仅45%的通勤者45分钟公交可达，38个开通轨道交通的城市车站800米覆盖通勤比重平均值仅为15%。另一方面，城市路网体系不尽合理、慢行系统尚不完善，2020年全国36个主要城市平均道路网密度为6.1公里/平方公里，仅深圳、厦门、成都三个城市路网总体密度达到国家提出的8公里/平方公里[3]，大量城市仍是大街区、宽马路的路网组织方式。此外，随着城市扩张和经济发展，城市交通需求量及活动水平还将不断增长，交通减碳将愈发紧迫。

挑战四：建筑碳排放急剧增加，建设绿色化水平有待提升

我国建筑部门碳排放急剧增加，建筑建造及运营的绿色化水平有待提升。近年来我国建筑总量增长迅猛，2011年以来平均每年新增25亿平方米；而年拆除量约6亿～7亿平方米，平均寿命仅25～30年。新建建筑与存量建筑的绿色化水平均需要进一步提升，2019年全国新增绿色建筑竣工面积占当年新建民用建筑比例达到65%，但绿色建筑标准与发达国家相比偏低；大量既有旧建筑需要大幅提升建筑节能水平，改造任务繁重。若按目前建筑能耗标准和管理水平，建筑建造行业的温室气体排放还将持续上升。

为实现“双碳”目标，到2030年，城乡建设领域直接碳排放需控制在峰值10.5亿吨，通过建筑节能和可再生能源利用，实现0.7亿吨的减碳目标；控制建筑用电、减少建材消耗等，降低2.3亿吨间接碳排放，两者对社会减碳贡献将达到43%。到2060年，城乡建设领域将全面实现碳中和目标，发展方式全面实现绿色低碳转型，系统性变革全面实现，美好人居环境全面建成，实现城乡碳排放治理体系和治理能力的全面现代化，人民生活更加幸福。在总体目标下，进一步确定城市减碳的重点任务，科学应用各项减碳技术成为城市绿色低碳转型的关键。

二、构建基于五大维度的减碳技术体系

城市综合实现资源、能源、交通、建筑等多个系统的碳中和愿景，应发挥规划的引领作用和系统统筹优势。笔者基于碳排放溯源，研究不同系统之间的协同效能，在城市建设的全生命周期前端提出规划减碳技术体系，构建以增加碳汇为重点的城绿融合的共生城市；以低碳交通为重点的绿色出行的紧凑城市；以能源再利用、减少废弃物为重点的循环城市；以低碳建筑与适宜的微气候为重点的人性化街坊与绿色建筑以及数字化为重点的智慧管治系统五个维度。以降低碳排放为目标，进一步提出每个方向的减碳策略和关键技术[4]。

（一）城绿融合的共生城市

蓝绿空间是城市重要的碳汇空间，充分连通的蓝绿空间能够缓解城市发展对气候变化和生态系统的影响。城绿共生的融合城市关键技术在于增大碳汇总量、优化植被类型。依据水资源条件、社会经济状况和生态景观要求等实际情况，合理提升城市蓝绿空间比例。根据所在城市的自然条件，优先选择乔木、灌木等高效固碳植被类型进行配置。成都根据当地的环境本底构建“两山两环、两网六片”生态格局，2017年以来新增绿地面积3885万平方米，建成贯穿全域的天府绿道4408公里，形成“青山绿道蓝网”相呼应的公园城市空间形态。

（二）绿色出行的紧凑城市

绿色出行导向的紧凑城市旨在降低交通维度的城市碳排放，根据交通枢纽配置确定土地集约程度和开发密度，优化城市结构与形态，建立绿色出行导向的综合交通网络。绿色出行导向的紧凑城市的关键技术在于形成紧凑混合的城市形态和便捷高效的公交系统。哈马碧湖城在规划建设中注重形成紧凑多孔的空间形

态、职住平衡的功能布局和契合公共交通网络的密度分布，提升步行车道、自行车道密度分别至25.8km/km^{2}和10.5km/km^2，并通过拼车、自行车共享、公共渡船等多样的交通方式达到80%以上的绿色出行比例。

（三）集约高效的循环城市

集约高效的循环系统以降低能源使用以及垃圾处理中产生的碳排放为目标，将消耗资源、丢弃废弃物的线性系统转化为循环体系。循环城市减碳关键技术集中在能源供应、固体废弃物处理、水资源利用三个方面。在能源生产端，因地制宜地规划可再生能源的使用规模和形式，同时对余热、废热等资源进行合理规划。在能源消费端，规划设计重点在于提升能源供应效率。青岛中德生态园规划11处分布式综合能源中心并建成4处，应用泛能微网系统对区域耗热、耗电、耗气进行实时监控并科学匹配能源供给，实现系统性节能降耗。在固废和水资源利用方面，规划应减少垃圾卫生填埋比例和用水需求，建设垃圾循环利用系统和可回用的水循环系统，减少资源维度的碳排放。

（四）人性化的街坊与建筑

适应本地气候条件的宜居街坊旨在优化建筑和开放空间布局，改善街坊与建筑内部微气候，降低建筑能源消耗，引导更低碳的生活方式。规划减碳关键技术在于低能耗的建筑布局和活力友好的开放空间两个方面。在嘉定工业园区的微型街区示范中，通过骑楼、窄巷、退台的空间处理手法获得更多的自然采光、自然通风和太阳热能，以此降低建筑空调、照明等内部系统的能源消耗。规划应控制街坊中开放空间的比例和位置，避免在可能产生狭管效应的位置设置公共活动空间，从而提升开放空间的吸引力和环境品质。

（五）智慧管治支撑系统

智慧管治支撑系统目标在城市中形成全过程设计、收集、监控与运营的平台，支撑以上各方向规划减碳技术的应用和反馈。通过采用互联网、物联网、云计算、大数据、人工智能等先进技术，组成集合数据层和协同层的智慧管控体系。雄安新区的数字孪生系统制定跨专业指标规则体系，构建城市信息系统（CIM），集成智慧能源、智慧交通、智慧建筑、智慧市政等系统，收集各减碳维度的运行数据；构建事前辅助决策、事中协同管理、事后动态运行的协同平台，通过情景模拟、智慧评估、辅助设计等方式加强规划科学决策。

三、推动城区—片区—社区多层次减碳空间单元的实践

不同尺度的城市空间减碳重点不尽相同，适用的减碳技术与控制指标也有所差别。明确减碳单元的边界，并与城市规划的空间层次挂钩，有利于控制单元内部的能量和物质流动，促进形成循环并减少资源浪费。笔者识别城市能源、资源流动的关键尺度，以城市整体减碳为总体目标，以中观层次的减碳为核心，以微观层次的减碳为支撑，推动城区（城市）—片区—社区（街区）三重层次的重点减碳技术集成。

（一）城区（城市）层次的重点减碳技术与规划实践

宏观层次的城区（城市）减碳是一个复杂的系统工程，依赖多维度多部门的协调运作。城区（城市）减碳宜结合行政区设置，以中小城市或大城市的一个区级行政单位为单元，衔接中小城市的总体规划，或是特大城市的分区规划。该尺度的减碳重点在于制定适应城市发展阶段的减碳目标，集成城绿融合、能源利用、低碳产业和空间结构等方面的减碳技术，提出全局性的管控策略。

现阶段中国尚未形成总体层面的低碳专项规划，部分城市提出了单位GDP能耗、本地可再生能源利用比例等零星指标，但仍缺乏系统性与完整性。《新加坡绿色计划2030》以创造更美好、更绿色的未来为总目标，重点关注绿色家园、能源重置、零废国家、韧性未来等方面，提出包括增加绿量、鼓励生物多样性以打造自然、有生机、可持续的绿色家园；促进公民参与红树林和当地物种恢复，提出应对海平面上升的解决方案；启动“冷却新加坡”计划，通过增加绿化和在建筑外墙试行使用冷漆来减缓城市热量的上升；以高回收率的循环经济为动力，大力推动废物循环等在内的具体减碳策略。除新加坡以外，哥本哈根、温哥华、伦敦等也相继推出低碳相关规划，全局性的绿色低碳规划正在引领全球城市展开新一轮竞争。

（二）片区层次的重点减碳技术与规划实践

中观片区层次处于承上启下的核心环节，是发挥规划空间治理能力的关键尺度。城市片区对应单元规划或片区规划，覆盖面积在10～30平方公里，起到向

上承接总体规划、向下传导街坊与建筑的作用。该层次下的减碳技术以各系统间和谐高效发展为原则，提出系统性的管控策略。

片区减碳多从空间形态、功能布局、道路系统等方面入手，实现城绿融合、职住平衡和紧凑发展。以青岛中德生态园为例，在11.58平方公里的范围内，规划重点从蓝绿空间结构优化、多元集约的资源循环、绿色低碳的交通体系等方面实施减碳策略。利用组团间生态廊道、社区绿道和多类型、多等级公园构建三级绿色空间体系；构建垃圾循环利用系统，减少垃圾卫生填埋比例，并预留垃圾收集管道及气压运输管道，便于生活垃圾集中收集转运至规划区外的生物质热电厂进行发电及供热；通过鼓励使用新能源公共交通车辆，提升公共交通和慢行交通出行比例，建立多层次、立体化的慢行交通系统，引导居民选择绿色低碳的出行方式。

（三）社区（街区）层次的重点减碳技术与规划实践

微观层次的社区（街区）尺度为减碳技术的运用提供空间支撑，是减碳策略建设落地的重要载体，也是构造舒适公共环境的理想单元。社区层面以单一社区或街区为边界设置，覆盖1～3平方公里，以促进减碳增汇技术落地应用为原则，提出实施性的管控策略。社区重点通过建设超低能耗居住建筑、布局便捷可达的服务体系引导更加绿色低碳的生活方式；街区则通过提升可再生能源利用水平、提升空间微环境等手段减少能耗。

社区（街区）层次的减碳重点在于外部空间环境优化、建筑形态组合和建筑技术运用。以虹桥商务区为例，在3平方公里的核心区范围内集成分布式供能系统、绿色建筑、立体绿化、绿道系统等多项减碳技术，成为我国首个三星运营标识的绿色生态城区。已投入运行的区域三联供集中供能系统每年减碳量达到2万多吨标准煤；核心区 58.1%建筑达到绿建三星设计标识，41.9%达到绿建二星设计标识；核心区屋顶绿化面积占屋面面积的 50%左右，成为商务区的“第五立面”；立体分层、便捷宜人的复合慢行交通体系成线成网与四大绿地、生态水系、“口袋公园”串起商务区绿色生态走廊。[5]

四、城市建设绿色低碳转型展望

未来10～15年，城市建设和经济发展仍有一段爬坡增长期，正是城市转换发展模式的窗口期，未来将引导城市绿色低碳建设向定量化、集成化、制度化转型突破：形成一个城市碳排放的计量核算方法，建立城市碳排放定量监测、运营、管理平台；选择一批绿色低碳新建、更新试点区，在资源、能源、交通和建筑等多领域加快技术积累与集成应用，摸索、总结、推广成功经验；探索一套政府与市场相结合的激励机制，促进绿色低碳技术应用落地。

（中国城市规划设计研究院副院长，郑德高）

【参考文献】

[1] 世界气象组织.2019年全球气候状况声明. 2020.
[2] 联合国. 城市和地方行动——城市与污染. 2021.
[3] 住房和城乡建设部城市交通基础设施监测与治理实验室，中国城市规划设计研究院等. 中国主要城市道路网密度监测报告（2020年度）. 2020.
[4] 郑德高，吴浩，林辰辉，翁婷婷. 基于碳核算的城市减碳单元构建与规划技术集成研究. 城市规划学刊，2021（04）：43-50.
[5] 上海虹桥商务区管委会，上海市建筑科学研究院有限公司. 上海虹桥商务区绿色低碳建设实践之路. 2020.

全面发挥城市设计优势，助力城市高质量发展

改革开放以来，我国经历了世界历史上规模最大、速度最快的城镇化进程，城市发展波澜壮阔，取得了举世瞩目的成就。在取得成就的同时，由于多方面原因，出现了“环境失调、空间失序、高度失控、古城失守、尺度失当、文化失魂、审美失常、风貌失色、管理失效”等各种城市建设乱象和问题，备受多方诟病。2017年，中国共产党第十九次全国代表大会首次提出“高质量发展”表述，城市发展进入提质增效的重要时期，城市建设由大规模、高速度的粗放型发展阶段进入关注城市环境品质、空间特色及追求综合效益的集约型发展阶段。

总结国外城市建设的历程和经验，可以看到，英国、德国、美国等国家都在50%～70%城市化率时期开始引入现代城市设计，作为重要的技术工具和管理方法，在改善空间品质方面取得明显效果。对我国来说，城市设计的重要作用也愈加凸显，并已成为多方共识。2015年12月，时隔37年后中央城市工作会议再次召开。会议中提出“要加强对城市的空间立体性、平面协调性、风貌整体性、文脉延续性等方面的规划和管控，留住城市特有的地域环境、文化特色、建筑风格等‘基因’”，进而提出要“全面开展城市设计”。在2016年2月中共中央、国务院发布的《关于进一步加强城市规划建设管理工作的若干意见》中提出“城市设计是落实城市规划、指导建筑设计、塑造城市特色风貌的有效手段。鼓励开展城市设计工作，通过城市设计，从整体平面和立体空间上统筹城市建筑布局，协调城市景观风貌，体现城市地域特征、民族特色和时代风貌”。在2021年“十四五”规划中继续明确要求“推行城市设计和风貌管控”。

在此背景下，住房和城乡建设部对开展城市设计工作做出了具体部署，2017年3月，制定出台《城市设计管理办法》；2017年3月和7月，分两批将57个城市列为城市设计试点城市，因地制宜开展城市设计，为全面开展城市设计工作积累经验。经过两年多的试点工作，在管理组织、制度建设、组织编制、实施应

用、新技术运用等方面进行了初步探索，取得了一定成效。

当前背景下，城市更新、历史文化保护传承等工作成为重要城市建设议题。在新时期高质量发展的要求下，城市设计需要在之前工作的基础上，及时适应形势、明确自身优势、持续开展工作，并深入探索技术方法、创新管理制度、推动实施建设等内容。全面发挥城市设计多维度的独特优势，进而切实助力城市高质量发展，具有重要意义。

一、发挥城市设计的多维度优势

（一）发挥城市设计的技术方法优势

与传统城市规划及相关领域学科专业相比，城市设计具有独特的技术方法优势。城市设计的工作对象既包括宏观层面的山水格局、空间形态、结构肌理、系统设施等，也涉及中微观层面的街道广场、公园小品、建筑风貌、街道家具、广告标识等。城市设计的工作内容包括明确设计前提、延续发展脉络、完善空间结构、组织公共空间、塑造城市景观、控制建筑形体、提倡永续发展、建议实施措施等。从工作对象和工作内容来看，城市设计与传统城市规划有着明显不同的侧重点，城市规划更加关注“用地布局、二维平面、抽象需求、指标控制”等，而城市设计更加关注“空间组织、三维空间、具体体验、形态塑造”等。

城市设计的技术方法在传统美学设计范畴的基础上，与现代城市规划、社会科学、人文学科、心理学、行为科学密切相关，强调地方性、场所感和人文精神，从多角度探索解决城市问题的设计途径。另外，随着城市建设日益放缓，城市建成环境及其存量空间更新日渐成为关注重点，而这些工作内容正是城市设计的研究重点。因而，城市设计的技术方法和工作思路应广泛应用于城市规划的各个阶段，方能实现“对城市的空间立体性、平面协调性、风貌整体性、文脉延续性等方面的规划和管控”。《城市设计管理办法》明确要求“城市设计是落实城市规划，指导建筑设计、塑造城市特色风貌的有效手段，贯穿于城市规划建设管理全过程”。

（二）发挥城市设计的管控干预优势

现代城市设计不再只是关注城市形态的技术工具，更具有参与管理的管控干预优势，并使城市设计成为在多个维度和领域发挥管控作用的技术工具及公共政策。城镇化上半场以二维空间规划管控三维空间建设的传统模式，更关注空间环境的“功能合理性”，侧重功能关系和开发强度。随着城镇化进入下半场，需要引入城市设计作为管理工具，关注空间环境的“形态和谐性”，侧重空间形态和风貌建设，充分发挥其公共政策属性，参与规划建设管理全过程。

《城市设计管理办法》已经在管理体制中给予城市设计以法定管控地位，明确了在城市建设审批管理各个环节加入城市设计的管控内容要求，构建规划—设计—建设全过程、多层次的城市设计管控机制。在各地的试点实践工作中，城市设计纳入用地开发许可和城市设计审查是较为常见的方式，较好地发挥了城市设计的管控作用。

（三）发挥城市设计的实施协调优势

城市设计不是“百事通”，但可将百事通起来。城市设计是“对城市形态和空间环境所作的整体构思和安排”，是城市规划、建筑设计、景观设计等多专业的交叉综合学科，需要经济学、生态学、心理学、行为学等学科的综合性运用。城市设计的这种综合和跨界特点，使城市设计可以从不同层次、不同视角全方位协调城市建设中的各种复杂问题，推动城市空间品质的逐步改善。

作为综合性较强的专业，以城市设计为核心，可以建立融合建筑、景观、规划、市政等多专业的工作平台。尤其对于重大建设项目，牵涉多个专业和工种，但是缺少综合实施和协调。城市设计可以很好地起到工作平台的作用。如在天津文化中心的规划设计工作中，成立城市设计小组，通过对建筑尺度、退线、风格、色彩、材质进行控制引导，对建筑设计过程进行动态把控，实现建筑群“和而不同”的整体性风格特色。在北川抗震纪念园的设计中，城市设计从“发令装置”变为“支撑平台”，通过城市设计平台的搭建，将众多设计大师的工作统一在共同的框架中，形成浓缩集体智慧的设计作品。

综上所述，城市设计是未来新时期助力城市高质量发展的关键工具和重要方法，具有技术方法、管控干预和实施协调等多维度优势。通过近年来开展的城市设计工作，我国已经基本形成了发挥城市设计优势的工作框架和制度路径。在当前背景下，面对城市更新、历史文化保护传承等重要议题，城市设计工作需要持续开展，进一步发挥城市设计优势和作用，助力城市高质量发展。

二、全面发挥城市设计优势，助力城市高质量发展

（一）分层次编制城市设计，助力完善规划技术体系

在不同的工作尺度上，发挥城市设计的技术方法优势。按照空间层次和规模，明确城市设计编制层次，分为总体城市设计、区段城市设计、地段城市设计，并确定不同层次、不同类型城市设计的主要任务和技术内容。《关于建立国土空间规划体系并监督实施的意见》中明确提出，要“运用城市设计、乡村营造、大数据等手段，改进规划方法，提高规划编制水平”，因而，应将城市设计各层次技术内容融入国土空间规划编制体系，并增强城市更新的相关城市设计技术，加强创新技术运用，更好地发挥城市设计的技术方法优势和专业价值。

在宏观尺度，应用总体城市设计，确定城市整体的景观框架、形态格局、公共空间体系和风貌定位等。具体包括，综合考虑自然环境、历史文脉、发展愿景等，确定城市风貌定位；保护山水格局，体现城市的山、海、湖、河等自然景观特征；将城、镇、村等建设地区与山水林田湖草生命共同体进行协调统筹布局，统筹老旧城区与新城新区建筑高度、密度总体布局，合理确定城市形态格局；明确城市广场、公园等重要公共空间布局，确立公共空间体系；梳理城市特色景观要素，建立城市景观框架；划定城市设计重点地区的范围，并提出原则要求。

在中观尺度，应用区段城市设计，制定城市区段的空间秩序、尺度和环境的原则和要点。具体包括，落实总体城市设计要求，保护特色自然景观和生态环境，传承历史文脉，优化区段的空间形态、建筑布局和景观风貌，组织公共空间，提出区段建设发展的管控目标和引导要求；着力塑造特色景观，完善空间结构，深化公共空间设计，协调市政工程，提出建筑高度、体量、风格、色彩等控制要求与实施建议。

在微观尺度，应用地块城市设计，制定地块建设的空间组织、环境景观、建筑表现和市政设施等的设计导则。具体包括，落实详细规划和区段城市设计等要求，协调与相邻地块的景观风貌、建筑布局，增强空间整体性；统筹地块内的建筑、公共空间、地下空间的布局和道路交通组织，提出建筑高度、体量、风格、色彩、退线和景观、绿化、市政设施的具体管控要求或设计指引。

（二）加强城市设计管控，助力推动精细化管理

发挥城市设计的管控干预优势，完善审批与行政许可的管理机制建设。进一步结合规划建设领域深化改革的需要，明确城市设计的管控地位，切实发挥城市设计政策管理的属性和作用。结合事权明晰，建立政府主导、部门协作、专家论证、公众参与的城市设计决策和审批机制；将城市设计成果纳入规划许可，作为土地出让的前置条件，建立城市设计联动开发许可的制度路径，实现规划—建设—管理的全过程有效传导。

在此基础上，结合城市设计信息化管控，加强建立城市信息模型平台。《城市设计管理办法》已经有效地指导了各地开展相关工作，就城市设计试点工作来看，广州、济南、青岛等积极着手建立城市设计管理辅助决策系统，并在项目审批和行政许可中实践运用。未来应进一步强化建立城市信息模型平台，将城市设计要求纳入数字化管理平台，为城市重大项目审查管理提供三维化、定量化的科学分析，对重点区段和地块城市设计的建设项目进行动态监测，对城市总体景观风貌持续管控，指导实施推进，实现精细化管理。

（三）搭建建设实施平台，助力“一张蓝图干到底”

发挥城市设计实施协调优势，搭建综合多专业工作平台。当前各类建设工程不仅门类复杂，还具有空间分散、各自为战、重工程实施而轻环境品质的特征。缺乏统一高效的建设实施平台，是城市治理水平和空间品质的瓶颈所在。因而，依托城市设计，充分发挥城市设计在空间统筹、品质管控和工作协调等方面作用，搭建整合多专业实施建设的工作平台，解决专业衔接统筹问题，实现城市规划建设管理的优化提升，助力“一张蓝图干到底”。

此外，结合城市设计，参与社会治理，形成联合多方的合力。针对城市更新行动，应用城市设计，不仅可以精准找到问题，还能衔接各方、统筹利益，提出具有针对性的综合解决方案，推动城市更新和社会治理。北京等城市也探索实行了责任规划师制度，广泛运用城市设计方法，取得较好效果。因而，通过城市设计的协调作用，可以形成自上而下与自下而上的合力，实现从规划到建设的更高水平的公众参与，体现“以人民为中心”的规划理念。

三、结语

开展城市设计工作已成为新时期城市工作的重要议题之一。城市设计在提高城镇建设品质、提升城镇风貌水平及规划、建筑设计质量上的重要作用愈加凸显，并已成为多方共识。持续加强城市设计工作，全面发挥城市设计的技术方法、管控干预和实施协调等多维度优势，引领城市更新、历史文化保护传承等重点工作，从而真正利用城市设计来实现城市与建筑、城市与自然以及城市与人的相互成就，助力城市高质量发展。

（中国城市规划设计研究院原总规划师，朱子瑜）

基于“空间”与“政策”双维度，实施城市更新行动

国家“十四五”规划明确提出“实施城市更新行动”，表明城市更新已由学术概念转向国家布置实施的具体行动。我院就此开展系列调查和课题研究，认为“空间”和“政策”是两个值得深入讨论的关键维度。

一、新时期中国城市更新的相关背景

（一）“城市更新”概念界定

城市更新在国际上通常表述为Urban Regeneration，其概念内涵的最早表述可追溯到1958年8月荷兰海牙召开的城市更新第一次研究会提出的“有关城市改善的建设活动，就是城市更新”。此后，其内涵不断发展，由城市所处的发展阶段、需求理念与核心挑战共同界定，从早期单纯的“物质空间的必要改善”逐步发展为“为实现经济、社会、空间、环境等改善目标而采取的综合行动”，更新内容从物质层面逐步扩展到经济、社会等各方面，关注的空间范围从社区扩展到整个城市乃至区域，参与主体从政府主导也逐步扩展到“政府—市场—社会”等多方参与。

（二）我国城市更新演化历程

我国关于城市更新的探索同样已有数十年，早期观点以陈占祥先生的“新陈代谢”和吴良镛先生的“有机更新”为代表。陈占祥先生于1980年代将城市更新定义为城市“新陈代谢”的过程，既有推倒重来的重建，也有对历史街区的保护和旧建筑的修复。吴良镛先生于1990年代从城市保护与发展的角度，提出“有机更新”理论，主张城市建设应该按照城市内在秩序和规律，顺应城市肌理，采用适当规模、合理尺度，依据改造内容和要求，妥善处理目前和将来的关系。

国内城市更新历程大体可分为四个阶段：（1）小规模起步阶段（1990年前）：为城市化低速时期，以小规模加建、重建、加固等为主。（2）房地产主导阶段（1990—2000年）：为城市化加速时期，体现为房地产主导下的大规模城市改造。（3）政府主推阶段（2000—2010年）：为城市化快速发展时期，在政府推动下开展了许多大规模、大项目的改造建设。（4）存量倒逼阶段（2010年至今）：为城市化转型时期，主要是资源环境倒逼下的城市存量更新与弥补短板。

（三）新发展理念，倒逼传统城市开发和建设模式转型

相比增量时代高投资、高周转、高回报的城市开发建设方式，存量时代的城市更新将面临投入大、周期长、回报低等新的特征，实践探索也面临很多困境，如制度上不适应、各界意愿弱、利益难协调等。为此我们需要去思考：如何才能形成可持续的城市更新模式？如何提高地方、社会、企业各方的积极性？

二、实践探索和问题挑战：基于“空间+政策”双向维度的思考

（一）城市更新的实践探索

1.城市更新的六大空间尺度与层次

根据国际经验，城市更新一般包括国家、都市圈、城市、功能单元、社区单元和特定地区等各个层面的工作，各层面的关注重点、内容、方式方法有所不同。对照来看，我国城市更新实践多集中于城市层面（如城市双修工程、综合管廊建设、城市综合整治、海绵城市建设等），以及功能单元层面（如商业中心复兴、历史街区保护、老旧厂区改造、枢纽地区更新、滨水地区提升、旧城旧村改造等），还有特定地区层面（如历史风貌地段、城市核心地段等）。社区单元层面的更新工作近年来也开始受到关注，如完整居住社区建设、美好社区建设等。

2.城市更新中“空间”与“政策”双向维度的思考

一方面，城市更新中需要关注“空间”物质载体和实效，也需要理解“空间”都是特定“政策”物化的结果；另一方面，城市的相关“政策”，也需要针对“空间”问题去有的放矢，通过“空间”作为载体去推动“政策”落地。

不同城市面临的空间问题不同，开展城市更新的核心目的不同，最后在空间上的着力点和效果也有所差异。例如深圳更新关注挖潜，重点解决土地资源紧缺问题；广州更新关注增效，以“三旧”整治为抓手盘活低效空间；上海更新关注

提质，着力提升全球城市竞争力；苏州更新关注保护与利用，意在激活历史文化名城遗产活力；三亚更新关注“双修”，重点做好治乱增绿和补短提质；老旧小区试点城市的更新则主要发挥惠民生、拉投资、促经济的作用。

不同类型更新空间由于工作的出发点和方向不同，往往需要不同的配套政策进行支持。例如，结合棚改保障民生的需求，国家出台了《国务院关于加快棚户区改造工作的意见》；结合老旧小区改造保民生、促发展的要求，国家出台了《国务院办公厅关于全面推进城镇老旧小区改造工作的指导意见》；危改、旧改、有机更新、保护更新等，国家都会根据工作目标和重点，配套出台差异化的支撑政策。

（二）当前城市更新面临的问题挑战

近些年，各地虽结合自身需求开展了许多类型城市更新工作，但仍面临不少问题和挑战：

1.政府部门诉求

截至2020年下半年，全国已有28个省区（含直辖市）发布涉及城市更新工作的省级政策文件，内容涵盖城市更新类、老旧小区改造类、城市双修类、历史文化街区/建筑保护类、城市设计类、城市管理类、棚户区改造类等。尽管如此，各地政府普遍反映，面对城市更新巨大的市场需求和任务需求，各地自行探索的政策已不足以提供普适性的指导框架，未来亟需加强顶层设计、健全相关制度、完善标准规范、传授试点经验、加强资金保障等。

2.市场主体诉求

针对企业的调查表明，城市更新工作在推进中仍面临诸多细节难点，涉及产权厘清、用途转变、规划设计、方案报审、建设实施、资金平衡等多个环节。例如，在土地变性方面，目前出让年限未到期的土地用途转变尚无实施细则；在方案设计上，尚无专门适用更新项目的标准规范，难以满足现有日照、消防等规范要求；在资金流平衡上，由于企业在居住区内的更新收益与物权法现有规定存在冲突，老旧小区中建设的停车场、商业设施无法保证经营收益合法性等。

3.居民公众诉求

以更新项目使用权人为代表的社会公众群体集中反映的问题主要包括：需加强利益分配和资金成本统筹协调，需建立健全沟通协商机制等，以充分保障公众利益。

（三）小结：四个层次的问题瓶颈

总体而言，我国城市更新主要面临四个层次的问题与挑战，且难度依次递增。

一是城市更新的规划设计理念与工作方法问题，如何将以人为本、公众参与、有机更新等理念方法融入更新工作中。该问题可通过社区参与、共同缔造、建立沟通机制、设立社区规划师、采用微更新模式等方式解决，相对容易达成共识。

二是目前的标准规范与城市更新工作存在冲突，如日照、消防、设施配置等新区建设标准在旧区更新中不适宜。该问题还有待解决，需对相关标准规范进行优化调整或设立专门针对城市更新的标准规范。

三是我国现有政策制度与城市更新工作存在不协调、不支撑等问题。该问题较难解决，需要调整改革土地用途管制、不动产登记、审批管理、建设许可、财税政策等一系列政策，形成支持城市更新的政策制度体系。

四是法律法规问题，目前我国一些法律法规，包括《中华人民共和国土地管理法》《中华人民共和国物权法》《中华人民共和国城乡规划法》《中华人民共和国消防法》等，对城市更新所起的支撑保障作用有限，制约了城市更新工作的有序开展。该问题最难解决，需从顶层设计上对法律法规体系进行调整完善。

三、未来趋势与思考

（一）中国特色的城市更新

认识当前中国城市更新的内涵，需要结合过去的发展模式和当前时代背景去理解。一是新旧不同，即旧城与新区、存量地区和增量地区的工作理念、发展模式、实施路径、政策供给是大为不同的。二是前后不同，即现在中央提出的“城市更新”，与过去特定发展阶段基于特定目的而开展的旧改、棚改、危改、环境整治、历史保护等工作都不全相同，今天提的“城市更新”具有更加综合系统的内涵和意义。三是中外不同，尽管城镇化一定阶段后都会面临城市更新是中外城市发展普遍的规律，但因为在社会制度、文化背景等方面的差异，我们需要的是去探索一条具有中国特色的城市更新路径。

因此，中国特色城市更新的意义不仅是被动地应对城市问题，更要积极促进城市实现高品质环境、高质量发展、高水平治理，实现民生改善提升、经济健康发展、推动提质增效、激发发展活力、营造特色魅力等多元目标。

（二）中国城市更新任务落实与试点推动

未来应充分发挥中央和地方两方面的作用，中央把控目标方向，地方积极实践探索，上下互动，共同在实践中探索城市更新路径。

中央层面（中央/国务院/部委）自上而下明确价值导向、进行方向指导，根据发展的阶段特征和新时期高质量发展的要求，把握城市更新的目标、方向和推进重点，通过完善制度、出台政策、保障资金、推进试点等方式，引导各地城市更新活动。如中办、国办发布《关于在城乡建设中加强历史文化保护传承的意见》，提出“在城乡建设中系统保护、利用、传承好历史文化遗产，对延续历史文脉、推动城乡建设高质量发展、坚定文化自信、建设社会主义文化强国具有重要意义”，要求在城乡建设中进一步加强历史文化保护传承。再如住房和城乡建设部发布《关于在实施城市更新行动中防止大拆大建问题的通知》，强调了城市更新中需要贯彻正确的价值导向，对于哪些不能做、应该怎么做都提出了要求。这些文件对城市更新工作坚持正确的价值导向起到了直接的指导作用。

地方层面（省/市/县）自下而上进行因地制宜、面向实施的模式探索，构建常态化工作机制，出台地方性政策，确保财政资金和相关资源支持等。地方在应对实际问题过程中，应有更大的自主探索权，构建符合自身发展情况的解决方案。如住房和城乡建设部发布《关于开展第一批城市更新试点工作的通知》，在各地推荐基础上，经遴选决定在北京等21个城市（区）开展第一批城市更新试点工作。要求试点城市“针对我国城市发展进入城市更新重要时期所面临的突出问题和短板，因地制宜探索城市更新的工作机制、实施模式、支持政策、技术方法和管理制度，推动城市结构优化、功能完善和品质提升，形成可复制、可推广的经验做法，引导各地互学互鉴，科学有序实施城市更新行动”。

（三）“实施城市更新行动”的路径思考

具体而言，应通过政策法规、行政职能、管理工具、实施推进、组织平台等五大方面去协力“实施城市更新行动”。

1.完善政策法规体系：有法可依、有据可循

首先，要建章立制、依法治理、长效保障。在中央层面，推动专项立法，完善既有法律法规、部门规章等，筑牢法律法规基础；在地方层面，面向实施提出具体规定和实施细则。其次，要完善标准规范。除法律法规之外，还要制定覆盖各类更新活动的技术标准和规范体系。此外还要完善政策，对城市更新工作的关键难点给予支撑，包括土地利用、财税金融、组织协调、实施管理等方面。如首批城市更新试点城市烟台市，正在探索制定历史文化地区、老旧小区、危旧房屋、低效厂区等不同类型更新地区的土地、资金、财税等配套支撑政策。苏州针对老城区正在探索制定盘活存量低效用地和闲置用地、鼓励新业态新功能发展等的系列配套政策。

2.完善行政职能体系：管理机构专门化、统筹引领

按照由临时小组逐步过渡到常设机构的思路，探索设立常态化、专业化的行政管理机构。建议在各级政府设立专门的城市更新主管部门，统筹管理、协调推进城市更新工作，如有些南方沿海城市就设立了城市更新局，也有城市设立了城市人居环境局，来统筹城市更新工作。同时，机构职能设置要与城市更新管理需求相匹配，对经营型城市更新活动，政府职能要从操作主体退让为监管主体，将工作重点放到推进公益型城市更新工作上。

3.创新行政管理工具：丰富治理工具、提升治理能力

探索建立与法定空间规划体系衔接的更新规划编制体系，推动城市更新形成涵盖从全域到单元的多层级专项规划体系，在不同规划层次与空间规划进行衔接。同时立足全局监管与精简高效双重目标，将更新项目各审批环节融入总规、控规、工程审批等既有法定规划和建设项目审批中去，形成城市更新项目立项、编制、实施的全过程监管体系。

4.探索实施推进方法：推进试点、规范程序、强化监管

积极推进城市更新试点工作。在城市“双修”、城镇老旧小区改造等试点工作基础上，进一步组织开展城市更新行动试点，探索完善工作路径。同时，规范程序、强化监管。明确各类更新活动的实施程序和各阶段政府权责，针对经营型更新活动建立标准化程序，明确各主体，包括政府、操作主体、业主等的角色、分工和职责边界，使任何行为有章可循、有据可依。

5.建构组织平台机制：建立协商平台、形成伙伴关系

探索建立经济平衡、成本分摊与增值再分配等利益协调机制和协商平台。强化基础确权工作，完善产权登记，以及土地、规划、建设档案入库等工作；建立健全评估、补偿、安置等各类配套机制，形成公开透明的征收、补偿制度；

建立公众参与的规范化程序，明确参与范围、方式和影响决策的途径；完善对更新活动带来公共利益改变的调节措施，如针对土地性质变更、容积率变更、物业增值的出让金补偿和税收征缴等；建立业主、业主联盟、开发企业等的利益博弈和再分配协商机制。

四、结语

国家第一批城市更新试点工作已开始展开，为期2年。按照工作要求，在试点中需要强化组织领导，严格落实底线要求，深刻理解城市更新理念内涵，重点探索城市更新的统筹谋划机制、项目生成机制、可持续更新模式、建立配套制度政策等。通过有计划地推动一批示范项目，在试点期内取得一定的阶段性成效，并梳理总结好经验、好做法、好案例。

这里特别还要提到可持续的更新模式。新的时期，新型城镇化及城市更新将是社会经济发展最重要的动力。城市更新并不全是政府大包大揽，而应是通过社会多元主体的共同参与，共同带动社会经济健康可持续的发展。试点工作中要特别注重在政府引导下，遵循正确的价值导向，推动金融机构和市场主体参与，探索适应新时期城市转型发展要求的更新模式、投融资机制以及与之相匹配的各项政策保障，实现贯穿“规划—建设—管理—融资—运营”五位一体全过程的、可持续的城市更新。

新时期中国的城市更新必将在推动城市转型方面发挥关键积极的作用，立足提升民生、促进经济、提质增效、激发活力、传播魅力等多元目标，实现高品质环境、高质量发展、高水平治理。城市更新的推进实施，要从“空间”和“政策”两个维度去落实和保障，构建从社区、片区、城市到区域、国家等多尺度空间层级、上下贯穿一体化的城市更新新体系。通过统筹政策法规、行政职能、管理工具、实施推进、组织协调等方面，建立一套适应中国国情、具有中国特色的城市更新行动路径。

（中国城市规划设计研究院副院长，邓东）

立足儿童成长特殊需求，推进儿童友好城市建设

儿童是国家的未来，民族的希望。国家“十四五”规划对儿童友好城市建设做出重要部署，明确提出“开展100个儿童友好城市示范”的建设要求，儿童友好城市建设首次上升到国家战略的高度。国家发展改革委、住房和城乡建设部等23部门联合印发《关于推进儿童友好城市建设的指导意见》，对建设儿童友好型城市工作进行具体指导。

一、儿童成长特征与特殊需求

（一）我国儿童成长具有独特性

一是“隔代抚育”特征突出。随着我国城市化快速发展和家庭规模趋于小型化，“隔代抚养”现象成为当下多数新生代家庭的普遍选择。根据中国老龄科研中心的研究调查，我国有66.47%的老年人参与帮助子女照料孙辈。

二是室外活动强度低。受课业压力大、城市建成区绿地空间缺乏等因素影响，我国儿童的室外平均活动强度较全球平均水平偏低。根据2018年全球青少年自主体力活动评价，中国青少年体力活动总体水平、有组织的体力活动水平均未达到全球平均水平。

三是儿童独立性活动比例低。因交通安全、城市建成环境等影响，我国儿童独立性活动的比例明显偏低。根据北京城市规划关于儿童无障碍出行情况的调查，80%的12岁以上受调查儿童希望独立出行或仅有同龄人陪伴，但实际情况40%的12岁以上儿童因各种原因无法实现独立出行。

（二）儿童成长天性的基本需求

游戏冒险的需求。儿童在成长过程中对未知环境的探索可以帮他们构建大脑

中的认知结构。在对空间的使用中，儿童总是喜欢隐蔽的、不规则的、与众不同的空间体验。

渴望自然的需求。大自然的环境较城市更加丰富多彩、充满吸引力，由于儿童的认知相较于成年人存在较大的局限性，难以从人为的构筑物中获取更多深层次的信息，因而与成年人相比，儿童需要更多体验自然的机会。

模仿学习的需求。模仿是儿童提高自身能力的主要渠道，生活的环境总是可以潜移默化地影响儿童的行为，儿童也乐于去模仿生活中的人或事，因此在进行儿童活动空间设计时，需要注意空间元素对儿童的影响。

社会交往的需求。人是社会性的动物，儿童也更愿意与自己年龄相仿的人玩耍，在与人交往中儿童能更好地建立自我定位，形成更为完整的世界观，为日后成长提供更多帮助。

二、儿童友好空间建设的四大原则

许多国际组织和城市，针对建设儿童友好的城市，进行了有益的理论研究和实践探索。如联合国儿童基金会在《构建儿童友好型城市和社区手册》提出了“儿童影响决策、儿童受到保护、拥有玩耍空间、避免遭受污染”等原则；英国出台《儿童和城市规划》，认为应该满足“欢迎性、当地的、引人入胜的、可持续性的、绿色的、包容的、信赖的”。我国深圳、长沙、北京、上海等也先后提出建设儿童友好城市的构想，开展了丰富多样的实践。儿童友好空间应体现“儿童优先、多元趣味、安全环保、舒适便捷”四大基本原则：

儿童优先：坚持公共资源优先配置，公共服务优先保障，扩大面向儿童的公共服务供给，让适龄儿童享有公平、便利、安全的服务，满足儿童感知文化和欣赏艺术的空间需求。

多元有趣：应满足儿童的好奇、探索和审美心理需求，根据不同年龄段儿童的活动需求，设计与布局不同规模、不同主题的学习、活动与交流空间，让儿童在丰富、趣味、美育的环境中成长。

安全环保：在充分考虑儿童安全性需求的基础上，场所设施及家具选材应安全、环保、耐用、卫生，为儿童提供一个安全、放心的成长环境。

舒适便捷：各级各类场所的设施空间及建设要素各有差异，在实际建设中应根据儿童年龄段、人体尺度等个性特征推进儿童友好化建设与改造。

三、我国在儿童友好城市建设中的不足

一是规划建设滞后，儿童服务落实情况不佳。有些城市虽有规划，但建设落实慢，政府推进不力、存量更新乏力，规划的基础教育设施、公共服务设施建设完成率低；有些城市虽有建设标准，但实施过程中“打折扣”，如中小学均存在活动场地不达标、室外公共活动空间不足等问题。

二是标准引导不足，儿童需求考虑不充分。现有标准对儿童考虑仍不够充分，如缺乏对城市公园、图书馆等设施中儿童活动专区的配置要求，缺乏对儿童公园、儿童图书馆等专类设施的考虑等。

三是设施品质不高，儿童全方位成长需求难满足。在公共服务设施方面，城市博物馆、图书馆、科技馆内的儿童互动设施普遍缺乏趣味性；公共空间方面，城市公园和街角绿地中的儿童游憩设施往往呈现标准化、塑料化特征，缺乏主题特色，自然要素缺失；出行环境方面，街区建设以机动车为导向，慢行考虑不足，缺少儿童专属通道，儿童出行存在安全隐患。

四、推进我国儿童友好城市建设的行动建议

（一）规划有统领

在区域层面，重点关注如何引导儿童在生态空间中的活动，通过植入适于儿童的自然教育、野营等功能提升生态空间的儿童友好度。

在城市层面，应编制关于儿童友好的专项规划，落实城市级服务设施用地，落实公园绿地、广场和体育场地的空间布局，形成慢型和绿色儿童友好街道，保障儿童各类活动和交往空间，锚固儿童友好的城市空间风貌与环境品质，为儿童提供有童趣、高品质的城市环境；建立儿童友好目标的实施传导机制，有效保障总体目标的落实。

街区、居住社区层面，应设立混合型社区儿童中心，形成15分钟儿童生活圈，以居民步行可达的范围为基础，综合考虑儿童步行能力，以及幼儿园、便民服务等设施的合理运行规模；道路交通方面，合理划定道路红线及道路断面，保障儿童安全出行，提升儿童独立出行比率；开放空间方面，明确街角口袋公园布局，为儿童提供更多安全、便利的户外活动场地。

（二）建设有指引

儿童友好城市的建设还需针对儿童常用的建筑场所、居住社区、道路街巷、公园广场进行专项提升和行动推广，启动不同领域的重点示范行动，为儿童修养身心、接触自然、快乐玩耍、安全出行提供必要的空间和配置保障，促进儿童全方位成长，实现儿童友好城市的建设目标。在纵向上应重点从建筑空间、户外空间、硬件要求三个分项，结合儿童友好的需求，来对具体的建设要素提出建设指引。建筑空间包含对场所选址、空间布局、家具与设施、标识系统、楼梯与护栏、电梯、卫生间、墙体、铺装、照明设施等建设指引；户外空间包括对场所选址、户外活动场地、景观小品、户外家具、围墙、铺装、植物配置、照明设施等建设要素；以及安全材质、色彩选择、智慧系统等硬件要求。

（三）实施有抓手

建设“儿童友好城市”应强调“由细微及整体，由身边向周边”，应结合城市更新，在完整居住社区建设实践中推动各类儿童友好型社区建设，完善各类儿童服务设施、公共交通空间和公共活动空间的配置和建设。如可以利用大型园博园等设施，更新改造为适合儿童活动的综合性儿童友好社区，使孩子们的校外培训可以从“楼内”走向“户外”，为儿童提供适宜的、友好的城市空间。

1.建筑场所

开展城市“阅芽”行动：在公共图书馆设置少年儿童阅览区域，建议在地级市及以上等级城市单独设立少年儿童图书馆。

开展科技人文场所“交互提升”行动：建议城市博物馆、美术馆、科技馆等科技人文场所的展陈从以“物”为中心到以“人”为中心转变，增加动态的展示手法、多元的解说方式、不同尺度的展台高度，以及身临其境的体验方式。

推进“母婴室、儿童厕位”行动：加快在建筑面积超过10000平方米或者日人流量超过10000人的公共场所建设母婴室、儿童厕位以及儿童洗手池，重点包括医疗机构、火车站、长途汽车站、机场等公共交通运输场所；图书馆、博物馆等公共文体服务场所；政务、便民服务中心等公共服务机构；公园、景区等旅游休闲场所；商业经营场所。

2.居住社区

开展“托育”行动：建议增加0～3岁婴幼儿照护设施，加快推进托儿所建设；结合生活圈增加婴幼儿照护服务设施的建筑面积，将“婴幼儿照护服务设施/青少年服务设施”纳入5分钟生活圈，推荐建筑面积200～400平方米。

落实“社区球场”行动：参照《城市居住区规划设计标准》，落实15分钟生活圈的大型多功能运动场地、10分钟生活圈的中型多功能运动场地、5分钟生活圈的小型多功能运动（球类）场地。

社区“美育微空间”营造行动：建议社区增加童趣涂鸦墙、朗读亭、艺术小舞台、奇思妙想画廊等儿童美育微空间，让儿童在美的环境中成长，形成健全的人生态度和价值观。

3.道路街巷

开展“彩虹学径”行动：依托学径串联学校、课后学堂、文化活动室、幼儿园、共享图书馆、社区等儿童主要的活动场所，通过步行环廊体系，打造安全畅行的上学与归家路线。落实“小街区、密路网”建设要求，社区支路间距宜为150～200米，学径人行道宽度不小于2.5米，保障儿童能够更便利地到达各类活动场地及儿童服务设施。

全域推广“宜小街区”试点行动：综合考虑学校布局集中度、街区尺度等因素，打造一批宜养、宜行、宜学、宜游的“宜小街区”。围绕老人、婴幼儿日常生活轨迹，集中布局关爱设施，推动代际融合；施行全域交通稳静化措施，构建儿童友好出行的慢行网络；完善儿童教育、文化、体育等设施，助力儿童全面成长；关注“U型”街道空间，增设儿童活动场地，为儿童提供更舒适、更有趣的场所体验。

4.公园广场

打造“游戏角落”行动：结合现有社区街头广场、绿地进行改造，采用松动、绿色的材料，增设适儿化的游玩设施区，提升现有游憩设施品质。同时根据儿童看护特征，结合绿植或亲水空间增加陪护空间和看护者休憩设施，优化场地环境，保障儿童游戏场所的安全性。

推进郊野公园“自然营地”行动：结合科普教育、自然体验等配置多主题基地设施，鼓励建设自然露营地、野外树屋等多功能活动驿站，提供适应各年龄段的非硬质化、主题化步行路径和冒险探索空间，重建儿童与大自然的亲密关系。

打造城市公园“多彩乐园”行动：保障城市公园中儿童游戏场地比例不小于10%，均衡布局各年龄段儿童游戏功能分区和交往场地，结合公园特色及当地自然景观增加不同主题的游憩设施，为儿童创造多样的游戏体验。

（四）机制有保障

为进一步推广儿童友好城市建设，建议针对不同尺度空间形成一套完善的儿童友好城市评估认定标准，从城市、城区、街区、社区、建筑等不同空间层级提出相应认定方案，近期可率先推出一批具有示范效应的城市、城区、街区等，以起到示范带动效应。

儿童友好城市建设是一项涵盖实施、评估、运营、监督等不同环节的长期性工作，本质上是一项以儿童为中心的城市治理工程，离不开各方的监督与参与。通过加强儿童友好城市建设的实施评估与监管，定期监督检查、评估城市建设中各类儿童友好设施和场所等落实情况，才能确保儿童友好城市建设落到实处。

结合我国的治理体制，建议形成一套地方政府牵头，多元主体共同建设参与的治理体系。除政府部门外，企事业单位、学校、社区、媒体等也应在其中发挥相应作用，一方面能引入社会资本，提升儿童友好城市建设的全面性和积极性，另一方面也能提升儿童友好城市的监督保障力度，以确保儿童友好城市以儿童为中心开展。

五、总结

儿童作为数量庞大的特殊群体，也是城市生活中的弱势群体，让孩子们成长得更好，是全社会的心愿。未来儿童友好空间的建设需要体现儿童优先、多元趣味、安全环保、舒适便捷四大原则，构建从规划—建设—实施—评价的完整体系，引导全社会共同参与，形成上下联动、有示范、可推广的多元建设模式，最终实现儿童友好，让儿童在城市中得到永续发展。

（中国城市规划设计研究院总规划师，张菁）

汇聚实践和科研智慧，把脉转型发展新动向

立足丰富多样的规划和研究案例，置身地方发展和实践一线，亲身感受和聆听新时代的强烈韵律，避免沉浸在“象牙塔”里纸上谈兵，是“中规智库”安身立命之本，永葆青春活力之魂。中国城市规划设计研究院总工团队，通过联合调研、项目组织、质量审查、技术商榷、指南编制等多种方式，并结合自己长期关注和研究的重点领域，对热点提出看法，对技术探索提出要求。

一、有关建设国家高端智库的几点思考

借鉴高水平智库建设的经验，总结一年来中规智库建设的体会，笔者对智库的建设形成了三点认识：首先，智库应搭建一个高端对话和人才培养的平台，积极构建有利于智库成果产出的激励体系，在这里，院内和院外科研资源可以得到有效统筹，青年科技人才得以发现和培养，推动形成“小平台、大网络，跨学科、促创新”的智库人才队伍建设和激励机制。其次，围绕国家和规划行业的中心工作超前布局并开展持续性研究，着力提升智库研究的战略性、前瞻性和引领性。第三，积极行使智库话语权，着力提升智库研究成果的贡献和影响，一方面，服务国家大局、服务中央决策、积极咨政建言；另一方面，及时向社会公众提供准确、高质量的专业信息。

我认为，在中国城镇化已经进入下半场、城市转型发展的紧迫性越来越强的背景下，城市规划行业要依靠在处理空间秩序、优化空间资源配置长期积累的能力和经验，围绕行业热点难点，为国家科学决策发挥更大的作用。如中国2021年全年人口净增长只有48万人，在人口已逼近峰值面临下降趋势下，空间资源如何调整来适应人口总量、结构和布局的深刻变化；我国人均GDP还只有发达国家的1/4，距离高收入国家还有漫长的道路去追赶，如何更好地利用城市来激

发创新的活力，盘活闲置低效的园区，需要全行业群策群力来开展研究；我国既有的城市规划技术标准、工程规范，如何更好地修改完善，才能让城市更好地应对极端气候不断增多的挑战；城市普遍开展的体检和评估工作，让我们对城市运行机理和存在短板有了更加清晰的认知，也使我们有能力立足城市发展规律，用更低的成本来建设更加宜居的城市。

（中国城市规划设计研究院副总规划师，彭小雷）

二、准确把握绿色发展的内涵与要求

绿色发展的核心是实现“人与自然的和谐共存”，路径是在“生态低冲击、资源低消耗、环境低影响、安全低风险”的前提下，实现社会经济可持续发展。其内涵要比“低碳”丰富，“低碳”只是实现绿色发展的重要途径之一。

城市实现“绿色低碳”发展应兼顾宏观、定性的战略谋划和微观、定量的战术方案。目前“碳排放”的定量统计和部类切分还缺乏统一、权威的数据和标准，对决策发挥的作用仍限于总体性、方向性判断。当前各地方兴未艾的“零碳城市”“零碳街区”“零碳建筑”等各层次的试点，还存在各自为战、缺乏整体统筹的情况。

绿色发展需要协调好三对关系：一是要协调绿色低碳路径与现代化目标的关系。尤其是不能以降低生活质量为代价实现“双碳”目标；二是协调消费端降碳与供给侧降碳的关系。所有碳排放活动最终都指向人民生活，要从消费端倒逼供给侧，城乡建设领域是消费端降碳的主战场。三是要协调普遍原则规律与因地制宜策略的关系。“绿色”的本质是主体对不断变化的环境的适应，因此没有统一标准和通用技术方案。但绿色发展应尊重一般原则规律，包括“四因”制宜、自然做功、协同互促、包容和谐、高效循环、韧性健康等。

城乡建设绿色发展需要坚持系统观念，实现全域、全要素、全周期、全手段的绿色低碳。一是在规划/设计阶段，应关注优化空间格局、控制合理规模与强度、促进产城融合与职住平衡、预留未来发展弹性等；二是在建设/更新阶段，应在建材生产运输和建设施工环节降碳，提高使用寿命以降低年度均摊碳排放，避免大拆大建以降低更新过程碳排放；三是在管理/运营阶段，要从能源、交通、水系统、废弃物处理、建筑、生态园林绿化及其他主动碳汇技术等领域分别推进绿色低碳技术和管理创新。

（中国城市规划设计研究院副总规划师，董珂）

三、高品质发展与城市安全韧性

近年来，极端气候灾害频发，且显常态化趋势，城市在自然灾害面前越来越脆弱，这让我们不得不重新思考城市韧性的规划作用和城市更新改造过程的韧性提升。

降低城市运行日常发生的高频次小危事件损失，逐步达到城市基础设施的设防标准是城市安全建设的目标，而对于极端自然灾害导致的不确定后果，不能用工程措施或人为强干预手段解决，顺应自然、依靠自然、模拟自然，利用生态环境的吸收、缓冲能力提升城市抵抗、恢复、适应能力，最大限度减少灾害损失，是韧性城市规划建设的必由之路。

用地规划前期，多专业的工程师、规划师、经济师在一起联合工作，在城市建设之初，对可预知的风险进行前置性预防是城市韧性提升的最好方法。充分预留城市内外的自然空间，将其按照自然生境发展规律结合成网，形成内外稳定、平灾结合、平灾转换的整体防灾避险空间，这既是城市高品质发展的绿色生态空间，也是新建城市应对极端风险的弹性发展空间。

在城镇化率已经达64.7%的现实中国，我们更多面对的是已建城市或老旧小区的更新改造和品质提升，其安全韧性水平的提高，最重要的是进行相关专业的安全风险定量评估，找到问题的瓶颈和短板，针对关键问题提出经过技术、经济比选的解决方案，同时注意将既有空间和冗余空间通过技术改造，形成系统的抗灾体系，以发挥防灾设施的整体效用。

随着卫星遥感、大数据和数字孪生等技术的发展应用，未来的城市规划将通过科技手段强化城市风险灾害感知评估、动态仿真、模拟分析与智能推演等支撑能力，让城市空间格局、资源配置、基础设施保障等更优、更韧、更可持续，全面提升城市安全韧性能力。

（中国城市规划设计研究院副总规划师，孔彦鸿）

四、国土空间规划编制工作再认识

2019年，《自然资源部关于全面开展国土空间规划工作的通知》下发，两年多的规划编制工作依然存在一些“认识性”的问题需要逐步加深理解。

第一，要从国家治理角度理解规划编制工作。新时期国土空间规划是实施国家战略、促进国家治理体系和治理能力现代化的重要政策工具。与以往城乡规划相比，目前的编制工作是在技术体系尚不健全的条件下开展。因此，编制工作不仅是完成某个规划项目，而是奠定国土空间规划体系构建的基础，不仅是“编规划”，更应是“建体系”。要从提升国土空间治理能力的角度认识编制工作，不应局限于技术工作的范畴。

第二，要强化技术思维与行政思维相融合。原有城乡规划的工作思路是基于学科原理与客观规律，规划成果侧重“技术合理”；原有土地利用规划则是严格按照自上而下程序开展，侧重约束性量化指标的分解落实和层层传递，工作思路是强调国家意志的体现，行政逻辑是规划体系的内核，规划成果侧重“行政有效”。新的国土空间规划既要体现自上而下的“战略引领”与“刚性管控”，体现出高度秩序化、规范化；同时还要坚持问题导向，尊重区域与城乡发展规律，在深入分析的基础上，制定切实可行的规划措施、解决具体问题。“技术合理”与“行政有效”高度统一。

第三，要认清“前提”和“底线”。“三线”大多被视为“底线”。但是，我国幅员辽阔、差异性大，在很多地区与城市，“底线”往往更是“前提”。把握好其真实内涵，才能落实好生态文明建设的具体要求。比如，青海省“生态红线”、东北地区黑土地“永久基本农田”，不仅是底线，更应是前提。

第四，发挥城乡规划学科技术特长。国土空间规划是重构性全域全要素的规划，编制工作涉及的管理部门、专业领域前所未有，规划统筹协调意义重大。应该充分发挥城乡规划专业的系统思维和整合能力，实现真正的多规合一。

（中国城市规划设计研究院副总规划师，朱波）

五、关于“城市设计基本功”的思考

建立一套“学习—积累—取舍—释放”的动态学习方法：学习是指认识设计工作和工作的对象——人、社会及其空间；取舍是指集中精力和修炼设计工作的经验、标准和价值立场；积累是指拥有永续的、不断新增的、完善的知识体系和眼界；释放是指在拥有“基本功”的前提下进行有效的设计工作。运用上述方法，讨论中国城市设计中相对重要的一些问题。

如何认识和理解中国的“城市设计”？总体规划阶段的城市设计，是把城市设计作为研究空间形态、研究人及其社会活动、研究法定规划内容的重要手段，无法面面俱到，深入是方法，浅出是结果。在详细规划阶段或中微观层面的城市设计是为了形成一个稳定、包容的城市空间结构和建设秩序，建筑是丰富这个结构的个性和活跃的元素，城市设计既要面对城市具有不确定需求的“弹簧”，也要有与建筑个性的“傲骨”并存、协商博弈的特性。城市设计显现见招拆招的设计应对策略，“规定动作”与“自选动作”相结合，触碰的可能是对城市战略深度思考的话题。

用什么态度去进行“城市设计”？进行城市设计工作时需要持有三种基本态度：首先是对自然环境和人为空间的态度，这是对人们赖以生存空间价值的认知态度；其次对不同人群的社会态度，城市设计是通过对物质场所的设计来体现社会价值的；再就是城市设计还要集合现有人类文明的成就，既要集成现有人类，丰富和锚固城市设计面向未来的价值体系，也要因地制宜、实事求是地改良，营造人类新的生存和发展的环境。

“城市设计”设计什么？设计的对象包含空间形态、场所、生活方式、公共空间系统、建筑组合、社会资源组合机制、支持系统……从硬件到软件涉及面非常宽。设计物质空间的目的就是为了塑造这个地方有别于其他城市和与过去不同的特征，同时又能够让这个地方未来的社会活动和文明标准得以改变。

“城市设计”要有哪些“基本功”？“基本功”既是一个社会观念的认识问题，也是一个设计技术的修养话题。城市设计需要八个基本功，分别为社会责任与价值观、理论与技术手段、学习与积累、美学与社会心理、“新”与“前瞻”、场所与尺度、合作与组织、伴随设计和批评与自我批评。

（中国城市规划设计研究院副总规划师，朱荣远）

六、科学确定城乡历史文化保护传承体系

城乡历史文化保护传承体系如何做到分类科学、保护有力、管理有效？我认为，省、市层面的城乡历史文化保护传承体系应当包括价值展示体系、空间传承体系、保护传承方法体系三个方面。一是价值展示体系。建立与价值对应的、全市（省）域、应保尽保的价值展示体系。价值展示体系应当突出重点，兼顾全面。既要突出展示中华文明中的价值，讲好中国故事，又要展示城市自己的历史文化，反映百姓生活的乡愁文化。二是空间传承体系。跨区域突出河流流域、运

河、驿道等文化线路和文化集中区串连起来的空间体系，作为历史文化保护传承空间，并纳入各级国土空间规划当中，协调历史文化保护与基本农田、生态绿地、城市开发等“三线”之间的关系。黄河、长江、大运河等流域是中华文明的发祥地和集中展示地，已经确定为国家文化公园。汾河、沁河、赣江、湘江、西江等流域建议作为省级文化公园，划定历史文化保护传承集中区。三是保护传承方法体系。在历史城区，建立文物古迹（包括文物保护单位和历史建筑）、历史文化街区（包括历史地段）、历史城区三个层次的保护传承方法体系。文物古迹保护“原物”，历史文化街区保护“原貌”，历史城区延续“风貌”。要把城市更新与历史保护相结合，不同的区域采取不同的保护与更新方法。对于历史文化街区，采取文化保护引导的城市更新；对于历史城区，采取城市设计引导的城市更新。

（中国城市规划设计研究院副总规划师，张广汉）

七、关于城市绿色交通进展

依据可持续发展和气候变化的国际议程和公约，不少国家和城市都提出了绿色交通发展的目标与策略。如伦敦市市长交通战略草案提出到2041年，步行、自行车和乘坐公共交通工具出行比例达到80%，并努力确保整个伦敦的交通系统到2050年实现零排放。

《城市综合交通体系规划标准》要求我国城市不论大小，均需要实施以绿色交通优先的需求管理政策与行动，保障城市绿色交通的分担达到75%以上，以达到缓解交通拥堵，降低城市交通排放、提升城市交通效率的目的。雄安新区以及北京、上海、广州、深圳等特大城市的综合交通发展规划中提出到2035年城市绿色交通分担达到80%，甚至90%的水平。

绿色交通发展作为一种发展理念，把交通活动产生的源头到交通运输全过程都纳入绿色交通的发展中。在源头的用地布局上，通过城市生产、生活空间布局优化，如城市职住布局优化，形成多中心空间布局、分区进行职住优化，降低城市的通勤出行距离和高峰期出行总量；通过健康活力街道建设和生活圈的完善，城市居民的生活出行需求在步行与自行车活动范围内得以满足；通过围绕公共交通系统的TOD发展模式，促进公共交通使用便利，提升城市公共交通出行比例等。

在交通运输过程中，通过绿色交通方式优先、清洁能源推广和交通智能化等促进绿色交通方式的使用。在绿色交通方式优先上，建设不依赖小汽车城市的示范效应不断扩大。国外许多城市通过建立低排放或零排放区，鼓励绿色交通方式，国内通过“无车日”活动倡导城市生活方式的转变。公共交通优先也已经成为我国城市交通发展的国策，大城市把公共交通作为城市交通系统的骨干，通过公交都市示范、轨道交通建设、路面公交路权保障和便利衔接，提升公共交通的竞争力，大城市公共交通出行比例逐步提升；步行与自行车作为最绿色的出行方式，近年来得到国家和各城市的高度重视，结合绿道发展和交通运行空间改善，步行与自行车在城市交通中发挥的作用越来越大。在清洁能源的使用上，通过停车、使用、拥有方面的鼓励政策，我国已成为电动车的大国，特别在交通资源紧张的大城市更是如此，电动交通工具的广泛使用，在保障城市交通机动性的同时，大幅降低了城市交通领域碳和污染物排放。

同时，信息技术的发展不仅提升了绿色交通方式的服务水平，还创造出许多新型的绿色出行方式。

（中国城市规划设计研究院副总规划师，孔令斌）

八、生物多样性保护进程及规划应对

中国生态文明建设取得了显著成效。2021年云南大象的北上及返回之旅，向世界展示了中国保护野生动物的成果。然而，在全球变暖、极端气候频发、人类开发建设活动剧烈的当下，生物多样性保护的形势不容乐观。

2020年9月30日，习近平总书记在联合国生物多样性峰会上指出“当前全球物种灭绝速度不断加快，生物多样性丧失和生态系统退化对人类生存和发展构成重大风险”。国家“十四五”规划明确提出“实施生物多样性保护重大工程，构筑生物多样性保护网络，加强国家重点保护和珍稀濒危野生动植物及其栖息地的保护修复，加强外来物种管控”，中办和国办也印发《关于进一步加强生物多样性保护的意见》，要求“形成统一有序的全国生物多样性保护空间格局”。为加强生物多样性保护，中国设立三江源、大熊猫、东北虎豹、海南热带雨林、武夷山等第一批国家公园，正加快构建以国家公园为主体的自然保护地体系。

生物多样性保护，尤其是生态系统多样性的保护与空间规划密切相关。目前试行的省级和市级的国土空间规划指南，均对构建重要生态屏障、廊道和网络，为珍稀动植物保留栖息地和迁徙廊道，维护生态安全和生物多样性提出要求。中规院总工室也及时研究和发布了《生物多样性保护技术指引（国土空间总体规划层次）（试行）》，要求明确保护物种、保护区域，分析保护中存在的主要问题，并就完善生态网络空间布局、确定生态廊道布局及其宽度、提高生物生境斑块质量、增加野生动物踏脚石密度等多方面提出了指引与要求。

中规院在众多的空间规划、湿地研究、城市设计等规划实践中，通过加强生物多样性研究，因地制宜提出了规划对策，有效地协调了人与动物、人与自然的矛盾，为各地高质量发展、“构建人与自然和谐共生的地球家园”做出了努力。如同保护文保单位不能仅仅保护文物本身、还要保护其周边环境一样，生物多样性保护中最重要的是保护其“多样性”，以提高生物生存机会和生态系统服务的能力。

（中国城市规划设计研究院副总规划师，靳东晓）

九、疫情期间的旅游发展与规划对策

虽然这几年旅游行业深受新冠肺炎疫情影响，但也要看到其在消费形式与结构上的积极变化：一是以城市街区、建筑等为游览对象，以漫步、休闲等为主要方式，开展探访式城市文化旅游体验活动；二是乡村田园以其丰富的自然生态资源成为最受游客喜欢的周边游目的地；三是随着文化和旅游融合的场景化，旅游已经成为人们感受文化之美、增强文化自信的常态化生活方式；四是新冠肺炎疫情驱动康养旅游向“大健康”及“大养生”进行融合；五是科技应用提升旅游体验。

未来文旅规划应关注以下重点：一是顺应城乡居民旅游升级变化新趋势，构建自然和文化并重的国土魅力空间体系，成为彰显美丽中国、传承东方文化、承载幸福产业的核心载体；二是“居游共享”，鼓励发展城市宜游空间。结合公园城市建设和城市更新行动，加强历史文化街区、创意产业园区等城市文化空间的创新创意利用，城市广场、公园绿地等公共开放空间的休闲体验功能，提升城市旅游功能；三是结合乡村振兴，发展乡村旅游。推出文化内涵丰富、产品特色鲜明、配套设施完善、环境美好宜居、风俗淳朴文明的乡村旅游重点村镇，培育乡村旅游集聚区。开发休闲农业和乡村旅游精品线路；四是突出文化特色，促进文旅融合发展。依托文化遗产资源培育文化旅游产品。建设国家级和省级的文化公园，打造考古遗址公园等文旅融合项目。通过梳理地方文脉，形成独具文化特色的旅游精品；五是因应消费需求变化，更新旅游供给。大力发展康体养生、红色研学、运动休闲等产品，不断培育新型文化旅游业态，不断开发新类型文化旅游地；六是突出科技应用，发展智慧旅游。深化“互联网+旅游”，加快推进以数字化、网络化、智能化为特征的智慧旅游发展。提升完善旅游信息基础设施，打造智慧旅游目的地。推进“智慧旅游”城市建设，实施智慧旅游景区工程。

（中国城市规划设计研究院副总规划师，詹雪红）

十、绿色转型下的成都公园城市建设

成都市以公园城市示范区建设为统领，完整、准确、全面贯彻新发展理念，在生态保护建设、生态价值转化、新旧动能转换、城市有机更新等诸多领域进行了全方位探索，取得了生态环境大幅改善、公共服务稳步提升、社会治理全面创新、经济社会持续增长等诸多成效，城市综合竞争力和区域带动力进一步提升，已初步形成了城镇化下半场绿色转型发展的示范效应。一是夯实生态本底，构建人与自然和谐共生的城市格局。优化城市格局，共筑长江上游生态屏障，协同构建成渝地区生态网络。加强龙门山和精华灌区生态系统保护，开展岷江和沱江水系生态修复，推进龙泉山城市绿心建设，实现从“两山夹一城”到“一山连两翼”的城市格局优化。二是践行两山理论、探索生态价值转化的绿色发展范式。在推进自然保护地优化整合、加强生物多样性保护的同时，推广大熊猫品牌文化，营造多元休闲旅游业态。从“城市中建公园”转向“公园中建城市”，打造“可进入、可参与、景区化、景观化”的全域公园体系和天府绿道体系，激活沿线资源，带动均衡发展。三是创新场景营城新模式，激发经济发展新动能。突破传统的扩张式发展模式，通过城市与公园融合布局，促进城市空间格局与新经济新动能的耦合。从“空间建造”转向“场景营造”，结合城市更新、公园社区与街区建设、产业生态圈构建、乡村新经济发展，创造了高品质城市生活和消费体验，吸引创新人群聚集，促进新经济、新消费、新业态蓬勃发展。四是传承地域文化，推动以人民为中心的城市有机更新。加强历史文化保护传承，构建天府锦城“八街九坊十景”保护展示体系，延续千年城市烟火记忆。积极探索公园城市建设与城市有机更新相结合的更新路径，落实“幸福美好生活十大工程”，全面改造老旧小区，探索“公园”与“社区”无界融合的公园社区营造路径，完善生活服务配套和消费业态，提升社区治理和服务水平，增强人民群众的幸福感与获得感。

（中国城市规划设计研究院副总工程师，王忠杰）

十一、转型思维下的乡村振兴

我国当前的乡村振兴，是立足于国外新形势、国内新城乡关系、新产业格局视角下的乡村振兴，是在经济新常态下重新思考城乡关系，从产业转型发展、建立文化自信、提升社会治理整体水平、建设生态文明的美丽中国等重大历史任务要求下的乡村振兴，其内涵已经远高于早期提出的“以城带乡”“促进农民增加收入”的相关要求。经过全社会十年的努力，中国的乡村面貌已经获得了明显的改善，乡村经济水平已经得到明显提升，与城市相比，乡村在生态环保、农业保障、文化传承与创新、内需保障等方面的巨大意义已经得到全社会的认同。到乡村去做“创新”，去寻找新的发展机会和增长点已经成为共识，乡村已经成为未来几十年发展的新“蓝海”。

但是，我们仍然需要看到，“乡里人”在经济收入、受教育程度、获得公共服务能力等方面与“城里人”还存在不小的差距。这些差距会影响国家产业的转型发展速度，也会影响社会治理水平的整体提升速度。而如何缩小这一差距则是极为重要且非常考验智慧的问题。城镇化的总体进程是不可逆的，因此我们并不是要让所有乡村都发展到可以与城市相比拟的现代化水平。乡村分散的空间格局也意味着如果要在大量乡村实现现代生产生活物资的全面供应，必然是不经济不合理的。中国的乡村现代化，应该是不同于城市标准的现代化，也是符合中国“三农”特点的现代化。中国幅员广袤的乡村需要根据不同片区特点、不同乡村类型制定多样化、切中现实、弹性灵活的乡村现代化标准。中国的乡村振兴是什么，没有也不应该有统一生硬的标准答案。

所以，当前的乡村振兴，并没有老路可以走，亟需不同类型地区的勇敢尝试和创新突破。乡村振兴需要能切实解决问题、能落地、可复制、可推广的若干新模式。乡村规划作为政府支持乡村振兴的重要资源调配手段，也需要勇于创新和突破。通过简单砸钱、立标杆、堆盆景式的乡村规划，不仅是无意义的，而且是有害的。乡村规划应该立足乡村振兴的完整要求，重新调整现有规划编制体系和技术路线，从促进全社会资源要素整合，推动城乡融合发展的角度，切实制定对策、任务和行动计划。乡村规划应该是动态的、弹性的、多目标体系、多专业融合协作的新型规划。

（中国城市规划设计研究院副总规划师，詹雪红、朱波）

CHAPTER 4

政策解读篇

编者按

2021年国家正式公布“十四五”规划，发布了涉及重大区域发展战略、城乡建设、文化保护、城市更新、乡村振兴、住房保障、文化旅游、交通强国、科学绿化等一系列的政策文件，对城市规划行业带来深刻影响。正确学习领会这些政策文件的内涵重点，是科学贯彻和落实国家要求的前提。院内的各专业团队，有些全程参与了文件起草，有些授权撰写了文件解读，有些参加了国家组织的地方调研和政策宣讲，有些通过规划编制和项目实施在亲身践行政策。希望这些来自“一线”的心得体会和规划建议，能够让行业“上接天线、下接地气”，创新性地解决地方的实际问题。

推动区域协同与高质量发展

深入实施区域重大战略和区域协调发展战略，是构建高质量发展的区域经济布局和国土空间的重要支撑。我院长期承担国家重大区域战略的研究和规划编制工作，对于国家政策文件的长期跟踪、精准解读、深入落实，是做好规划、支撑发展的前提和保障。也正是基于此，中规智库从规划视角，对京津冀、长三角、粤港澳、成渝、长江经济带、黄河流域、海南自贸区和雄安新区等国家重大战略地区相关政策进行了解读。

一、重点聚焦，深入推动京津冀区域协同发展

近年来，围绕贯彻落实《京津冀协同发展规划纲要》部署，京津冀出台了一系列协同发展意见、专项规划和专业领域协作框架等政策文件，持续有力有序有效指导推进京津冀协同发展各项工作。

（一）新近出台的京津冀协同发展相关政策文件

2021年国家“十四五”规划进一步强化了推进京津冀协同发展的总要求。国务院印发《关于支持北京城市副中心高质量发展的意见》，明确支持北京城市副中心高质量发展的指导思想、基本原则、主要目标，提出了重点任务安排和组织实施要求。北京、河北也相继出台《推进京津冀协同发展2021年工作要点》。三地向社会公示的国土空间总体规划草案，均提出全面对接京津冀协同发展战略，积极推进以首都为核心的世界级城市群、京津冀机场群和环渤海港口群建设。京津冀三地联合编制的《京津冀交通一体化发展白皮书（2014—2020年）》正式对外发布，河北省完成《河北省建设京津冀生态环境支撑区“十四五”规划》。

（二）重点政策文件的内涵和要求

1.《中华人民共和国国民经济和社会发展第十四个五年规划和二〇三五年远景目标纲要》（以下简称《纲要》）

《纲要》提出要牢牢把握北京非首都功能疏解这个“牛鼻子”，高标准高质量建设雄安新区，推动京津冀协同发展取得新突破。一是深入推进北京非首都功能疏解。二是高标准高质量建设雄安新区。滚动推进重大项目建设，推进白洋淀生态环境治理和保护工作。三是优化拓展区域发展新空间。高质量建设北京城市副中心，支持天津滨海新区高质量发展，加快张家口首都水源涵养功能区和生态环境支撑区建设。四是大力推进交通等基础设施建设。打造“轨道上的京津冀”，提升机场群港口群协作水平，系统布局新型基础设施建设。五是持续强化生态环境治理。完善京津冀大气污染联防联控机制，推进华北地区地下水超采治理。六是加快推进北京国际科技创新中心建设，发挥北京科技创新优势，带动津冀传统行业改造升级，提升产业链供应链现代化水平。七是推动教育、医疗养老、文化旅游协同发展。八是深化制度改革创新，开展试点示范，支持京津冀自贸试验区错位联动发展。

2.国务院《关于支持北京城市副中心高质量发展的意见》（以下简称《意见》）

《意见》提出到2025年，城市副中心绿色城市、森林城市、海绵城市、智慧城市、人文城市、宜居城市功能基本形成，并围绕六个方面部署了重点任务：一是坚持创新驱动，打造北京发展新高地；二是推进功能疏解，开创一体化发展新局面；三是强化规划管理，创建新时代城市建设发展典范；四是加强环境治理，建设国家绿色发展示范区；五是对标国际规则，搭建更高水平开放新平台；六是加大改革力度，增强发展动力活力。

3.北京推进京津冀协同发展工作要点（以下简称《要点》）

《要点》提出到2025年推动以首都为核心的世界级城市群主干构架基本形成的协同发展目标。北京市还出台《北京推进京津冀协同发展2021年工作要点》，安排部署了12大类70项180条重要事项，重点聚焦“五个突出”：一是突出疏解非首都功能，严控非首都功能增量，严格执行新增产业禁止和限制目录，持续推动城市功能调整优化。二是突出“两翼”联动，全力支持雄安新区提升承接能力，高质量推进城市副中心建设。三是突出通州与廊坊北三县一体化联动发展，健全一体化联动发展工作协调机制。四是突出以协同创新支持北京国际科技创新中心建设，加快构建京津冀科技协同创新共同体，推进“三城一区”融合发展，推动科技创新成果在京津冀范围内实现产品化产业化。五是突出以构建现代化首都都市圈带动环京地区发展，推动交通、生态、产业、公共服务等重点领域合作将取得新突破。

4.《天津市国民经济和社会发展第十四个五年规划和二〇三五年远景目标纲要》(以下简称《纲要》)

《纲要》提出要基本实现“一基地三区”功能定位：一是基本建成全国先进制造研发基地。全面增强先进制造研发基地核心竞争力，全力服务北京非首都功能疏解和雄安新区建设，打造京津冀协同创新共同体。二是加快建设北方国际航运核心区。加快北方国际航运枢纽建设，建设区域航空枢纽和国际航空物流中心。三是高水平建设金融创新运营示范区。四是加快建设改革开放先行区。推动区域要素市场一体化改革，深化重点区域改革创新，建设更高水平的自由贸易试验区。

5.河北省推进京津冀协同发展工作要点

(1)《河北省国民经济和社会发展第十四个五年规划和二〇三五年远景目标纲要》(以下简称《纲要》)

《纲要》聚焦京津冀协同发展的要点包括：深入实施“两翼”带动发展战略，统筹推进雄安新区整体开发建设，有序有效承接北京非首都功能疏解；加快北京大兴国际机场临空经济区建设，促进廊坊北三县与通州区一体化发展；推动重点领域协同发展向纵深拓展，建设京张体育文化旅游带等重大举措。

(2)河北省推进京津冀协同发展工作要点

围绕“十四五”规划，河北省在《河北省推进京津冀协同发展2021年工作要点》中明确：一是充分发挥雄安新区及全省各市县比较优势，积极吸引北京产业转移，推动各地错位发展、协同发展、高质量发展。二是突出交通一体化、产业合作、生态环境建设等重点。三是大力推进协同发展重点平台建设，扎实推动廊坊北三县与北京通州区协同发展，着力抓好北京大兴国际机场临空经济区、曹妃甸协同发展示范区、芦台·汉沽协同发展示范区等共建区。四是加快推进“三区一基地”建设，全面提升质量和水平。

(3)建设京津冀生态环境支撑区

一是深化白洋淀生态修复保护，开展大规模国土绿化，全面提升生态环境质量。二是聚焦对接和服务京津，突出承接疏解合作功能和环京津重点区域绿色发展。三是推动区域能源清洁高效协同发展，助力打造绿色智能交通运输体系，推进区域资源全面节约高效利用。四是共建共享京津冀生态安全屏障。优化“两山、两翼、三带、多廊、多心”的生态安全格局，强化科学合理的自然保护地体系建设，推进生态保护与修复，提升生态系统质量和稳定性，维护区域生态安全。五是以京津冀大气污染传输通道城市、京津冀跨境河流、重要农副产品输出地、环渤海区域为重点，全面提升京津冀大气、水、污染和海洋环境质量。六是持续深化生态环境联建联防联治。

（三）在京津冀相关规划中的落实和响应

1.高标准高质量推动雄安新区建设发展

持续完善雄安新区规划体系，统筹跟进新区整体开发建设工作安排，推动规划落地生效，有序有效承接北京非首都功能疏解。重点保障启动区、起步区和重点片区建设，加强全程跟踪式规划服务，推动启动区尽快形成高端产业集聚，起步区加快构建城市发展骨架，统筹推进其他组团建设和县城改造提升。推动雄忻、雄商高铁和石雄城际等一批交通基础设施建设，完善新区市政基础设施，有序推进海绵城市、韧性城市、无废城市等建设。落实雄安新区周边区域规划建设管控，协同推进周边县市国土空间规划编制工作。

2.聚焦重点地区率先突破，加快构建现代化首都都市圈

按照统一规划、统一政策、统一标准、统一管控原则，编制完成北京市通州区与河北省北三县地区协同发展系列规划，强化交界地区管控，共建功能协同的总体格局，重点推动区域服务设施体系的共建共享。聚焦北京新机场临空经济区，打造国家发展新的动力源，完善提升规划体系，统筹周边区域空间资源，强化分工协作，协调安排各类基础设施布局。持续跟进中关村科学城规划及课题研究工作，探索创新型地区规划新模式，营造更具生态文化、新业态活力和产业竞争力的创新环境，积累可在京津冀地区推广的规划经验。

3.强化生态系统修复，筑牢可持续发展的安全屏障

加强张承地区规划研究工作，共建首都水源涵养功能区和生态环境支撑区，推动实施坝上、山区重要生态系统保护和修复重大工程。构建京津保生态过渡带，持续跟进白洋淀生态环境保护工作，重点加强白洋淀湿地生态系统研究，努力推动淀区生态服务功能提升。积极参与永定河流域的一体化保护和系统化治理工作，推动工程建设全面展开，生态补水成效显著，流域生境逐渐改善，沿线生

物多样性显著提升，打造国内流域综合治理的“永定河样本”。

4.探索“大城市病”治理策略，促进人居环境高质量发展

推动实施城市更新行动，加强社区生活圈、历史文化保护与传承、公共交通与绿色出行、城市治理等领域研究，在北京老城区街道改造工作中推广参与式规划模式，实现美好环境和和谐社会共同缔造。关注京津冀传统老工业区的转型发展，开展新首钢地区指标评估体系研究工作，推动邯钢片区更新改造规划研究工作，探索园区更新改造的综合性规划策略。推动京津冀地区与北京城市体检评估工作，探索规划全生命周期管理实施机制，助力首都高质量发展，塑造与世界级城市群相匹配的包容共享、健康舒适的高品质人居环境。

（城乡治理研究所，执笔人：周婧楠、冯晖、许尊、马晨曦）

二、打造高质量发展的“雄安样板”

设立河北雄安新区，是以习近平同志为核心的党中央作出的一项重大历史性战略选择，是千年大计、国家大事。坚持世界眼光、国际标准、中国特色、高点定位，着眼建设北京非首都功能疏解集中承载地，创造“雄安质量”，打造推动高质量发展的全国样板。

（一）政策体系

《中共中央 国务院关于支持河北雄安新区全面深化改革和扩大开放的指导意见》明确要求，雄安新区要“构建有利于增强对优质北京非首都功能吸引力、符合高质量发展要求和未来发展方向的制度体系，推动雄安新区实现更高质量、更有效率、更加公平、更可持续发展”。

2021年，雄安新区进入承接北京非首都功能疏解和大规模开发建设同步推进的重要阶段，安置住房片区即将回迁入住，市场化项目陆续开工，首批北京非首都功能疏解承接项目稳步推进，政策制度不断完善，初步形成了以《河北雄安新区条例》(以下简称《条例》) 为核心的“1+6”的政策体系（见表1)，涵盖承接疏解、生态保护、创新发展、服务保障、土地使用、建设管理等方面，推动城市治理体系现代化，落实高质量发展要求，打造新时代的“雄安样板”。

雄安新区“1+6”政策体系　表1

体系	分类	序号	政策名称
“1”	核心政策	1	《河北雄安新区条例》
“6”	承接疏解	2	《关于服务承接非首都功能疏解 培育和支持雄安新区企业挂牌上市的实施意见》
		3	《关于服务承接非首都功能疏解 促进雄安新区融资租赁业高质量发展的若干意见》
	生态保护	4	《关于雄安新区“三线一单”生态环境分区管控的实施意见》
		5	《白洋淀生态环境治理和保护条例》
	创新发展	6	《河北雄安新区关于支持企业创新发展的若干措施》
		7	《关于进一步深化商事制度改革激发企业活力任务分工》
		8	《关于加快实现“五新”目标高标准高质量推进雄安新区建设发展的指导意见》
		9	《全面深化服务贸易创新发展试点实施方案》
	服务保障	10	《雄安新区住宅物业服务企业考核办法（试行）》
		11	《雄安新区住宅物业服务等级标准》
		12	《关于加快培育和发展住房租赁市场的实施意见（试行）》
		13	《河北雄安新区新建学校委托管理实施办法（试行）》
	土地使用	14	《河北雄安新区国有土地使用权作价出资暂行办法》
		15	《雄安新区国有土地供应管理流程实施办法》
		16	《雄安新区国有土地供应操作指南》
		17	《关于防止耕地“非粮化”稳定粮食生产实施方案》
	建设管理	18	《关于进一步规范安全生产、防震减灾相关政务服务事项办理流程优化营商环境的公告》
		19	《关于进一步优化雄安新区工程建设项目审批流程的实施方案》
		20	《河北雄安新区公共工程项目跟踪审计实施办法（试行）》

（二）内涵和要求

强化生态保护，树立绿色发展典范。突破雄安新区行政范围，立足河北省范围内白洋淀流域的水资源保护利用、环境污染防治、防洪排涝、生态修复保护，充分发挥白洋淀的生态功能和防洪功能；将雄安新区划分为61个生态环境管控单元，推动实施“三线一单”生态环境分区管控。

推动创新发展，构筑现代化经济体系。围绕“五年规划、三年目标、两年任务”总体部署，按照“新形象、新功能、新产业、新人才、新机制”的“五新”

要求，全面深化服务贸易创新发展试点，在数字贸易、金融服务、高端现代服务等重点领域，培育一批具有国际竞争力的服务贸易企业，鼓励支持科技企业孵化器及众创空间建设发展。

提高服务保障，建设宜居城市。加快培育和发展新区住房租赁市场，建立多主体供给、多渠道保障、租购并举的住房制度；建立科学、规范、高效的委托管理和合作办学机制，促进基础教育高标准、高质量、均衡发展。

创新土地使用，提高土地利用效率。完善土地出让、租赁、租让结合等多元化供应模式，探索实施土地出让预申请制度；实施最严格的耕地保护制度，加大高标准农田建设力度。

（三）落实与响应

以科学精准落实规划为基本任务，找准“出发点”，建立规划实施制度体系，强化政策保障，加强规划设计与疏解落位、项目建设、产业发展等方面的统筹协调，加快推动宏伟蓝图在雄安大地落地实施。

以承接疏解为“牛鼻子”，找准“突破点”，围绕“普惠+优惠+一事一议”，完善相关配套政策，为疏解单位和疏解项目提供优质服务，确保疏解对象来得了、留得住、发展好，加快推动重大国家战略落地见效。

以启动区为“主战场”，找准“主攻点”，完善外围道路框架、内部骨干路网、生态廊道、水系贯通城市“四大体系”，集中优势资源和力量，加快重点项目和标志性建筑建设，加快推动启动区雏形显现、起步区重大基础设施全面建设。

以项目建设为“生命线”，找准“着力点”，聚焦成片开发、混合开发、融合开发，推动各重点片区建设，做到建一片、成一片、用一片。同时，加强产业载体平台建设，加快形成以项目建设带动产业发展的良好局面。

以白洋淀保护带动生态建设为发展底色，找准“结合点”，坚持补水、治污、防洪“三位一体”统筹推进，有序推进碳达峰、碳中和，加快建设蓝绿交织、清新明亮、水城共融的新时代生态文明典范城市。

以人民为中心，找准“落脚点”，有序做好群众回迁安置，全面推进乡村振兴，做好三县改造提升，坚持就业、创业、产业、物业相结合，多渠道促进群众增收，推进共同富裕，加快推动新区城乡融合发展取得新成效。

（雄安研究院，执笔人：叶嵩）

三、推动长三角区域高质量与一体化发展

长三角是我国经济发展最活跃、开放程度最高、创新能力最强的区域之一，也是城乡差距小、最有条件率先实现一体化发展的城市群地区。推动长三角一体化发展，是习近平总书记亲自策划、亲自部署、亲自推动的重大国家战略，是新时代引领全国高质量发展、完善我国改革开放空间布局、打造我国发展强劲活跃增长极的重大举措，对引领全国高质量发展、建设现代化经济体系意义重大。

（一）2021年出台的长三角一体化相关政策文件

为科学谋划“十四五”长三角区域一体化发展，推进长三角一体化发展领导小组编制了《长三角一体化发展规划“十四五”实施方案》和重点领域、重点行业的专项规划和实施方案。目前已批准印发的包括：《长三角一体化发展规划“十四五”实施方案》《推动长三角一体化发展2021年工作安排》《长江三角洲区域生态环境共同保护规划》《长江三角洲区域一体化发展水安全保障规划》等。同时，为更好推动长三角区域一体化的实施，4月，《中共中央 国务院关于支持浦东新区高水平改革开放打造社会主义现代化建设引领区的意见》发布；5月，《中共中央 国务院关于支持浙江高质量发展建设共同富裕示范区的意见》发布。此外，12月，国家发展改革委印发《沪苏浙城市结对合作帮扶皖北城市实施方案》。

（二）重点政策文件的内涵和要求

1.《长三角一体化发展规划“十四五”实施方案》

规划目标上，到2025年，长三角一体化发展取得实质性进展，一体化发展的体制机制全面建立，跨界区域、城市乡村等重点区域板块一体化发展达到较高水平，科创产业、协同开放、基础设施、生态环境、公共服务等领域基本实现一体化。具体而言，一是率先构建新发展格局，打造国内大循环中心节点，形成国内国际双循环的战略链接。二是推进重点区域联动发展，高水平建设长三角生态绿色一体化发展示范区，高标准建设中国（上海）自由贸易试验区临港新片区，大力推进省际毗邻区域协同发展。三是加快构建协同创新产业体系，强化战略科技力量，加强产业分工协作，大力推进科创与产业融合发展，激发人才创新活

力。四是推进更高水平协同开放，高起点打造虹桥国际开放枢纽，打造国际一流营商环境。五是加强基础设施互联互通，优化城市人居环境，共同建设轨道上的长三角，共同建设水上长三角，持续完善长三角综合交通体系。六是共同建设绿色美丽长三角，加强生态环境共同保护，推进环境协同治理，建立健全生态产品价值实现机制，持续提升能效水平。七是共享更高品质公共服务，加快基本公共服务均等化，共享优质教育医疗文化体育资源，共建公平正义的社会环境，提高长三角城市管理水平。八是创新一体化发展体制机制，推动要素市场一体化，完善多层次多领域合作机制。九是高水平建设安全长三角，加强安全生产和防灾减灾，有效防范社会领域各类风险。此外，“实施方案”明确了包括22项重大政策、104个重大事项、16类重大项目的“三张清单”，直面跨区域的关键堵点、难点、痛点和弱点，为扎实推进长三角一体化战略的实施奠定了坚实的基础。

2.《长江三角洲区域生态环境共同保护规划》

规划目标上，到2025年，长三角一体化保护取得实质性进展，生态环境共保联治能力显著提升，绿色美丽长三角建设取得重大进展。规划重点上，一是共推绿色低碳发展，包括优化绿色发展格局、促进产业结构升级、推动能源结构优化、积极应对气候变化和践行绿色低碳生活。二是共保自然生态系统，包括共筑区域生态安全格局、加强生态空间共保、推进生物多样性保护和加强重要生态系统修复。三是共治跨界环境污染，包括联合开展大气污染综合防治、协同推动流域水环境治理、陆海统筹实施河口海湾综合整治和提升区域土壤安全利用水平。四是共建环境基础设施，包括强化污水收集处理设施建设、加强固废危废联防联治、推进港口环境设施建设、统筹区域环境应急能力建设和共建生态环境监测体系。五是共创生态环境协作机制，包括健全区域生态环境保护协作机制、完善区域法治标准体系、强化市场手段、建设区域环境科研技术平台、健全生态补偿机制和共推长三角生态绿色一体化发展示范区生态环境制度创新。

3.《长江三角洲区域一体化发展水安全保障规划》

总体目标上，到2025年，长三角区域水安全保障能力进一步增强，初步建成与社会主义现代化进程相适应的水利现代化体系，太湖流域水治理体系和治理能力现代化达到较高水平。建设重点上，一是共筑安全可靠的防洪减灾体系。优化区域防洪除涝格局，加强江河综合整治和提质升级，加强防台防潮减灾工程建设和重点涝区治理。二是打造互联互通的水资源供给保障体系。加强水资源集约安全利用，优化完善水资源配置格局，加强灌区现代化建设与改造，提升城乡供水保障能力，加强水资源统一调度。三是构建共保联动的水生态环境保护与修复体系。合力保护涉水空间，强化流域水环境协同治理，加强水生态治理与修复。四是创新一体化协同治水管水体系。推进协同治水体制机制创新，深化水利改革，打造数字流域，强化水利科技创新和水安全风险防控。

（三）在长三角相关规划中落实与响应

1. 以都市圈为重点，落实国家战略要求

都市圈是大城市开展一体化协同的合适尺度。着力推动上海、南京、合肥、苏锡常、宁波等都市圈规划编制，提升都市圈同城化水平。一是顺应时代发展趋势，响应国家及区域发展要求，制定与时俱进的都市圈目标愿景。二是构建多元系统要素协同的框架，加强结构管控、红线管控等方面的协同。三是统一建设基础设施，构建快速、便捷的都市圈通勤圈；推进优质服务资源共建共享，打造服务一体化的都市圈；推动生态共保，明确都市圈生态环境的保护目标、保护策略及协同机制等。

2. 以跨界毗邻地区为载体，推动长三角一体化的先行先试

一方面，高水平建设长三角生态绿色一体化发展示范区。推进示范区在生态环境、综合交通、产业发展、文化旅游等各领域的协同创新，重点打造水乡客厅、青浦西岑科创中心、吴江高铁科创新城等地区，形成一体化发展的先行区。另一方面，大力推进省际毗邻区域协同发展，重点推动顶山—汊河、浦口—南谯、江宁—博望等省际毗邻新兴功能区，以及和县—浦口省际毗邻地区合作平台、博望产城融合发展示范区等协同发展。

3. 以区域水系、绿道等为抓手，推进文化旅游休闲空间的一体化

总结推广上海“一江一河”（黄浦江和苏州河）建设经验，支持“一江一河”区域绿道向太湖、长江、钱塘江、滨海、山区延伸，串联山海江湖和主要城镇，将浙江的杭州湾绿道及江苏环太湖绿道等统一链接，统一区域绿道建设标准，最终形成相互贯通、具有江南韵味、舒适便捷的长三角区域绿道网络。以大运河、长江、钱塘江、古驿道、老铁路等为骨脉，以历史文化名城、名镇、名村及各类遗产为重点，推动三省一市建立能够彰显江南文化底蕴、既统一又多样的长三角区域历史文化保护和利用体系。

4.以城市品质和人居环境提升为方向，建设更高标准的“美丽城市”“美丽乡村”

抓好城市综合性的人居环境建设，以更高的标准推动区域交通设施、住房建设改造、社区养老、文化设施建设等，全面推进“美丽城市”建设。以包括“长三角生态绿色一体化发展示范区”“上海自贸区新片区”等在内的一批试点地区为依托，推动一批具有推广意义的“美丽城市”样本。总结推广浙江省“千村示范、万村整治”工程、江苏省美丽宜居乡村建设工程经验，按照更高标准建设美丽乡村。支持江浙沪皖打造一批世界一流的美丽乡村地区。

（上海分院研究室，执笔人：马璇、张振广）

四、多维并进，推动粤港澳大湾区高质量发展

粤港澳大湾区以其“一个国家、两种制度、三个关税区、三种货币”的特殊性，在国家区域重大战略体系中具有独特价值和重要作用。深化粤港澳合作，促进社会、经济、文化等多维度的高质量发展，共建宜居、宜业、宜游的国际一流湾区，对国家实施创新驱动发展和坚持改革开放具有重大意义。

（一）2021年出台的粤港澳大湾区相关政策文件

2021年3月，国家“十四五”规划正式发布，提出要积极稳妥推进粤港澳大湾区建设，加强粤港澳三地融合发展，并提出多领域并进共建大湾区高质量发展格局等具体指示。广东省发布的“十四五”规划，以及香港特别行政区政府发布的《行政长官2021年施政报告》和《跨越2030年的规划远景与策略》，都对粤港澳大湾区的建设进行了浓墨重彩的描绘和期待。

2021年9月，中共中央、国务院先后印发《横琴粤澳深度合作区建设总体方案》《全面深化前海深港现代服务业合作区改革开放方案》等湾区重大战略合作平台发展方案，为粤港澳深度合作提供了更加全面系统的政策路径。11月召开的十九届六中全会上，习近平总书记再次强调粤港澳大湾区对标世界一流湾区的目标重任。12月，在听取香港特别行政区行政长官林郑月娥、澳门特别行政区长官贺一诚的述职报告之后，习近平总书记强调要确保“一国两制”，香港实践行稳致远的基本方针，继续支持澳门积极推进经济适度多元发展，不断书写具有澳门特色“一国两制”成功实践新篇章。

（二）重点政策文件的内涵和要求

国家“十四五”规划作为新时期指导全国和粤港澳大湾区发展建设的纲领性文件，提出要积极稳妥推进粤港澳大湾区建设，加强粤港澳产学研协同发展，特别强调了“支持港澳更好融入国家发展大局”等指导方针，并在生态环境、科技创新、交通互联、民生交流等多领域提出了构建大湾区高质量发展格局的具体要求：

1.支持港澳优势提升，更好融入国家发展大局

国家“十四五”规划提出要“支持港澳巩固提升竞争优势”，具体包括支持香港提升国际金融、航运、贸易中心和国际航空枢纽地位，支持香港建设国际创新科技中心，支持香港服务业向高端高增值方向发展等；支持澳门丰富世界旅游休闲中心内涵，支持粤澳合作共建横琴，支持澳门经济适度多元发展等。规划还重点提出要“支持港澳更好融入国家发展大局”，要完善港澳融入国家发展大局、同内地优势互补、协同发展的机制，共建“一带一路”功能平台；高质量建设粤港澳大湾区，深化粤港澳合作、泛珠三角区域合作，推进粤港澳重大合作平台建设等。

2.推动绿色低碳发展，实施湾区可持续发展战略

国家“十四五”规划提出要坚持绿水青山就是金山银山的发展理念，坚持尊重自然、顺应自然、保护自然，实施可持续发展战略。对于粤港澳大湾区，应尊重湾区的山水格局和生态本底，不仅要构筑大湾区高质量的陆域连绵山体生态屏障，强化其绿色天然屏障功能，还要加强大湾区南部沿海生态防护带的保护，特别关注海岸带自然岸线保护，整治修复岸线并营造防护林。同时，还要通过互联互通的区域生态碧廊建设，构建大湾区基础生态网络。

3.坚持创新驱动发展，全面示范引领高质量发展

国家“十四五”规划提出以京津冀、长三角、粤港澳大湾区为重点，提升创新策源能力和全球资源配置能力，加快打造引领高质量发展的第一梯队。对于粤港澳大湾区，规划提出完善广深港、广珠澳科技创新走廊，以及深港河套、粤澳横琴科技创新极点的“两廊两点”架构体系，推进综合性国家科学中心建设，便利创新要素跨境流动。其中，加快推进粤港澳重大战略合作平台的共同建设，将是促进大湾区创新经济发展和区域深度融合发展的重要实践路径。

4.加强区域协同发展，建设现代化基础设施体系

国家“十四五”规划提出粤港澳大湾区应加快城际铁路建设，构建大湾区轨道交通网；统筹港口和机场功能布局，优化航运和航空资源配置，建设完善粤港澳大湾区世界级机场群和世界级港口群；深化通关模式改革，促进人员、货物、车辆便捷高效流动；在促进产业发展的同时，依托现代化基础设施体系，建设大湾区世界级旅游目的地。

5.提升民生福祉水平，促进湾区跨境交流合作

国家“十四五”规划提出要健全基本公共服务体系，加强普惠性、基础性、兜底性民生建设，完善共建共治共享的社会治理制度。对于粤港澳大湾区而言，还应深化内地与港澳通关模式的改革，促进人员、货物、车辆便捷高效流动；扩大内地与港澳专业资格互认范围，深入推进重点领域规则衔接、机制对接；便利港澳青年到大湾区内地城市就学就业创业，促进三地青少年交流交往。

（三）在粤港澳大湾区相关规划中的落实和响应

1.深化粤港澳的跨境融通与合作

广东省相关规划明确提出深化粤港澳跨境融通与合作的系统策略：加快推动粤港澳重大合作平台建设，同时支持各市立足自身优势，规划特色区域合作平台；加强内地与港澳的要素流通，完善便利港澳居民在内地发展和生活居住的政策机制，引进港澳在科技研发、新兴产业、现代服务业、医疗教育等方面的高端资源与合作项目落地；高标准建设港澳青年创新创业基地，增进三地青少年的交流交往等。香港特区政府则提出了发展北部都会区的规划策略，配合港深跨境口岸和交通基建互联，与深圳特区形成“双城三圈”的战略格局。

2.共建创新引领的区域合作平台

应重点加大对广深港澳科技创新走廊沿线创新平台节点的资源和空间保障力度，加快大湾区科技创新载体平台及节点建设；支持各市立足自身优势，规划特色合作平台；高标准建设港澳青年创新创业基地，增进三地青少年的交流交往；做好与香港北部都会区规划的衔接，实现港深跨境口岸和交通基建互联。

应加快推动粤港澳重大合作平台建设。支持广州南沙打造粤港澳全面合作示范区，加快推进深圳前海深港现代服务业合作区开发建设，依托河套深港科技创新合作区打造高端科技创新合作高地，携手澳门积极推进横琴粤澳深度合作区建设等。

3.共筑绿色安全的美丽韧性湾区

首先，应加快北部连绵山体生态屏障建设，维护森林生态系统的完整性和连贯性，提升屏障林地的生态功能，加强对外围区域绿核的保护与生态连通；其次，共建南部美丽蓝色海湾，重点做好由近海水域、湾区、海岸山地屏障和近海岛屿构成的南部沿海生态防护带的保护；再次，推进以狮子洋为中心、衔接广州番禺—东莞水乡的东西两岸、共育珠江口魅力开放的生态蓝心，构建陆海一体化生态格局；最后，对接广东省碧道总体格局，构建珠三角互联互通的特色生态碧廊体系。

4.构建紧密互联的要素流通网络

在统筹港口和机场功能布局，优化航运和航空资源配置的基础上，大湾区应依托高速公路网及区域轨道网，将环珠三角地带纳入区域一体化发展；在既有干线铁路和城市轨道交通系统基础上，构建多种模式、分层分级的公共交通系统；同时，应持续优化要素流通相关的体制机制和软件支撑系统建设，促进人员、物资、资本、信息在湾区范围内的便捷高效流动。

5.共塑优质共享的魅力宜居环境

大湾区应营造包容共享、便捷友好的居住和生活服务环境，提供多层次、可负担、交通便捷的宜居空间；推进城市中心区的功能组合升级，形成具有国际水准的中央商务区和活力区；复兴多元交融的特色历史与文化公共空间体系，推动历史城区复兴，保护与活化古驿道及岭南乡村聚落景观，建设城市特色文化游径和公共空间；最后，应提供面向港澳居民的优质生活空间，探索“港人港居、澳人澳居”社区建设模式，完善联通港澳的便捷交通通道和跨界游憩网络。

（深圳分院粤港澳研究中心，执笔人：赵亮、刘岚）

五、建设成渝地区双城经济圈

加快成渝地区双城经济圈建设，是党中央在百年未有之大变局下作出的重要决定，是习近平总书记亲自谋划、亲自部署、亲自推动的重大战略。2020年1月3日，习近平总书记主持召开中央财经委员会第六次会议，作出推动成渝地区双城经济圈建设、打造高质量发展重要增长极的重大决策，为新时期成渝地区发展提供根本遵循和重要指引。

（一）2021年出台的成渝地区双城经济圈相关政策文件

为加强顶层设计和统筹协调，加快推动成渝地区形成有实力、有特色的双城经济圈，2020年11月，中共中央、国务院印发《成渝地区双城经济圈建设规划纲要》，形成指导成渝地区新时期建设的重要纲领。各部委以《成渝地区双城经济圈建设规划纲要》为统领，推进系列专项规划和专项实施方案的编制。目前已批准印发的包括：《成渝地区双城经济圈综合交通运输发展规划》（2021年6月，国家发展改革委、交通运输部印发）、《成渝地区双城经济圈多层次轨道交通规划》（2021年12月，国家发展改革委印发）。

2020年至今，重庆市和四川省两地政府与主要部门围绕成渝地区双城经济圈建设的重点领域、重点行业，陆续编制《成渝共建西部金融中心规划》《成渝现代高效特色农业带建设专项规划》《成渝地区双城经济圈体制机制改革创新方案》等“7+13”专项规划和实施方案。

（二）重点政策文件的内涵和要求

1.《成渝地区双城经济圈建设规划纲要》

一是突出成渝地区双城经济圈建设的重要意义。推动成渝地区双城经济圈建设，有利于形成优势互补、高质量发展的区域经济布局，有利于拓展市场空间、优化和稳定产业链供应链，是构建以国内大循环为主体、国内国际双循环相互促进的新发展格局的一项重大举措。二是突出成渝地区双城经济圈建设的战略定位。推进成渝地区统筹发展，促进产业、人口及各类生产要素合理流动和高效集聚，强化重庆和成都的中心城市带动作用，使成渝地区成为具有全国影响力的重要经济中心、科技创新中心、改革开放新高地、高品质生活宜居地，助推高质量发展。三是突出落实中央的战略部署。其一优化空间格局，推进双城引领、双圈互动、两翼协同、大中小城市和小城镇统筹发展。其二促进区域高质量发展，合力建设现代基础设施网络、协同建设现代产业体系、共建具有全国影响力的科技创新中心、打造富有巴蜀特色的国际消费目的地、共筑长江上游生态屏障、联手打造内陆改革开放高地、共同推动城乡融合发展、强化公共服务共建共享。其三推进规划实施，加强党的集中统一领导、强化组织实施、完善配套政策体系、健全合作机制。

2.《成渝地区双城经济圈综合交通运输发展规划》

一是加强对外运输交通网络建设。畅通“陆海互济、四向拓展”运输大通道，优化国际性、全国性和区域性综合交通枢纽布局，推进世界级机场群建设，共建重庆长江上游航运中心。二是完善成渝“双核”综合交通网络。以轨道交通为骨干、公路网络为基础，基本形成成渝“双核”之间、“双核”与两翼等区域中心城市之间1小时交通圈、通勤圈，优化城乡融合交通网络。三是打造高品质出行服务系统。优化综合客运枢纽衔接，完善多样化城际客运服务，提高都市圈通勤服务品质，推动城乡客运服务均等化，培育壮大枢纽经济新业态，构建美丽宜游交通系统。四是构建高效率物流体系。以重庆、成都国家物流枢纽为核心，建设多层次物流枢纽，强化国际物流服务网络，提升多式联运和城乡货运物流服务水平，推动物流与制造业融合发展。五是提升绿色智能安全发展水平。将生态优先、绿色发展理念贯穿综合交通运输体系建设全过程，以科技创新为引领，加快推动5G、物联网、大数据等先进技术在交通领域应用。

3.《成渝地区双城经济圈多层次轨道交通规划》

一是加强四网融合。以重庆、成都“双核”为中心，成渝主轴为骨架，统筹干线铁路、城际铁路、市域（郊）铁路、城市轨道交通规划布局和衔接，按照“网络有机衔接、功能服务兼容、时序远近适宜”的原则，构建多层次轨道交通网络。二是加强枢纽衔接。强化客运枢纽与城市功能布局协调，完善不同层次轨道交通系统枢纽功能及规划布局；加强货运场站与国家物流枢纽、国家骨干冷链基地衔接，打通铁路货运通道和枢纽能力堵点，增强铁路货运枢纽多式联运功能。三是加强运营一体。强化各层次轨道交通网络规划、技术标准、营建设施等高效衔接、服务兼容；建立统一信息平台，促进各层次轨道系统信息的无缝衔接和与其他交通方式的信息共享；推动具备条件的轨道交通线路联程联运，提升空铁联运服务水平；对成渝地区轨道交通站点和车辆基地综合开发进行分层、分类布局；加快货运运输结构调整，推进交通绿色发展。

（三）在成渝地区双城经济圈空间规划中的响应和落实

1.开展《成渝地区双城经济圈国土空间规划》工作

《成渝地区双城经济圈国土空间规划》是在自然资源部和两省市党委政府的领导下，由部国土空间规划局牵头，两省市自然资源主管部门具体落实编制。编制过程中，两省市主要领导亲自谋划、专题研究和统筹推进，主管部门先后召开多次联席会议，并多次组织征求省市部门、地方政府和专家意见，保障规划编制的科学性和实施性。

规划聚焦三项主要任务，一是落实国家战略，有效传导国家建设成渝地区双城经济圈的发展目标、战略要求和重大举措。二是争取国家支持，共同争取大通道、大平台、大项目和国家改革创新政策落地，并提供空间保障。三是协调两地空间规划，做有用规划、有限规划，重点协调两省市在产业、生态、交通、市政、公服等领域的空间布局和建设行动，不替代不重复两地各自的国土空间规划。

在统一的区域空间格局下，规划一是关注重点领域，聚焦推动两地在重点资源空间配置、重点要素空间布局上形成共识，明确提出区域建设用地、生态空间资源、农业空间资源以及水资源的空间配置指引，并将区域城镇发展、基础设施建设、生态环境保护、文化魅力塑造等跨区域国土空间开发保护行动统筹在一张空间蓝图上，统筹提升空间安全、空间效率、空间品质。二是聚焦关键区域，立足成渝中部、渝东北川东北、川南渝西三大毗邻地区自然资源禀赋和发展诉求，构建各具特色的区域协作发展示范区，保障合作平台空间需求，支撑经济区和行政区适度分离改革。三是坚持“从发展入手，在空间落地”的工作思路，重点放在对空间资源做基础性、底线性、长期性的安排，并对其他专项规划提出的战略目标提供空间保障和空间布局引导。在内容上，规划与涉及经济发展、产业布局等其他专项规划各有侧重，更加强调对空间的保护、管控、保障和通道预留等相关内容，聚焦跨区域、跨流域的空间安全、空间治理、空间效率和空间品质等重大问题，突出协调完善区域基础设施、重大公共服务设施布局及形成跨区域审批政策。

2.推动川渝毗邻地区多项跨界合作平台规划建设

（1）《成渝地区双城经济圈国土空间规划》对毗邻地区提出规划指引

《成渝地区双城经济圈国土空间规划》通过专题研究与专章内容，阐述毗邻地区融合发展的空间指引，指导成渝中部、渝东北川东北、川南渝西三大毗邻地区的空间协调和融合发展。以规划统筹毗邻地区10大合作共建区域发展功能平台、13个示范区、27个基地建设等协作布局的重大事项。提出毗邻地区在合作编制、联合审批和共同实施相关规划等方面的管理机制，有效指引和协调当前正在开展的相关规划工作。

（2）共同编制《川渝高竹新区国土空间总体规划》

在国土空间规划推进毗邻项目建设进程中，四川广安—重庆渝北的重要合作项目高竹新区，作为全国唯一的跨省域共建新区，由其筹备委员会组织编制《川渝高竹新区国土空间总体规划》，现已形成初步成果，且通过两地自然资源主管部门和筹备委员会的联合审查。规划着力突破行政区发展逻辑，针对高竹新区建设中存在的管理层级和权限不对等，区域内基本农田、生态红线、四山管控要求严格等现状，在最大限度保障农业生产和粮食安全前提下，积极探索国土空间合作路径。

（3）共同编制《遂潼一体化研究及遂潼涪江创新产业园空间战略规划》

在国土空间规划推进毗邻地区一体化发展进程中，四川遂宁与重庆潼南作为川渝毗邻地区一体化发展先行区，由两地自然资源主管部门联合组织编制《遂潼一体化研究及遂潼涪江创新产业园空间战略规划》。规划立足发展阶段特征，探索“1+1>2”合作事项，聚焦两地城区“飞地”协同建设，围绕流域治理、旅游、交通、公共服务等多领域发展协作，天然气、农文旅等多类型产业合作，推进两地渐进式相向发展。

（西部分院，执笔人：吕晓蓓、赵倩、谢亚、明峻宇）

六、推动长江经济带生态优化和绿色发展

推动长江经济带发展是党中央作出的重大决策，是关系国家发展全局的重大战略。习近平总书记多次视察和指示长江经济带发展工作，2016年、2018年、2020年，先后在重庆、武汉、南京主持召开座谈会并发表重要讲话，为推动长江经济带发展提供了思想指引和根本遵循。

（一）2021年出台的长江经济带相关政策文件

为科学谋划“十四五”长江经济带发展的战略举措，长江经济带发展领导小组办公室组织编制了《“十四五”长江经济带发展实施方案》和重点领域、重点行业的专项规划和实施方案，形成了以《“十四五”长江经济带发展实施方案》为统领，系列专项规划和专项实施方案为支撑的“十四五”长江经济带发展“1+N”规划政策体系。目前已批准印发的包括：《“十四五”长江经济带发展实施方案》《“十四五”长江经济带综合交通运输体系规划》《“十四五”长江经济带湿地保护修复实施方案》《“十四五”长江经济带塑料污染治理实施方案》《“十四五”嘉陵江流域生态环境保护与修复实施方案》《“十四五”乌江流域生态环境保护与

修复实施方案》《关于加强长江经济带重要湖泊保护和治理的指导意见》。

李克强总理2021年8月25日主持召开国务院常务会议，部署全面推动长江经济带发展的财税支持措施。9月财政部印发《关于全面推动长江经济带发展财税支持政策的方案》。此外，生态环境部2月印发《加强长江经济带尾矿库污染防治实施方案》，交通运输部、国家发展改革委、国家能源局、国家电网有限公司7月联合印发《关于进一步推进长江经济带船舶靠港使用岸电的通知》。

（二）重点政策文件的内涵和要求

1.《“十四五”长江经济带发展实施方案》

一是强化生态环境综合管控，健全负面清单管理制度，持续深化生态环境综合治理、源头治理、协同治理，不断提升生态环境精细化管理水平，增强生态系统整体功能。二是调整优化能源结构，推动重点行业绿色转型，严格能耗双控制度，推动破解生态产品价值实现瓶颈问题。发挥自主创新的核心驱动作用，推动人工智能、量子信息等前沿技术加快突破。三是促进城乡区域协调发展。推动上中下游地区有机融合，以城市群、都市圈为依托促进大中小城市和小城镇协调联动、特色化发展。巩固拓展脱贫攻坚成果同乡村振兴有效衔接，支持革命老区和边境地区发展。依托长江黄金水道，完善综合立体交通网络，加强各种交通运输方式协调发展和有机衔接。四是建设长江文化遗产基础数据库和长江文化图谱，传承弘扬红船、井冈山、长征、遵义会议等精神，弘扬生态优先、绿色发展的新时代长江生态文化，绘就山水人城和谐相融新画卷。

2.《“十四五”长江经济带综合交通运输体系规划》

一是突出长江轴带引领。构建“三横六纵三网多点”综合交通网骨架，推动经济由沿海溯江而上梯度发展。二是突出多式联运发展。以铁水联运和江海联运为重点，推动长江干线主要港口全面接入疏港铁路，完善港口集疏运体系，着力打通“最后一公里”。三是突出对外通道建设。向东建设以上海港为核心的外贸集装箱运输网络和以宁波舟山港为主体的大宗散货外贸运输网络；向西做实与东盟十国的交通基础设施联通；向南加快西部陆海新通道建设；强化南北纵向通道与长江黄金水道的有机衔接。四是突出枢纽高效衔接。提出客运枢纽链条化、货运枢纽网络化的发展方向。五是突出交通绿色发展。加强船舶污水垃圾治理，调整优化运输结构，节约集约利用土地、通道、岸线等资源，降低交通污染排放和能源资源消耗。

3.《“十四五”长江经济带湿地保护修复实施方案》

一是加强长江上游高原湿地保护修复。以川滇森林及生物多样性重点生态功能区、秦巴山区生物多样性重点生态功能区等地区为重点，对生态功能退化的自然湿地采取水污染防治、植被恢复等综合整治措施。二是加强长江中游低山丘陵湿地保护修复。以武陵山区、鄱阳湖平原等农产品主产区、武汉等都市圈、洞庭湖流域等地区为重点，开展水环境治理、湿地植被恢复等措施，遏制湿地面积减少趋势。三是加强长江下游冲积平原湿地保护修复。以沿海生态保护带、杭州湾等重点海湾湿地、杭州都市圈湿地、南京都市圈湿地等为重点，加强湿地生态系统修复和野生动物重要栖息地建设，打造长三角一体化湿地保护修复示范区。

4.《关于加强长江经济带重要湖泊保护和治理的指导意见》

一是加快构建管控体系，因地制宜谋划湖泊水资源利用、水污染防治、水生态修复、水生生物保护等空间。二是加强水域岸线保护，科学划定湖泊岸线保护区、保留区、控制利用区和开发利用区，明确分区管控和用途管制要求。禁止围湖造地，有序实施退地退圩还湖，统筹推进重要湿地保护和修复。三是深入推进实施湖区城镇污水垃圾处理、化工污染治理、农业面源污染治理、船舶污染治理和尾矿库污染治理“4+1”工程。四是切实保障饮用水源地安全，强化水源地环境保护，提升水源地安全保障能力。五是科学构建湖区产业发展格局，大力推动经济转型。

5.《关于全面推动长江经济带发展财税支持政策的方案》

一是增加对重点生态功能区转移支付，加大生态保护补偿力度，加强水污染防治资金倾斜，推动城镇污水管网改造和处理设施建设。国家绿色发展基金重点投向长江经济带。引导地方建立横向生态补偿机制。支持重点水域禁渔和退捕渔民安置保障。二是支持重大航道整治，支持建设沿江铁路、干线公路、机场，推进水库、引调水工程、城市防洪排涝等建设，加强中小河流治理和上中游水土保持。三是推动开放平台建设，支持沿江省市自贸试验区先行先试。

（三）在长江经济带相关规划中落实和响应

1.突出长江经济带国土空间规划的流域性和协调性特征

长江经济带国土空间规划，应该是聚焦流域协调的区域开发保护管控专项规划。作为全国和省级国土空间规划的一个“插件”，长江经济带国土空间规划应该解决跨省之间需要协调、但全国规划容易忽视或不宜表达的重点难点问题，不必面面俱到；内容上不应成为11个省级规划的“拼合”，也不应替代国家和省级规划，重复它们已经明确表达的指标和内容；从规划导向看，应该突出问题和底线管控导向，弱化发展和目标导向，体现出“共抓大保护、不搞大开发”的中央意图。

2.优化空间布局方案，实现管控标准和规则的衔接

统筹考虑水环境、水生态、水资源、水安全、水文化和岸线等多方面的有机联系，因地制宜划定水资源利用、水污染防治、水生态修复、水生生物保护等空间，划定湖泊岸线保护区、保留区、控制利用区和开发利用区，优化空间方案布局；共同开展重大问题的论证与决策，如蓄滞洪区的优化调整、重大水资源配置工程的合理性；实现相关部门和毗邻省市在标准、指标、管控、规则等方面的对接和一致性。

3.以“都市圈”为重点，落实国家战略要求

“都市圈”是长江经济带高质量发展的核心区域，是落实国家战略的重点，也是优质耕地保护、人口集聚和经济发展矛盾冲突最剧烈的区域。应从流域协调、土地综合整治、资源保障、安全韧性等角度，来保障和支持这些区域的发展。以都市圈作为“双循环”新发展格局的主体空间载体，构建完善城市群内部产业链、创新链、供应链布局；构建联结“一带一路”的国际国内开放格局，向西打造重庆、成都等国际门户枢纽城市，提高面向孟中印缅、中南半岛等次区域合作支撑能力；向东进一步提升全方位开放能力，将长三角建设为全球城市区域。优先支持国家重点实验室、国家工程中心、国家大科学装置等科技创新空间发展；合理配置产业平台资源，重点保障创新型产业空间供给，为创新驱动发展新优势的塑造提供支撑。

4.保护传承弘扬长江文化，实现山水人城和谐相融

保护世界遗产、国家历史文化名城、中国历史文化名镇、名村、传统村落、大遗址等历史文化遗产。以长江为主体，保护大运河、茶马古道等文化遗产廊道。保护濒危的水运设施和水利工程遗产。保护农业遗产和桑基鱼塘、塘浦圩田、梯田等长江流域特有的人文生态系统。活态保护和传承长江经济带非物质文化。

（区域规划研究所，执笔人：陈睿、陈明）

七、以水治理推动黄河流域生态保护和高质量发展

黄河是中华民族的母亲河，党中央、国务院高度关注黄河流域保护和发展。2019年9月18日，习近平总书记在河南郑州主持召开黄河流域生态保护和高质量发展座谈会并发表重要讲话。2020年，习近平总书记先后赴黄河流域省区陕西、山西和宁夏考察调研。在党的领导下，黄河流域生态保护和高质量发展的各项工作得到实质性推进。

（一）黄河流域生态保护和高质量发展的政策文件

2021年是全面推动黄河流域生态保护和高质量发展的起步之年。贯彻习近平总书记有关重要讲话精神，落实《黄河流域生态保护和高质量发展规划纲要》，黄河保护治理的立法工作在研究制定，生态保护和修复、环境保护与污染治理、水安全保障、文化保护传承弘扬、基础设施互联互通、能源转型发展、黄河文化公园规划建设等专项规划陆续推进，一系列配套政策和综合改革措施相继出台，黄河流域“1+N+X”的规划政策体系逐渐形成。

2021年10月8日，中共中央、国务院印发《黄河流域生态保护和高质量发展规划纲要》。截至目前，《黄河流域水资源节约集约利用实施方案》（发改环资〔2021〕1767号）、《“十四五”黄河流域城镇污水垃圾处理实施方案》（发改环资〔2021〕1205号）、《推动黄河流域水土保持高质量发展的指导意见》（水保〔2021〕278号）、《实施黄河流域深度节水控水行动的意见》（水节约〔2021〕263号）、《黄河流域重要河道岸线保护与利用规划》等规划政策陆续发布。《中华人民共和国黄河保护法（草案）》已经国务院常务会议通过，提请全国人大常委会审议。黄河流域九省区陆续编制出台了本省区生态保护和高质量发展规划纲要、工作计划、实施方案等政策文件。

（二）黄河流域生态保护和高质量发展的重点政策文件要求

1. 习近平总书记在深入推动黄河流域生态保护和高质量发展座谈会的讲话

2021年10月22日，习近平总书记在山东省济南市主持召开深入推动黄河流域生态保护和高质量发展座谈会并发表重要讲话，强调沿黄河省区要落实好黄河流域生态保护和高质量发展战略部署，坚定不移走生态优先、绿色发展的现代化

道路。

习近平总书记指出，“十四五”是推动黄河流域生态保护和高质量发展的关键时期，要抓好重大任务贯彻落实，力争尽快见到新气象。会议明确了五大重点任务：一是加快构建抵御自然灾害防线。要立足防大汛、抗大灾，针对防汛救灾暴露出的薄弱环节，迅速查漏补缺，补好灾害预警监测短板，补好防灾基础设施短板，严格保护城市生态空间、泄洪通道等。二是全方位贯彻“四水四定”原则，走好水安全有效保障、水资源高效利用、水生态明显改善的集约节约发展之路。三是大力推动生态环境保护治理。上游产水区重在维护天然生态系统完整性，一体化保护高原高寒地区独有生态系统。抓好上中游水土流失治理和荒漠化防治，推进流域综合治理。加强下游河道和滩区环境综合治理，提高河口三角洲生物多样性。要实施好环境污染综合治理工程。四是加快构建国土空间保护利用新格局。要提高对流域重点生态功能区转移支付水平，让这些地区一心一意谋保护，适度发展生态特色产业。农业现代化发展要向节水要效益，向科技要效益，发展旱作农业，推进高标准农田建设。城市群和都市圈要集约高效发展，不能盲目扩张。五是在高质量发展上迈出坚实步伐。要坚持创新创造，提高产业链创新链协同水平。要推进能源革命，稳定能源保供。要提高与沿海、沿长江地区互联互通水平，推进新型基础设施建设，扩大有效投资。

2.《黄河流域生态保护和高质量发展规划纲要》(以下简称《纲要》)

《纲要》是指导当前和今后一个时期黄河流域生态保护和高质量发展的纲领性文件，是制定实施相关规划方案、政策措施和建设相关工程项目的重要依据。《纲要》确定了着力保障黄河长治久安，着力改善黄河流域生态环境，着力优化水资源配置，着力促进全流域高质量发展，着力改善人民群众生活，着力保护传承弘扬黄河文化，让黄河成为造福人民的幸福河的总体要求，重点任务和实施保障。

《纲要》重点任务包括：一是加强上游水源涵养能力建设。二是加强中游水土保持。三是推进下游湿地保护和生态治理。四是加强全流域水资源节约集约利用。五是全力保障黄河长治久安。六是强化环境污染系统治理。七是建设特色优势现代产业体系。八是构建区域城乡发展新格局。九是加强基础设施互联互通。十是保护传承弘扬黄河文化。十一是补齐民生短板和弱项。十二是加快改革开放步伐。

3.《黄河流域水资源节约集约利用实施方案》(以下简称《实施方案》)

为打好黄河流域深度节水控水攻坚战，提升水资源节约集约利用水平，国家发展改革委发布《黄河流域水资源节约集约利用实施方案》。《实施方案》提出2025年黄河流域水资源消耗总量和强度双控体系基本建立，流域水资源配置进一步优化，重点领域节水取得明显成效，非常规水源利用全面推进等目标要求，以及万元GDP用水量、农田灌溉水有效利用系数、城市再生水利用率、城市公共供水管网漏损率等发展指标。黄河流域水资源节约集约利用的重点措施包括：一是强化水资源刚性约束。贯彻“四水四定”，以水资源刚性约束倒逼发展方式转变；严格用水指标管理，严格用水过程管理。二是优化流域水资源配置。优化黄河分水方案，坚持生态优先，大稳定、小调整，优化细化《黄河可供水量分配方案》(黄河“八七”分水方案)；强化流域水资源调度，做好地下水采补平衡。三是推动重点领域节水。强化农业节水，推行节水灌溉，发展旱作农业，开展畜牧渔业节水；加强工业节水，优化产业结构，开展节水改造，推广园区集约用水；厉行生活节水，建设节水型城市，实行供水管网漏损控制，开展农村生活节水。四是推进非常规水源利用。强化再生水利用，促进雨水利用，推动矿井水、苦咸水、海水淡化水利用。五是推动减污降碳协同增效。在流域、区域和城市尺度上，构建健康的自然水循环和社会水循环，实现水城共融、人水和谐。

（三）黄河流域相关规划政策文件的落实和响应

1.“四水四定”，强化水资源刚性约束

按照量水而行、节水为重的原则，把水资源作为最大的刚性约束，坚持以水定城、以水定地、以水定人、以水定产。

在规划中应理顺水资源时空分布特征并优化水资源空间配置，合理确定人口规模、城市格局与产业导向，优化生产生活生态用水结构，推动用水方式由粗放低效向节约集约转变。规划建设高效率城市供用水体系，降低供水管网漏损率，开展公共领域节水，推进非常规水利用，避免不符合当地水资源条件的“挖湖造景”规划，全面支撑节水型城市建设。

2.生态优先，加强水环境修复治理

坚持因地制宜、分类施策，针对上中下游不同的自然条件，分区分类推进黄河流域保护和治理。

黄河上游重点加强水源涵养能力建设，系统全面保护三江源地区山水林田湖草生态要素，加强生态敏感脆弱区生态修复，构筑国家生态安全屏障；中游重点解决水土流失和水环境保护问题，持续推进黄土高原水土流失治理，加快推进

城市黑臭水体治理，强化城镇污水管网和处理设施建设；下游重点推进湿地保护和生态治理，为黄河三角洲湿地保护修复提供科学规划方案，重视滩区生态环境综合整治，加强黄河绿色生态走廊规划建设。

3.以人为本，提高水安全保障能力

以人民生命财产安全为中心，牢固树立安全发展理念，保障黄河长治久安。

在规划中高度重视水沙关系调节这一“牛鼻子”，加强流域防洪排涝减灾体系规划建设，实施河道和滩区综合提升治理工程。统筹城市水资源利用和防灾减灾，积极推进海绵城市建设。统筹黄河流域防洪和排涝工作，合理确定各级城市防洪标准和堤防等级，加强沿黄城市排水管网和内外河湖的衔接。加强城市排水防涝设施建设，提升排水防涝防控水平，确保黄河沿岸人民生命财产安全。

4.传承文化，实现山水城和谐共生

统筹黄河文化保护、传承和利用，完善黄河流域历史文化保护对象体系，开展历史城区整体保护，推进历史文化街区、历史建筑、工业文化遗产的保护修缮与活化利用，开展“历史文化展示线路”建设工作。

尊重自然条件、城市形态的历史肌理和延续性，维护山水城格局的连续完整，营造与自然山水本底相适宜的城市格局。传承中华传统营建智慧，保护并延续黄河流域城市优秀中华空间基因。统筹黄河流域城镇绿道、沿黄生态廊道和旅游公路建设，打造构建黄河绿道网络，塑造以绿色为本底的沿黄城市风貌，建设黄河国家文化公园。

（中规院（北京）规划设计有限公司，执笔人：张莉、武敏）

八、推动海南自贸港高质量跨越发展

海南是我国最大的经济特区，具有实施全面深化改革和试验最高水平开放政策的独特优势。支持海南逐步探索、稳步推进中国特色自由贸易港建设，分步骤、分阶段建立自由贸易港政策和制度体系，是党中央着眼国内国际两个大局，深入研究、统筹考虑、科学谋划作出的战略决策。

（一）2021年出台的海南自贸港相关政策文件

自2020年6月1日《海南自由贸易港建设总体方案》发布以来，一大批核心及配套政策密集出台、落地见效，有力推动了海南自由贸易港建设顺利开局、蓬勃展开。2021年度出台的相关政策文件主要是为了支撑《中华人民共和国海南自由贸易港法》而颁布的相关税收、贸易和金融政策，以及为了落实《海南自由贸易港建设总体方案》而开展的各领域子项工作，见表2。

2021年度出台的自由贸易港部分重要文件 **表2**

类别	时间	部门	政策名称
法律	6月11日	《中华人民共和国海南自由贸易港法》	
税收政策	1月5日	海关总署	《海南自由贸易港交通工具及游艇“零关税”政策海关实施办法（试行）》
	1月27日	国家发展改革委、财政部、税务总局	《海南自由贸易港鼓励类产业目录（2020年本）》
	3月18日	财政部、税务总局	《海南自由贸易港旅游业、现代服务业、高新技术产业企业所得税优惠目录》
人才政策	2月27日	省委办公厅、省政府办公厅	《海南自由贸易港聘任境外人员担任法定机构、事业单位、国有企业领导职务管理规定（试行）》
贸易政策	4月7日	国家发展改革委、商务部	《关于支持海南自由贸易港建设放宽市场准入若干特别措施的意见》
	4月19日	商务部等20部门	《关于推进海南自由贸易港贸易自由化便利化若干措施的通知》
	4月21日	商务部	《海南省服务业扩大开放综合试点总体方案》
金融政策	3月30日	中国人民银行等四部门	《关于金融支持海南全面深化改革开放的意见》
运输政策	1月7日	财政部、海关总署、税务总局	《关于海南自由贸易港试行启运港退税政策的通知》
	2月26日	财政部等五部门	《关于海南自由贸易港内外贸同船运输境内船舶加注保税油和本地生产燃料油政策的通知》
投资建设政策	5月10日	海南省政府办公厅	《海南自由贸易港投资新政三年行动方案（2021—2023年）》
	6月21日	海南省政府办公厅	《海南自由贸易港建设白皮书》
	12月16日	海南省政府办公厅	《海南省人民政府办公厅关于加快建立健全绿色低碳循环发展经济体系的实施意见》

（二）重点政策文件的内涵和要求

1.《中华人民共和国海南自由贸易港法》

《中华人民共和国海南自由贸易港法》2021年6月正式颁布实施，其目的是建设高水平的中国特色海南自由贸易港，推动形成更高层次改革开放新格局，建立开放型经济新体制，促进社会主义市场经济平稳健康可持续发展。

海南自由贸易港法坚持原则性法律、基础性法律的定位，在立法过程中，体现中国特色和学习借鉴国际先进经验相结合，在保证国家法制统一的前提下赋予海南更大的改革开放自主权。该法的制定是落实党中央决策部署的重大举措，是彰显我们国家对外开放，推动经济全球化的客观要求，是我们国家推动海南制度创新、系统协调推进的客观需要。

2.《海南自由贸易港投资新政三年行动方案（2021—2023年）》

一是明确了四大行动目标，包括：注重产业投资结构和质量，扩大有效投资；完善“五网”基础设施；提高民生公共服务能力；持续扩大社会投资。二是确定了四大主要任务，包括：优化产业投资结构，构建以“3+1+1”产业[①]为主的现代化产业体系；补齐“五网”[②]基础设施短板，提高服务效率；加大公共领域投资，提升民生公共服务水平；增强市场活力，吸引更多社会投资。三是通过四项举措加快投融资体制改革，如提高资源配置效率、拓宽投融资渠道、创新投资监管模式、实行“承诺即入制”“极简审批”投资便利化制度。四是六大保障措施，包括实行项目分级推动责任制，全面加强项目要素保障，高质量招商引资，细化年度项目清单，发挥重点园区作用，强化责任落实。

（三）在相关规划中落实和响应

海南自由贸易港高质量跨越发展，是站在国家角色的角度，适应经济全球化的新变局，实现国家主动推进从“一次开放”向“二次开放”的转型，以自由贸易区战略、“一带一路”倡议、服务贸易战略为重点，务实推进更深层次、更高水平的双向开放，赢得国内发展和国际竞争的主动；不仅将提升我国参与全球经济治理的制度性权力，也将为我国经济转型和结构性改革营造有利的外部环境。简言之，海南要实现“共享全球”和“全球共享”。

1.建设生态岛

一是以绿色转型推动绿色发展，率先实现碳达峰、碳中和目标。以新能源生产和消费革命带动产业结构的绿色转型，全方位全过程推进绿色生产和绿色生活，力争在2025年前实现碳达峰、2050年前实现碳中和，建设具有国际示范意义的“零碳岛”。

---

① “3+1+1”产业指：旅游业、现代服务业、高新技术产业三大主导产业，以及热带特色高效农业、制造业两类鼓励发展产业。

② “五网”指：路网、水网、电网、光网、气网五类交通和市政基础设施网络。

二是筑守生态底线，实现生物多样性资源的科学保护与利用。依托腹地山区的原生态热带雨林系统、海岸及海域内的红树林生态系统与珊瑚礁保护区，打造海南独特的热带山海自然生境栖息地，按照“城区就是景区”的规划理念，打造城园田野交融的蓝绿空间；发挥独特优势，加强热带海洋、生物多样性和热带科技田保护利用，在三亚建设中国唯一的世界级热带动植物基因库，依托智慧基因云平台，建设数字化的生物多样性基地和基因大数据资源库。

三是建立支撑绿色转型的机制和体制保障。以资源环境产权制度改革为重点，加快建立完善市场机制；以构建绿色财税金融体制为基础，形成绿色转型的体制合力；以城乡环境同治为主要抓手，创新生态环境监管体制。

四是推动绿色转型的国际合作。发挥资源和制度优势，把海南建设成为全球生态文明建设的重要参与者、贡献者、引领者。形成绿色发展的“海南方案”，助力中国在全球绿色转型中发挥大国作用。

2.建设开放岛

一是制度设计先行，逐步构建自由贸易港政策制度体系。推进财政与税收政策制度改革，创新优化税收服务；深化金融体制改革，优化金融业市场环境；建立符合自贸港需求的国际人才管理改革制度；健全接轨国际的自贸港法律规范体系。

二是数字经济与实体经济并重，加快构建现代产业体系，高标准建设产业重大功能平台。以实体经济作为高质量发展着力点，推动制造业优化升级；促进数字经济与传统产业深度融合，释放新经济巨大潜力；培育壮大高新技术产业，打造科技创新空间平台；发展壮大现代服务业，形成以服务贸易为重点的开放转型新格局；加快建设国际旅游消费中心，形成全域旅游发展格局。

三是链接全球，建立互联互通的交通支撑。提升海南作为畅通国内国际双循环的重要转换枢纽的服务能级，推进运输来往自由便利，建设具有世界影响力的现代化港口群和琼州海峡国家综合运输大通道；推动全岛同城化，建设一体化交通网络设施，满足岛内交通高频化、多样化、绿色化、旅游化需求；提升客运一体化服务品质，推动现代物流业降本增效，建成内通外畅、服务优质、功能完备、智慧低碳的现代综合交通运输体系。

3.建设幸福岛

一是打造国际接轨的高质量职住服空间。构建融合型居住空间体系，通过产业引导、住房建设、公共服务布局等供给侧的改革措施，建立新型职住关系；

以推进国际教育创新岛为引领，建设以社会需求为导向的面向国际、全民可享的公共服务支撑体系；坚持“房住不炒”，建立适应自贸港多样性需求的高质量住房供给体系，加快安居型商品住房、公共租赁住房、市场化租赁住房建设，同时在江东新区等国际化人才和就业人群的重点导入地区提供公共服务配套完善的人才公寓、国际化社区等多元化住房类型。

二是以城市有机更新营造高品质城市空间，吸引高端企业和留住人才。开展生态修复、城市修补重塑城市形象，通过增绿护蓝、水体治理、山体修复等工作，健全花园城市生态格局，促进空间品质提升；以文化复兴塑造城市特色，塑造海南的文化内涵和人文精神，建成一批国际会议、国际博览、文化艺术、专业赛事、旅游服务等标志性、高端化、国际化的公共服务设施，形成更具国际影响力的文化品牌和城市品牌。

三是开拓有品质、有效率的高质量消费空间。创新消费供给体系，重点破解健康消费、教育服务、文化娱乐等领域需求增长与供给不足的矛盾，消费升级拉动高质量发展，建设公共服务供给的全球高地。乡村振兴释放高质量发展的巨大动能，推进乡村振兴与新型城镇化的融合，重塑城乡关系，打造高品质、有温度的乡村空间。

（中规院（北京）规划设计有限公司海南分公司，执笔人：胡耀文）

统筹推动城乡建设绿色发展

习近平总书记在75届联合国大会一般性辩论上提出“中国力争2030年前实现碳达峰，2060年前实现碳中和”的目标，这是一个负责任的大国向全世界做出的庄严承诺，也展现了我国推动经济社会发展全面绿色低碳转型的坚定决心。城乡建设是推动绿色发展、建设美丽中国的重要载体。2021年10月21日，中共中央办公厅、国务院办公厅正式印发了《关于推动城乡建设绿色发展的意见》(以下简称《意见》)，提出推进城乡建设一体化发展的三个层面、转变城乡建设发展方式的五个方向以及创新工作的五大方法，是指导未来城乡建设绿色发展工作的纲领性文件。

一、意见的内涵和要求

（一）推动城乡建设一体化发展

一是“促进区域和城市群绿色发展”，具体包括“建立健全区域与城市群绿色发展协调机制，统筹区域、城市群和都市圈内大中小城市住房建设，协同建设区域生态网络和绿道体系，推进区域重大基础设施和公共服务设施共建共享”等要求。二是“建设人与自然和谐共生的美丽城市”，具体包括“建立分层次、分区域协调管控机制，实施海绵城市建设，实施城市功能完善工程，建立健全推进城市生态修复、功能完善工程标准规范和工作体系，推动绿色城市、森林城市、无废城市建设，推进以县城为重要载体的城镇化建设”等要求。三是“打造绿色生态宜居的美丽乡村”，具体包括“建立乡村建设评价机制，提高农房设计和建造水平，保护塑造乡村风貌，统筹布局县城、中心镇、行政村基础设施和公共服务设施，提高镇村设施建设水平，立足资源优势打造各具特色的农业全产业链，推动农村一二三产业融合发展”等要求。

(二)转变城乡建设发展方式

一是“建设高品质的绿色建筑”，具体包括“实施建筑领域碳达峰、碳中和行动，推进既有建筑绿色化改造，实施绿色建筑统一标识制度，建立城市建筑用水、用电、用气、用热等数据共享机制，大力推动可再生能源应用”等要求。二是“提高城乡基础设施体系化水平”，具体包括“建立健全基础设施建档制度，推进城乡基础设施补短板和更新改造专项行动以及体系化建设，加强公交优先、绿色出行的城市街区建设，持续推动城镇污水处理提质增效，统筹推进煤改电、煤改气及集中供热替代”等要求。三是“加强城乡历史文化保护与传承”，具体包括“建立完善城乡历史文化保护传承体系，开展历史文化资源普查，建立历史文化名城、名镇、名村及传统村落保护制度，完善项目审批、财政支持、社会参与等制度机制，建立保护项目维护修缮机制，保护和培养传统工匠队伍，传承传统建筑绿色营造方式”等要求。四是“实现工程建设全过程绿色建造”，具体包括“大力发展装配式建筑，完善绿色建材产品认证制度，加强建筑材料循环利用，加快推进工程造价改革，改革建筑劳动用工制度”等要求。五是“推动形成绿色生活方式”，具体包括“推广节能低碳节水用品，推动太阳能、再生水等应用，倡导绿色装修，持续推进垃圾分类和减量化、资源化，科学制定城市慢行系统规划，深入开展绿色出行创建行动”等要求。

(三)创新工作方法

创新工作方法包括统筹城乡规划建设管理、建立城市体检评估制度、加大科技创新力度、推动城市智慧化建设、推动美好环境共建共治共享五方面。《意见》针对这五大工作方法，提出“编制相关规划，建立规划、建设、管理三大环节统筹机制，创新城乡建设管控和引导机制，建立健全‘一年一体检，五年一评估’的城市体检评估制度，完善以市场为导向的城乡建设绿色技术创新体系，建立完善智慧城市建设标准和政策法规，开展城市信息模型平台建设，搭建城市运行管理服务平台，建立党组织统一领导、政府依法履责、各类组织积极协同、群众广泛参与，自治、法治、德治相结合的基层治理体系，以城镇老旧小区改造、历史文化街区保护与利用、美丽乡村建设、生活垃圾分类等为抓手和载体，构建社区生活圈，广泛发动组织群众参与城乡社区治理”等具体要求。

二、在相关规划中落实和响应

在规划中落实《意见》要求，应当立足于整体思维和系统思维，全局思考、整体施策、多措并举，统筹推动城乡建设绿色发展。

（一）区域和城市群层面的相关规划

对区域和城市群而言，如何强化整体性、协调各发展单元之间的关系是绿色发展的关键。因此核心工作一是强化协同保护，通过开展城市群和都市圈的资源环境承载能力评价，探索跨行政区域统筹划定生态保护红线、永久基本农田、城镇开发边界等管控边界，协同建设区域生态网络和绿道体系，形成区域和城市群健康运行的“底盘”。二是推动协同建设，推进区域重大市政公用基础设施、综合立体交通设施、公共服务设施、避灾设施和新一代信息基础设施的协同配置和共建共享，建构区域和城市群一体化发展的支撑体系。三是促进生态、环境、公共服务等领域一系列跨行政区协同机制的建立。

（二）城市层面的相关规划

对城市而言，如何强化系统性、协调以生态资源环境安全为核心的高水平保护和“以人民为中心”的高质量发展之间的关系是绿色发展的关键。因此核心工作一是从高水平保护入手，以自然资源承载能力和生态环境容量为基础，合理确定城市人口和用地、用水、用能规模，构建连续完整的生态基础设施体系。二是从高质量发展入手，合理确定开发建设密度和强度，实施城市功能完善工程，在民生领域补短板、强弱项，提高中心城市综合承载能力，提升县城公共设施和服务水平。

（三）乡村层面的相关规划

对乡村而言，如何促进城乡要素流动进而实现城乡融合发展，同时走出因地制宜、特色发展的现代化道路是绿色发展的关键。因此，一方面要通过提升农房品质，提高农村生活垃圾污水治理、水系综合整治、防灾减灾能力建设水平来补齐农村人居环境的短板，另一方面要通过保护塑造乡村风貌、延续乡村历史文脉、推动一二三产融合来促进特色发展。

（四）基础设施的相关规划

基础设施绿色发展的目标是以绿色、智能、协同、安全为基本要求完善设施建设，提高体系化水平和应对风险能力，大大提升基础设施的运行效率。因此规划中一要补短板、补漏洞，厘清基础设施建设的现状，重视城乡安全设施的配置。二要顺应绿色化和智能化的趋势，规划建设公交优先、绿色出行的城市街区，为新能源汽车、智能网联汽车及相关配套设施的推广，再生水、集蓄雨水等非常规水源以及太阳能、风能、生物质能、地热等新能源的利用做好空间布局和设施配置上的一系列提前谋划。

（五）统筹规建管全过程

只有统筹城市规划—建设—管理全过程，才能不断增强城市的整体性、系统性、生长性，促进城市全生命周期的可持续发展。在这一过程中，需要以常态化的城市体检评估为全周期的“前端”，通过体检发现和诊断“城市病”，实现“对症下药”。需要创新管控引导机制，鼓励开展密度分区、特色风貌、街道设计、夜景照明等一系列探索，实现规划向管理端的延伸。需要强化信息平台等新技术的应用，实现新一代信息技术与城乡建设领域的深度融合。

（绿色城市研究所，执笔人：谭静）

实施城市更新行动，推动城市开发建设方式转型

国家“十四五”规划明确提出实施城市更新行动，这是对进一步提升城市发展质量作出的重大决策部署，为“十四五”乃至今后一个时期做好城市工作指明了方向，明确了目标任务。住房和城乡建设部按照中央要求，积极落实和推进城市更新工作，出台三个重要文件，及时开展试点，为顺利开展工作奠定良好基础。

一、2021年出台的城市更新相关政策文件

2021年3月，住房和城乡建设部办公厅印发《关于组织推荐城市更新试点的通知》，部署各地组织推荐试点，探索城市更新工作机制、实施模式、政策措施、技术方法和管理制度等一套方法路径，形成一批具有示范效应的城市更新项目。

2021年8月，印发《关于在实施城市更新行动中防止大拆大建问题的通知》，要求各地在实施城市更新行动中顺应城市发展规律，尊重人民群众意愿，转变城市开发建设方式，避免沿用过度房地产化的开发建设方式、大拆大建、急功近利的倾向。

2021年11月，印发《关于开展第一批城市更新试点工作的通知》，决定在北京等21个城市（区）开展第一批城市更新试点工作，因地制宜探索城市更新的工作机制、实施模式、支持政策、技术方法和管理制度，科学有序实施城市更新行动。

二、重点政策文件的内涵和要求

（一）关于开展城市更新试点工作的背景

2020年11月，住房和城乡建设部部长王蒙徽发表题为《实施城市更新行动》

的文章，进一步明确了城市更新的目标、意义、任务等。2020年12月，住房和城乡建设部召开全国住房和城乡建设工作会议，部署2021年的八大重点任务，提出要全力实施城市更新行动，推动城市高质量发展。李克强总理在2021年政府工作报告中也提出，“十四五”时期要“实施城市更新行动，完善住房市场体系和住房保障体系，提升城镇化发展质量”。

（二）关于开展城市更新试点的目的

从目前各方面情况来看，各地对城市更新的认识还不一致，项目实施过程中，在项目审批、建设管理、资金筹措、长效运营等阶段均遇到一些难点问题。面对不同类型的城市更新项目，实施技术、工程措施、方法路径也不明确，这对于传统的城市规划、建设、管理模式来讲，是一个巨大的探索与创新。因此，需要通过试点的方式，鼓励各地因地制宜探索城市更新的工作机制、实施模式、支持政策、技术方法和管理制度，推动城市结构优化、功能完善和品质提升，形成可复制、可推广的经验做法，引导各地互学互鉴，科学有序实施城市更新行动。

（三）关于第一批试点的主要内容

一是探索城市更新统筹谋划机制。加强工作统筹，建立健全政府统筹、条块协作、部门联动、分层落实的工作机制。坚持城市体检评估先行，合理确定城市更新重点，加快制定城市更新规划和年度实施计划，划定城市更新单元，建立项目库，明确城市更新目标任务、重点项目和实施时序。鼓励出台地方性法规、规章等，为城市更新提供法治保障。

二是探索城市更新可持续模式。探索建立政府引导、市场运作、公众参与的可持续实施模式。坚持“留改拆”并举，以保留利用提升为主，开展既有建筑调查评估，建立存量资源统筹协调机制。构建多元化资金保障机制，加大各级财政资金投入，加强各类金融机构信贷支持，完善社会资本参与机制，健全公众参与机制。

三是探索建立城市更新配套制度政策。创新土地、规划、建设、园林绿化、消防、不动产、产业、财税、金融等相关配套政策。深化工程建设项目审批制度改革，优化城市更新项目审批流程，提高审批效率。探索建立城市更新规划、建设、管理、运行、拆除等全生命周期管理制度。分类探索更新改造技术方法和实施路径，鼓励制定适用于存量更新改造的标准规范。

（四）关于对防止大拆大建的底线的认识

各地在积极推动实施城市更新行动过程中，也不同程度出现继续沿用过度房地产化的开发建设方式，导致“大拆大建”、急功近利倾向。“大拆大建”会破坏城市传统风貌和城市记忆，破坏原有的社会人口结构，造成绅士化问题，同时，“大拆大建”的更新方式变相抬高了房价和租金，提高生活成本，增加了城市基础设施和公服设施压力，但带来的收益却被少数人获取，有失社会公平。此外，“大拆大建”的更新方式增加了碳排放，有违绿色低碳的发展理念。因此，《关于在实施城市更新行动中防止大拆大建问题的通知》（以下简称《通知》）及时发布可谓恰逢其时，为遏制“大拆大建”、实现可持续的城市更新奠定基础。

一是引导各地深刻认识城市更新行动的重要内涵。从坚持划定底线、坚持应留尽留、坚持量力而行三方面提出11项要求，防止城市更新变形走样，有助于引导地方政府深刻认识新发展理念，以内涵集约、绿色低碳发展为路径，贯彻城乡建设中以人民为中心的价值导向，促进城市高质量发展。

二是有助于迅速纠正个别地区“大拆大建”行为。《通知》直击“随意拆除老建筑、征迁居民、砍伐老树、变相抬高房价、提高生活成本”等痛点，不仅详细规定了开发容量和增减比例等核心要素，且关注到历史文脉、服务设施、特色风貌、韧性城市等综合视角，以组合拳形式对更新行动的改造拆除进行了精准约束。

三是有助于推动开发建设方式转变，探索可持续的更新模式。《通知》有利于引导开发商结合实际，有计划、渐进式地有机改造，为后续城市更新行动提供良好的基础；也有利于在政府、市场、公众联合参与下，有效整合各种资源，盘活存量资产，增强城市活力。

四是有助于保持住房租赁市场稳定。“不大规模、短时间拆迁城中村等城市连片旧区，同步做好中低价位、中小户型长期租赁住房建设”，明确住房租金年度涨幅不超过5%，有利于缓解阶段性租赁房源供需不平衡问题，平抑租金价格水平。

三、规划落实和响应

一是以建设美好人居环境为目标，合理确定城市规模、人口密度，优化城市布局，控制特大城市中心城区建设密度，促进公共服务设施合理布局。补足城市基础设施短板，加强各类生活服务设施建设，增加公共活动空间，推动发展城市新业态，完善和提升城市功能。

二是把居住社区建设成为满足人民群众日常生活需求的完整单元，因地制宜对其市政配套基础设施、公共服务设施等存在的“短板”进行改造和建设。

三是增强城市防洪排涝能力。统筹城市水资源利用和防灾减灾，系统化全域推进海绵城市建设，打造生态、安全、可持续的城市水循环系统。统筹城市防洪和排涝工作，科学规划和改造完善城市河道、堤防、水库、排水系统设施，加快建设和完善城市防洪排涝设施体系。

（城市更新研究所，执笔人：王仲等）

在城乡建设中保护传承历史文化

党中央、国务院高度重视历史文化保护传承工作。习近平总书记多次就坚定文化自信、加强历史文化保护传承作出重要指示批示，指出历史文化遗产是不可再生、不可替代的宝贵资源，要始终把保护放在第一位；强调要推动中华优秀传统文化创造性转化、创新性发展，让中华文明的影响力、凝聚力、感召力更加充分地展示出来；要求处理好城市改造开发和历史文化遗产保护利用的关系，切实做到在保护中发展、在发展中保护。

一、2021年出台的历史文化保护传承相关政策文件

2021年9月3日，中共中央办公厅、国务院办公厅印发《关于在城乡建设中加强历史文化保护传承的意见》(以下简称《意见》)。《意见》是我国在1982年建立历史文化名城保护制度近40年以来，首次以中央名义专门印发的关于城乡历史文化保护传承的文件，是城乡历史文化保护传承工作的顶层设计和纲领性文件，为下一步做好保护传承工作指明了方向，提供了遵循。

为了加强历史文化保护传承工作，住房和城乡建设部等有关部门陆续出台了一系列政策文件，包括:《住房和城乡建设部办公厅关于进一步加强历史文化街区和历史建筑保护工作的通知》《住房和城乡建设部关于在实施城市更新行动中防止大拆大建问题的通知》《住房和城乡建设部、国家文物局关于加强国家历史文化名城保护专项评估工作的通知》等。

二、重点政策文件的内涵和要求

（一）《关于在城乡建设中加强历史文化保护传承的意见》

《意见》明确提出要建立分类科学、保护有力、管理有效的城乡历史文化保护传承体系。一是延伸了遗产认知的时间轴，要求完整保护5000多年的中华文明历史、180年的近现代历史、100年的中国共产党党史、70多年的新中国历史、40多年的改革开放和现代化建设史5个历史时期的遗产和成就。二是拓展了保护传承空间范围和对象类型，提出城乡历史文化保护传承体系是以具有保护意义、承载不同历史时期文化价值的城市、村镇等复合型、活态遗产为主体和依托，保护对象主要包括历史文化名城、名镇、名村（传统村落）、街区和不可移动文物、历史建筑、历史地段，与工业遗产、农业文化遗产、灌溉工程遗产、非物质文化遗产、地名文化遗产等保护传承共同构成的有机整体。三是建立保护传承体系三级管理体制，明确了国家、省级、市县级分别对应的职责和要求。四是明确了保护重点和保护底线，对遗产活化利用、融入城乡建设提出要求和指引。五是从加强统筹协调、健全管理机制、推动多方参与、强化奖励激励、加强监督检查、强化考核问责方面细化了建立健全工作机制的要求。

（二）《关于进一步加强历史文化街区和历史建筑保护工作的通知》

一是加强普查认定，尽快完善保护名录。扩大普查地域空间范围，延展普查年代区间，丰富历史文化街区和历史建筑的内涵和类型。二是推进挂牌建档，留存保护对象身份信息。结合地域文化特色，统一设计制定保护标志牌。加快推进历史建筑测绘建档工作，开展历史建筑数字化信息采集，建立数字档案。三是加强修复修缮，充分发挥历史文化街区和历史建筑使用价值。重点围绕建筑加固修缮，沿街立面风貌整治，路面整修改造，以及配套完善水电热气、通讯照明、垃圾收集中转、消防安防设施等方面，修复和更新历史文化街区。加强历史建筑安全评估，对存在安全风险的历史建筑进行抢救性修缮。四是严格拆除管理，充分听取社会公众意见。任何单位和个人不得损坏或者擅自迁移、拆除经认定公布的历史建筑，不得随意拆除和损坏历史文化街区中具有保护价值的老建筑。

（三）《关于在实施城市更新行动中防止大拆大建问题的通知》（以下简称《通知》）

《通知》明确要求实施城市更新行动要顺应城市发展规律，转变城市开发建设方式，坚持“留改拆”并举、以保留利用提升为主，加强修缮改造，补齐城市短板。一是坚持划定底线，防止城市更新变形走样。严格控制大规模拆除，原则上城市更新单元（片区）或项目内拆除建筑面积不应大于现状总建筑面积的20%。严格控制大规模增建，原则上城市更新单元（片区）或项目内拆建比不应大于2。严格控制大规模搬迁，不改变社会结构，不割断人、地和文化的关系。确保住房租赁市场供需平稳，不短时间、大规模拆迁城中村等城市连片旧区。二是坚持应留尽留，全力保留城市记忆。保留利用既有建筑，保持老城格局尺度，延续城市特色风貌。三是坚持量力而行，稳妥推进改造提升。加强统筹谋划，杜绝运动式、盲目实施城市更新。探索可持续更新模式，鼓励推动由“开发方式”向“经营模式”转变。加快补足功能短板，以补短板、惠民生为更新重点。提高城市安全韧性，推动地面设施和地下市政基础设施更新改造统一谋划、协同建设。

（四）《关于加强国家历史文化名城保护专项评估工作的通知》（以下简称《通知》）

《通知》要求全面准确评估名城保护工作情况、保护对象的保护状况，及时发现和解决历史文化遗产屡遭破坏、拆除等突出问题，充分运用评估成果，推进落实保护责任，推动经验推广、问责问效、问题整改，切实提高名城保护能力和水平。一是明确了评估内容，包括历史文化资源调查评估和认定情况、保护管理责任落实情况、保护利用工作成效等。二是提出了评估组织要求，包括年度自评估——自2022年开始，各名城每年应开展一次自评估工作，定期评估——住房和城乡建设部、国家文物局每五年组织第三方机构对所有名城开展全覆盖调研评估，重点评估——对特定区域、流域的名城保护情况，名城内特定时期历史文化资源保护工作开展情况，或者问题频发的名城保护管理情况，有关部门及时组织开展重点评估。三是提出了成果运用要求。总结推广经验，宣传推广评估发现的好经验、好案例、好做法。开展处罚问责，对问题严重的名城，对照《国家历史文化名城保护不力处理标准（试行）》，按规定要求和程序作出处理。推进问题整改，对专项评估发现的问题，相关名城应制定整改方案，及时进行整改。

三、规划落实和响应

（一）拓展历史文化保护的视野与边界，讲好中国故事

依据《意见》的要求，编制全国城乡历史文化保护传承体系规划纲要，积极开展省级保护传承体系规划，从全国、省级层面搭建新时期保护传承工作的总体框架。在黄河流域、长江流域、大运河等相关规划研究中，应强调跨区域、跨流域统筹协调和系统完整保护。在历史文化名城名镇名村街区保护中，拓展保护视野，在时间上贯穿古今，做到空间全覆盖、要素全囊括，重点关注建党100年来的革命遗存、新中国成立以及改革开放以来反映中国发展历史的当代建设成就。

（二）坚持保护为基和以用促保，推动城市高质量发展

在保护的基础上，坚持“以用促保”、融入城乡的总体要求。在城乡建设中，应充分发掘历史内涵、文化积淀、历史遗存，通过各类保护对象的科学保护和活化利用，让历史和文化得到充分的利用和展现，让群众在日用和不觉中接受文化熏陶。应注重历史文化的创造性转化、创新性发展，探索适应现代生产生活需要的历史文化保护与传承方法，让历史资源有尊严、能开放，让历史文化可感知、可体验，为城市未来发展提供新的动力和价值。

（三）深入探索微改造保护更新路径，让人们记住乡愁

要改变以往“拆改留”的逻辑，由“拆改留”转变为“留改拆”，要通过资源的普查，把具有价值的历史文化资源先留下来、保下来，然后再进行更新改造。要用微改造的绣花功夫，推动老城、老街区、老建筑的修复改造。要坚持以人民为中心，避免大规模、强制性搬迁居民。鼓励房屋所有者、使用人参与保护更新，共建共治共享美好家园。应进行精细化的保护修缮设计，织补传统肌理和空间，采用老物料、老工艺传承历史风貌，让城市保留历史文化记忆，让人们记得住乡愁。

（历史文化名城研究所，执笔人：鞠德东等）

从脱贫攻坚到乡村振兴

党的十九大提出实施乡村振兴战略，十九届五中全会进一步强调，要全面推进乡村振兴，加快农业农村现代化。随着2020年贫困县全部摘帽退出，农村绝对贫困人口全部脱贫，我国“三农”工作重心发生了从脱贫攻坚向全面推进乡村振兴的历史性转移，朝着共同富裕的目标稳步前行。

一、促进乡村振兴出台的重要政策与法律

2021年我国重点从法律保障、政策支撑入手，强化乡村振兴的顶层设计。《中华人民共和国乡村振兴促进法》(以下简称《乡村振兴促进法》)于4月29日经全国人大审议通过，6月1日起施行，为乡村振兴提供了全局性的法律保障。以《中共中央 国务院关于全面推进乡村振兴加快农业农村现代化的意见》的中央一号文件为引领，不同领域的相关部委结合自身职责与工作重点，从产业发展、村庄建设、公共服务、用地保障、人才支撑和城乡融合等诸多方面，分别提出意见和方案(见表1)。

乡村振兴相关政策指引　　表1

领域	政策指引	相关部门
产业发展	《关于推动脱贫地区特色产业可持续发展的指导意见》	农业农村部、国家发展改革委、财政部等10部门
	《关于开展2021年电子商务进农村综合示范工作的通知》	财政部、商务部、国家乡村振兴局
	《关于开展“万企兴万村”行动的实施意见》	中华全国工商业联合、农业农村部、国家乡村振兴局等6部门
	《关于加快农村寄递物流体系建设的意见》	国务院办公厅
村庄建设	《关于做好农村低收入群体等重点对象住房安全保障工作的实施意见》	住房和城乡建设部、财政部、民政部、国家乡村振兴局

续表

领域	政策指引	相关部门
村庄建设	《关于深化“四好农村路”示范创建工作的意见》	交通运输部、财政部、农业农村部、国家乡村振兴局
	《关于加快农房和村庄建设现代化的指导意见》	住房和城乡建设部、农业农村部、国家乡村振兴局
	《关于推动城乡建设绿色发展的意见》	中共中央办公厅、国务院办公厅
	《农村人居环境整治提升五年行动方案(2021—2025年)》	中共中央办公厅、国务院办公厅
公共服务	《关于巩固拓展医疗保障脱贫攻坚成果有效衔接乡村振兴战略的实施意见》	国家医保局、民政部、财政部等7部门
	《关于实现巩固拓展教育脱贫攻坚成果同乡村振兴有效衔接的意见》	教育部、国家发展改革委、财政部、国家乡村振兴局
用地保障	《关于保障和规范农村一二三产业融合发展用地的通知》	自然资源部
	《全国高标准农田建设规划(2021—2030年)》	农业农村部
人才支撑	《国家乡村振兴重点帮扶地区职业技能提升工程实施方案》	人力资源社会保障部、国家乡村振兴局
城乡融合	《2021年新型城镇化和城乡融合发展重点任务》	国家发展改革委
	《社会资本投资农业农村指引(2021年)》	农业农村部、国家乡村振兴局
	《关于加强县域商业体系建设 促进农村消费的意见》	商务部、国家发展改革委、农业农村部等17部门

资料来源:根据2021年各部委相关文件整理,各领域文件按出台时间排序。

二、对乡村振兴和农村发展提出的重点要求

(一)《乡村振兴促进法》的主要内容

《乡村振兴促进法》作为一部专门指导乡村振兴的法律,共10章74条,立足于乡村的特有功能,以坚持农民主体地位、维护农民根本利益作为基本遵循,与各个涉农法律的规定有效衔接。《乡村振兴促进法》主要对粮食安全、乡村建设行动、乡村产业、人才支撑、文化传承、生态环境保护、乡村治理、城乡融合等方面提出了具体要求,也明确了扶持政策和监督检查的主要内容(见图1)。

(二)今年乡村振兴的政策关注重点

1.产业振兴注重生产和消费双轮驱动

产业是巩固脱贫攻坚成果、实现乡村振兴的物质基础,产业帮扶政策由重点

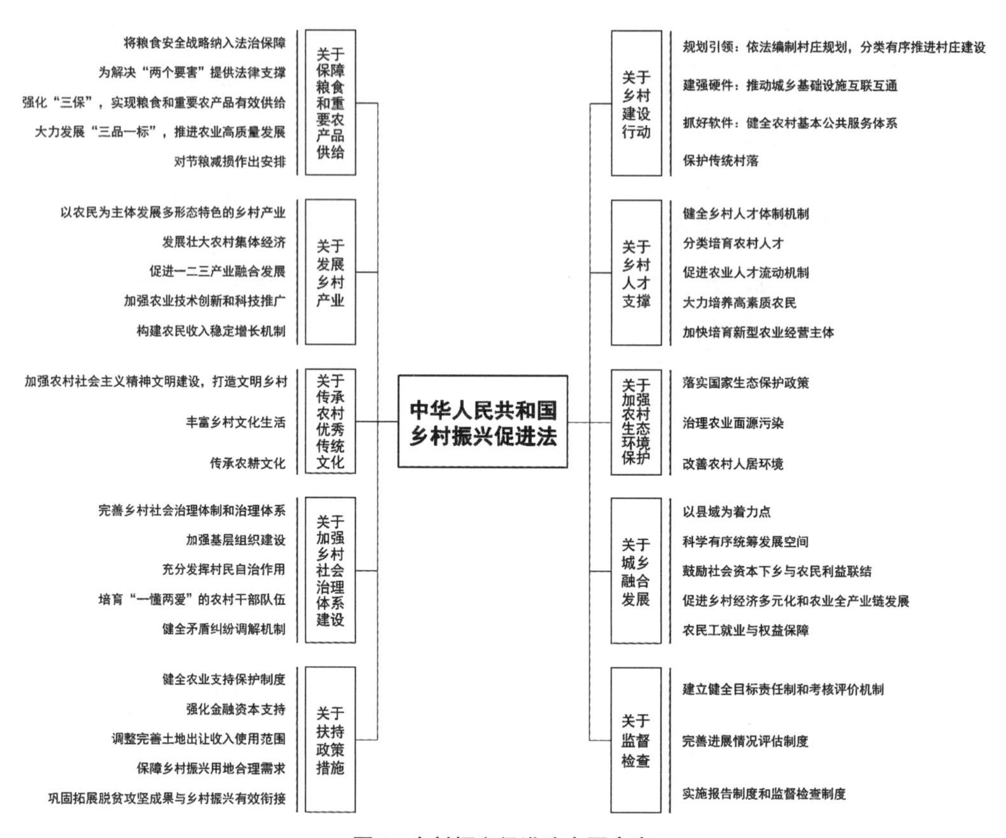

图1　乡村振兴促进法主要内容

注：“两个要害”为耕地和种子；“三保”是保数量、保多样、保质量；新“三品一标”为品质培优、品质提升、品牌打造和标准化生产；“一懂两爱”为懂农村、爱农村、爱农民。

支持贫困村贫困户向支持产业集中连片发展、农户普遍受益转变。在生产端，实施特色种养业提升行动，由“万企兴万村”行动接续“万企帮万村”项目，建立村企长期合作关系。在消费端，电子商务进农村示范工作和农村寄递物流体系建设协同推进，聚焦农产品进城和消费品下乡，完善农村电子商务公共服务体系，促进农民收入和农村消费双提升。

2.协调耕地保护和产业发展用地需求

耕地作为保障粮食安全的两个要害之一，要严守基本农田保护红线，开展高标准农田建设，以提升粮食产能为首要目标，提高建设标准和质量。通过编制各级高标准农田建设规划，将建设任务分解到市、县，落实到地块，并遏制“非农化”、防止“非粮化”。为保障和规范农村一二三产业融合发展用地，要探索供地新方式、拓展集体建设用地使用途径、盘活农村存量建设用地等，统筹协调耕地和产业用地布局。

3.村庄建设绿色化与乡村设施网络化

农村住房条件和居住环境作为村庄建设的重点，在农村危房改造和地震高烈度设防地区农房抗震改造、保障住房安全的基础上，更要注重建设方式的绿色转型。村庄建设要推动既有农房节能改造、农村电网建设改造，传承传统建筑绿色营造方式，整体人居环境也要注重营造乡土特色风貌。以服务生活为主开展农村厕所革命和生活污水垃圾治理，以服务生产为主补齐农村寄递物流基础设施短板，设施建设纳入县乡村三级网络体系统筹考虑，强化村级网络节点作用。

4.以农民为主体促进广泛参与

乡村建设要尊重村民意愿，问需于民、问计于民，引导村集体和村民全程参与相关规划、建设、运营和管理，形成建设美好农村人居环境的合力。支持国家乡村振兴重点帮扶地区职业技能提升，分层分级建设技工院校、职业培训机构，实施专项职业能力项目，培育乡村高技能人才和技能大师。组织民营企业通过创新组织形式、合作经营模式等助力乡村振兴，鼓励社会资本参与村级商业服务与公共设施建设。

5.以县域为单元推进城乡融合

城乡融合发展一方面促进农业转移人口有序有效融入城市，一方面推进城乡要素双向自由流动和公共资源合理配置。城乡融合以县域为基本单元推进，引导资金、技术、人才、信息向脱贫地区聚集，发展“一县一业”，形成“一业一园”格局。农村人居环境整治提升、县域商业体系和农村电商服务体系建设、农村一二三产业融合项目、社会资本投资农业农村等都要求建立完善县域统筹机制，形成县城、乡镇、村庄层级分明、功能衔接的结构体系。

三、规划落实和响应

《乡村振兴促进法》和各部门相关政策都提出规划先行、统筹推进的总体要求。其中，产业发展要优化布局，促进产镇融合、产村一体；村庄建设分区分类推进，按照区域发展基础和条件设定目标，按照村庄分类统筹考虑主导产业、人居环境、生态保护等要求；国土空间规划要严守耕地保护红线并为农村一二三产业融合发展项目合理安排建设用地规模、结构、布局及设施配套。

（一）加强产业规划，引导特色发展

依托资源基础和现实条件，构建乡村特色产业体系，加强“农业+”和“互联网+”的产业提升策略研究。结合农业全产业链打造、特色种养业集中连片、农村电子商务发展等，探索农村一二三产业融合发展的模式，推动产业规划的空间落实，激发活力、共享收益，带动生活富裕。

（二）聚焦近期规划，预留弹性空间

考虑未来发展的不可预见性、农村产业融合的需求变化，充分衔接协调上位规划要求、当地村民意愿、企业发展诉求等，以近期为重点滚动编制，建立乡村规划调整机制。将农村产业融合发展用地、高标准农田建设情况纳入国土空间规划“一张图”进行动态监管，结合城市体检评估和乡村建设评价主要结论调整完善后期乡村规划内容。

（三）开展村庄设计，提升乡村品质

在符合乡镇国土空间规划和村庄规划的基础上，对村落风貌、自然景观、重要节点、公共空间、乡村建筑进行设计，指导村庄整治、农房建设改造等，塑造回归自然的生态田园景观和传承文脉的地域特色风貌，提升村庄的环境品质和文化内涵。

（四）依托土地整治，提升用地效率

以土地综合整治作为统筹乡村地区土地利用和空间布局的特定领域行动，整合城镇开发边界外的土地，推进乡村低效建设用地盘活、土地整治、增减挂钩。集聚相关政策资源，优化建设用地布局、提升土地利用效率。

（村镇规划研究所，执笔人：陈鹏、田璐）

提升治理水平，推动城乡高质量发展

“十四五”规划将“推进国家治理体系和治理能力现代化”，作为国家发展重要发展目标和战略举措，涵盖了国家政治、经济、社会、区域发展等方方面面的工作。为此，中共中央、国务院出台了《关于加强基层治理体系和治理能力现代化建设的意见》，对治理体系的构建和治理方法做出进一步安排部署，国家发展改革委、住房和城乡建设部等部委积极按照中央要求，落实和推进治理工作，出台多个重要文件，对提升城市品质、推进乡村振兴、构建基层社会治理格局等做出了具体安排。

一、2021年出台的城乡治理相关政策文件

2021年4月，中共中央、国务院印发《关于加强基层治理体系和治理能力现代化建设的意见》(以下简称《意见》)。《意见》是推进新时代基层治理现代化建设的纲领性文件，从基层治理角度明确了统筹推进乡镇（街道）和城乡社区治理的机制，提出力争用15年左右时间，基本实现基层治理体系和治理能力现代化，充分展现中国特色基层治理制度优势。

2021年6月，中共中央办公厅、国务院办公厅印发《关于加强和改进乡村治理的指导意见》(以下简称《指导意见》)。《指导意见》是实施乡村振兴战略重要配套性文件之一，对当前和今后一个时期的全国乡村治理工作进行全面部署安排。

2021年4月，国家发展改革委印发《2021年新型城镇化和城乡融合发展重点任务》(以下简称《任务》)，提出7个方面24项任务。《任务》中强调，要提升城市建设与治理现代化水平，完善治理结构，创新治理方式。

2021年12月，住房和城乡建设部印发《完整居住社区建设指南》(以下简称

《指南》)。《指南》的制定是为了落实党中央、国务院关于加强基层治理的决策部署，指导各地统筹推进完整居住社区建设工作。

二、重点政策文件的内涵和要求

(一)《关于加强基层治理体系和治理能力现代化建设的意见》

《意见》首先明确了"基层治理是国家治理的基石，统筹推进乡镇(街道)和城乡社区治理，是实现国家治理体系和治理能力现代化的基础工程"的核心地位；其次从建立健全基层治理体制机制，建立自治、法治、德治相结合的基层治理体系，提高基层治理社会化、法治化、智能化、专业化水平等方面提出具体要求。一是完善党全面领导基层治理制度。加强基层党组织建设，构建简约高效的乡镇(街道)管理体制，完善党建引领的社会参与制度，把基层党组织的政治优势、组织优势转化为治理效能。二是健全基层群众自治制度，推进基层法治和德治建设。以基层党组织为主导，引导公众参与、支持和配合基层治理，推进城乡社区综合服务设施建设，提升新时代社区生活的服务质量，推进社区服务标准化。三是加强基层政权和智慧治理能力建设。以乡镇(街道)为单元，完善民主协商制度、从农业产业发展、人居环境建设、市政市容管理、基层医疗服务、社会治安防控等多个方面提升基层政权服务能力；依托信息技术、数据资源、政务服务平台建设，推动数字化、信息化、智慧化建设向乡镇(街道)延伸，提升基层智慧治理服务能力。

(二)《关于加强和改进乡村治理的指导意见》

《指导意见》提出"健全党委领导、政府负责、社会协同、公众参与、法治保障、科技支撑的现代乡村社会治理体制，健全党组织领导的自治、法治、德治相结合的乡村治理体系，构建共建共治共享的社会治理格局"的总体要求。一是完善村党组织领导乡村治理的体制机制。建立以基层党组织为领导、村民自治组织和村务监督组织为基础、集体经济组织和农民合作组织为纽带、其他经济社会组织为补充的村级组织体系。二是增强村民自治组织能力，丰富村民议事协商形式。以基层党组织为领导，健全村民自治机制，完善村民(代表)民主会议制度；健全村级议事协商制度，形成多层次基层民事协商格局。三是支持多方主体参与乡村治理。充分发挥政府各部门、社区社会组织、村民及村民自治组织等多方力量协同推进乡村治理工作。四是推进为农服务的各类公共服务体系建设。关注农村社会治安防控、农村公共安全、乡村便民服务、乡村基本公共法律服务五个服务体系建设。

（三）《2021年新型城镇化和城乡融合发展重点任务》

《任务》包括提升城市治理水平。一是优化城市空间治理。编制完成省市县三级国土空间规划，统筹划定“三条”控制线，促进城镇建设用地集约高效利用，全面推行增量投放与存量盘活利用相挂钩。适当扩大住宅用地供应比例，提高工业用地利用效率，有序增加蓝绿生态空间。探索推行混合产业用地供给、分层开发、立体开发和以公共交通为导向的开发（TOD）等模式。稳慎把握省会城市管辖范围和市辖区规模调整。落实适用、经济、绿色、美观的新时期建筑方针，严格限制建设500米以上超高层建筑，严禁建设“丑陋建筑”。划定历史文化保护线，加强文物保护利用。二是加强基层社会治理。根据常住人口规模优化街道社区设置和管辖范围。建设现代社区，以社区综合服务设施为依托，对接社区居民需求、提供便捷优质服务。引导社区社会组织、社会工作服务机构、社区志愿者、驻地企业单位等共同参与社区治理。支持老旧小区引入市场化物业服务或推行社区托管、社会组织代管等方式，提高物业服务质量和标准化水平。

（四）《完整居住社区建设指南》

《指南》明确了完整居住社区的基本内涵、基本要求、建设指引和典型案例。《指南》提出完整居住社区是社会治理的基本单元，建设完整居住社区，通过开展“美好环境与幸福生活共同缔造”活动，发动居民决策共谋、发展共建、建设共管、效果共评、成果共享，修复社会关系和邻里关系，营造具有共同精神的社区文化，增强居民对社区的认同感、归属感，打通城市管理和城市治理的“最后一公里”，构建纵向到底、横向到边、共建共治共享的城市治理体系。

三、规划落实和响应

在加强基层智慧治理能力建设方面。一是做好规划建设。市、县级政府要将乡镇（街道）、村（社区）纳入信息化建设规划，统筹推进智慧城市、智慧社区基础设施、系统平台和应用终端建设，强化系统集成、数据融合和网络安全保障。

健全基层智慧治理标准体系，推广智能感知等技术。二是整合数据资源。实施“互联网+基层治理”行动，完善乡镇（街道）、村（社区）地理信息等基础数据，共建全国基层治理数据库，推动基层治理数据资源共享；完善乡镇（街道）与部门政务信息系统数据资源共享交换机制；推进村（社区）数据资源建设，实行村（社区）数据综合采集，实现一次采集、多方利用。

在社区治理能力建设方面。一是根据常住人口规模优化街道社区设置和管辖范围。二是推动社会治理重心下移到城乡社区，将城市管理、社会治理和公共服务事项纳入社区管理。三是以系统性整体性思维方式，统筹布局承载各部门建设要求和各领域资金资源的物质空间。四是创新社区管理和服务模式，以智慧社区物业管理服务平台为支撑，促进公共事务和便民服务智能化。五是引导城市规划、社会学等相关行业的专家助力社区治理，为社区中青年骨干和热心居民开展“社区规划师”培训，提升群众参与社区规划的能力。六是引导社区社会组织、社会工作服务机构、社区志愿者、驻地企业单位等共同参与社区治理。

在乡村治理治理能力建设方面。一是挖掘文化内涵，培育乡村特色文化产业，助推乡村旅游高质量发展。二是提升乡镇和村为农服务能力，充分发挥乡镇服务农村和农民的作用，加强乡镇政府公共服务职能，加大乡镇基本公共服务投入，使乡镇成为为农服务的龙头。三是推广“积分制”“清单制”“不良风气整治”及三个“一张图”，作为乡村治理典型工作方式。四是以“乡村治理试点示范”和“乡村治理示范村镇创建”行动作为两个重要抓手。

（城乡治理研究所，执笔人：许宏宇、王璇、车旭等）

大力发展保障性租赁住房，完善住房保障体系

发展保障性租赁住房是党中央、国务院的重要决策部署，是解决好大城市住房突出问题，完善住房保障体系的重要举措。发展保障性租赁住房是服务人才引领发展战略、提高城市竞争力和可持续发展的必然要求，能够有力支撑新型城镇化进程健康发展，有效增强新市民、青年人的获得感、幸福感和安全感。

一、保障性租赁住房相关政策文件

国家“十四五”规划提出“以人口流入多、房价高的城市为重点，扩大保障性租赁住房供给，着力解决困难群体和新市民住房问题”。2021年6月，国务院常务会议审议并通过了《关于加快发展保障性租赁住房的意见》，提出“新市民、青年人等群体住房困难问题仍然比较突出，需加快完善以公租房、保障性租赁住房和共有产权住房为主体的住房保障体系”，在国家政策层面确定了保障性租赁住房的定位。2021年7月，韩正副总理出席加快发展保障性租赁住房和进一步做好房地产市场调控工作电视电话会议，强调“从实际出发加快发展保障性租赁住房，坚定不移全面落实房地产长效机制”，强调“把发展保障性租赁住房作为‘十四五’住房建设的重点任务，坚持一切从实际出发，解决好大城市的住房突出问题”。

《保障性租赁住房中央预算内投资专项管理暂行办法》《关于完善住房租赁有关税收政策的公告》《关于做好2021年度发展保障性租赁住房情况监测评价工作的通知》等政策文件（见表1），进一步明确了支持保障性租赁住房的投资、税收支持政策、监督管理等内容，为发展保障性租赁住房提供了指导意见。

表1 保障性租赁住房相关政策指引

领域	发文时间	发文单位	政策名称
住房租赁市场	2016年6月	国务院办公厅	《国务院办公厅关于加快培育和发展住房租赁市场的若干意见》(国办发〔2016〕39号)
	2017年7月	住房城乡建设部　国家发展改革委　公安部　财政部　国土资源部　人民银行　税务总局　工商总局　证监会	《关于在人口净流入的大中城市加快发展住房租赁市场的通知》(建房〔2017〕153号)
	2019年1月	财政部办公厅 住房和城乡建设部办公厅	《关于开展中央财政支持住房租赁市场发展试点的通知》(财办综〔2019〕2号)
	2020年9月	住房和城乡建设部	《住房租赁条例(征求意见稿)》
	2021年4月	住房和城乡建设部 国家发展改革委 公安部市场监管总局 国家网信办　银保监会	《住房和城乡建设部等部门关于加强轻资产住房租赁企业监管的意见》(建房规〔2021〕2号)
集体建设用地建设租赁住房	2017年8月	国土资源部 住房城乡建设部	《利用集体建设用地建设租赁住房试点方案》(国土资发〔2017〕100号)
租赁住房建设标准	2021年5月	住房和城乡建设部办公厅	《住房和城乡建设部办公厅关于集中式租赁住房建设适用标准的通知》(建办标〔2021〕19号)
保障性租赁住房	2021年5月	国家发展改革委	《保障性租赁住房中央预算内投资专项管理暂行办法》(发改投资规〔2021〕696号)
	2021年6月	国务院办公厅	《国务院办公厅关于加快发展保障性租赁住房的意见》(国办发〔2021〕22号)
	2021年10月	住房和城乡建设部办公厅 国家发展改革委办公厅 财政部办公厅 自然资源部办公厅 国家税务总局办公厅	《关于做好2021年度发展保障性租赁住房情况监测评价工作的通知》(建办保〔2021〕44号)
	2021年12月	住房和城乡建设部办公厅	《关于加强保障性住房质量常见问题防治的通知(征求意见稿)》
住房租赁税收政策	2021年7月	财政部　税务总局 住房城乡建设部	《财政部　税务总局　住房城乡建设部关于完善住房租赁有关税收政策的公告》(财政部　税务总局　住房城乡建设部公告2021年第24号)

二、重点政策文件的内涵和要求

(一)《国务院办公厅关于加快发展保障性租赁住房的意见》

重点明确了保障性租赁住房的五项基础制度和六方面支持政策。五项基础制度包括：一是明确保障对象和标准；二是引导多方参与，充分发挥市场机制作用，引导多主体投资、多渠道供给；三是坚持供需匹配；四是严格监督管理；

五是落实地方责任，城市人民政府对本地区发展保障性租赁住房负主体责任，省级人民政府对本地区发展保障性租赁住房工作负总责。六方面支持政策包括：进一步完善土地支持政策、简化审批流程、给予中央补助资金支持、降低税费负担、执行民用水电气价格、进一步加强金融支持。

（二）《保障性租赁住房中央预算内投资专项管理暂行办法》

提出了该专项支持范围和标准，支持人口净流入的大城市新建、改建保障性租赁住房及其配套基础设施建设。提出了确定各省年度保障性租赁住房中央预算内投资规模的考虑因素，指出应发挥中央预算内投资在外溢性强、社会效益高领域的引导和撬动作用，激发全社会投资活力。明确了项目及年度投资需求申报、年度投资计划下达和项目管理以及监管措施等相关内容。

（三）《住房和城乡建设部办公厅关于集中式租赁住房建设适用标准的通知》

由于国家层面对宿舍型、公寓型租赁住房适用的标准不明确，导致地方相关部门缺乏审批依据或对审批的把握尺度不一。文件明确将集中式租赁住房分为宿舍型租赁住房（包括实践中的公寓型租赁住房）、住宅型租赁住房两类。新建宿舍型租赁住房应按《宿舍建筑设计规范》及相关标准进行建设；改建宿舍型租赁住房应按《宿舍建筑设计规范》或《旅馆建筑设计规范》及相关标准进行建设。新建或改建住宅型租赁住房应按《住宅建筑规范》及相关标准进行建设。为适应长期居住需求，文件明确按《旅馆建筑设计规范》及相关标准进行改建的宿舍型租赁住房，采光、通风应满足《宿舍建筑设计规范》的相关要求。文件要求集中式租赁住房可根据市场需求和建筑周边商业服务网点配置等实际情况，增加相应服务功能。

三、实践落实和响应

（一）制定实施意见，构建符合地方实际的保障性租赁住房政策体系

多地在国家层面保障性租赁住房相关政策指导下，制定了关于加快发展保障性租赁住房的实施意见，将有效缓解新市民、青年人住房困难问题。山东、江苏、广东、浙江、上海、厦门、青岛、温州等省市的实施意见中，对保障对象、面积

户型、租金标准等提出了适合当地实际的要求，对于土地、资金、金融、税费等支持政策进一步落实细化，引导多主体供给、多渠道保障，构建符合国家要求、具有地方特点的支持政策体系。浙江省《关于加快发展保障性租赁住房的指导意见》中，考虑人口规模、产业发展等因素，明确11个设区市市区和26个县（市）为重点发展保障性租赁住房的城市，并提出重点发展城市可依据实际情况适时调整。

（二）突出规划引领，指导城市保障性租赁住房发展建设

保障性租赁住房发展规划是对各类保障性租赁住房房源筹集建设、空间布局、土地供应和资金安排等方面的综合部署以及对保障性租赁住房分配和运营管理等一系列工作的总体安排。制定和实施城市保障性租赁住房发展规划，对强化政府责任、引导多方参与、切实解决新市民和青年人等群体住房困难问题，促进实现全体人民住有所居目标具有重要意义。目前，由住房和城乡建设部保障司牵头，中规院承担的《城市保障性租赁住房发展规划编制导则（征求意见稿）》已完成征求各省厅意见，对发展保障性租赁住房将起到积极重要指导作用。《西安市“十四五”保障性租赁住房发展规划》《济南市“十四五”保障性租赁住房发展规划》已于2022年2月发布，天津市、衢州市等城市保障性租赁住房规划正在编制过程中。

（三）加大保障性租赁住房供应，多渠道筹集房源

从各地已经公布和正在制订的“十四五”保障性租赁住房发展目标看，新市民、青年人数量多的广东省、浙江省“十四五”期间分别计划新增保障性租赁住房129.7万套（间）和120万套（间），预计可分别解决260万人、240万人的住房困难。40个重点城市“十四五”期间初步计划新增保障性租赁住房650万套（间），预计可解决1300万人的住房困难。北京、厦门、福州等城市积极探索支持利用集体经营性建设用地建设保障性租赁住房。西安、上海、成都等城市支持利用企事业单位自有闲置土地建设保障性租赁住房。西安、合肥等城市将产业园区中工业项目配套用地面积提升部分用于建设保障性租赁住房。厦门、天津等城市发布存量非住宅类房屋改建租赁住房相关政策，支持利用非居住存量土地和房屋建设保障性租赁住房。上海、重庆、西安等城市提出适当利用新供应国有建设用地建设保障性租赁住房，对部分商品住房开发项目配建保障性租赁住房比例作出了规定。

（住房与住区研究所，执笔人：卢华翔、焦怡雪、李烨）

让自然景观更富神韵，让文化体验尽显魅力

随着经济社会发展和人民生活水平提高，我国进入大众旅游新时代，需要以优秀人文资源为主干，以文化提升旅游品位，把历史文化与现代文明融入旅游经济发展，大力弘扬优秀民族文化和民族精神。国家“十四五”规划提出要“推进社会主义文化强国建设”“加强区域旅游品牌和服务整合，建设一批富有文化底蕴的世界级旅游景区和度假区，打造一批文化特色鲜明的国家级旅游休闲城市和街区。推进红色旅游、文化遗产旅游等创新发展，提升度假休闲、乡村旅游等服务品质”。

一、2021年出台的文旅相关政策文件

锚定“文化强国”“旅游强国”目标，文化和旅游部编制发布了“十四五”“1+X”文旅规划体系。“1”即《“十四五”文化和旅游发展规划》，“X”即《“十四五”文化和旅游市场发展规划》《“十四五”文化和旅游科技创新规划》《“十四五”文化产业发展规划》《“十四五”非物质文化遗产保护规划》《“十四五”公共文化服务体系建设规划》等，同时还发布了文旅发展配套政策，如《关于加强旅游服务质量监管提升旅游服务质量的指导意见》《关于开展第一批国家级夜间文化和旅游消费集聚区建设工作的通知》《关于进一步加强政策宣传落实支持文化和旅游企业发展的通知》《国家旅游科技示范园区管理办法（暂行）》，并与国家发展改革委联合印发了《关于开展国家级旅游休闲街区认定工作的通知》。

中央办公厅、国务院办公厅印发《关于在城乡建设中加强历史文化保护传承的意见》，中宣部印发《中华优秀传统文化传承发展工程“十四五”重点项目规划》，国家发展改革委等七部门联合印发《文化保护传承利用工程实施方案》，农业农村部办公厅等部门印发《关于加强金融支持乡村休闲旅游业发展的通知》，

国家文化公园建设工作领导小组近日印发了《长城国家文化公园建设保护规划》《大运河国家文化公园建设保护规划》《长征国家文化公园建设保护规划》，对文化旅游工作进行了全面推进。

二、重点政策文件的内涵和要求

（一）《"十四五"文化和旅游发展规划》（以下简称《规划》）

《规划》集中体现了"十四五"时期文化和旅游发展的总体要求和主要任务。规划提出了"一大工程（实施社会文明促进和提升工程）、七大体系（构建新时代艺术创作体系、完善文化遗产保护传承利用体系、健全现代公共文化服务体系、健全现代文化产业体系、完善现代旅游业体系、完善现代文化和旅游市场体系、建设对外和对港澳台文化交流和旅游推广体系）、三大举措（推进文化和旅游融合发展、提升文化和旅游发展的科技支撑水平、优化文化和旅游发展布局）"。

（二）《"十四五"文化和旅游市场发展规划》（以下简称《规划》）

《规划》以建设高标准现代文化和旅游市场体系为目标，明确提出了七项重点任务。一是培育壮大市场主体，推动市场主体转型升级，推动文化和旅游市场融合发展；二是持续优化营商环境；三是推进监管能力现代化，健全文化和旅游市场信用体系；四是提升文化和旅游服务质量，构建服务质量监管和提升体系；五是完善文化市场综合执法体制机制；六是强化市场监管制度化建设；七是构建高质量发展支撑体系，建立高素质人才队伍。《规划》以市场主体转型升级示范工程、等级旅游民宿培育计划、线上线下融合发展工程等12个专栏，明确了"十四五"时期文化和旅游市场体系建设的重要发力点。

（三）《"十四五"文化和旅游科技创新规划》（以下简称《规划》）

《规划》系统部署科技在文化和旅游行业研究及应用的重点领域，提出了基础理论和共性关键技术、文化和旅游公共服务、现代旅游业、文化和旅游治理、文化交流和旅游推广等重点领域，为文化和旅游科技创新明确了主攻方向。规划提出了完善文化和旅游科技创新体系、强化文化和旅游科技研发和成果转化、推进文化和旅游信息化、提升文化和旅游装备技术水平、加强文化和旅游理论研究和智库建设、加强科技创新型人才培养等方面的主要任务。

（四）关于乡村旅游相关政策

国家“十四五”规划提出要壮大乡村旅游特色产业，提升乡村旅游服务品质。《关于全面推进乡村振兴加快农业农村现代化的意见》提出开发休闲农业和乡村旅游精品线路，推进农村三产融合发展。《关于加强金融支持乡村休闲旅游业发展的通知》提出创新支持乡村休闲旅游业的金融服务产品，强化金融支持中国美丽休闲乡村，措施包括纳入专项金融产品适用范围、优化信贷投放条件、探索多样化担保方式、优化业务办理流程等。

（五）关于国家文化公园相关政策

国家文化公园建设工作领导小组2021年8月印发《长城国家文化公园建设保护规划》。整合长城沿线15个省区市文物和文化资源，按照“核心点段支撑、线性廊道牵引、区域连片整合、形象整体展示”的原则构建总体空间格局，重点建设管控保护、主题展示、文旅融合、传统利用四类主体功能区。《大运河国家文化公园建设保护规划》，整合大运河沿线8个省市文物和文化资源，按照“河为线、城为珠、珠串线、线带面”的思路优化总体功能布局，深入阐释大运河文化价值，大力弘扬大运河时代精神，加大管控保护力度，加强主题展示功能。《长征国家文化公园建设保护规划》，整合长征沿线15个省区市文物和文化资源，根据红军长征历程和行军线路构建总体空间框架，实施保护传承、研究发掘、环境配套、文旅融合、数字再现、教育培训工程，着力将长征国家文化公园建设成呈现长征文化、弘扬长征精神、赓续红色血脉的精神家园。

（六）其他相关政策关注重点

1.夜间文化和旅游消费集聚区

《关于开展第一批国家级夜间文化和旅游消费集聚区建设工作的通知》提出要依托各地现有发展情况良好、文化和旅游业态集聚度高、夜间消费市场活跃的街区、文体商旅综合体、旅游景区、省级及以上文化产业示范园区等，分批次遴选、建设200家以上符合文化和旅游发展方向、文化内涵丰富、地域特色突出、文化和旅游消费规模较大、消费质量和水平较高、具有典型示范和引领带动作用的国家级夜间文化和旅游消费集聚区。

2.国家旅游科技示范园区管理

《国家旅游科技示范园区管理办法（暂行）》以拓展旅游产品、丰富旅游业态、优化旅游服务、提升游客体验和满意度为目标，面向旅游业开展科技研发或应用，有明确地理边界和独立管理机构的科技园区、产业园区、旅游景区、特色小镇等区域。推动国家旅游科技示范园区建设，规范示范园区评定和管理工作。

3.开展国家级旅游休闲街区认定

《关于开展国家级旅游休闲街区认定工作的通知》要求认定对象为具有鲜明的文化主题和地域特色，具备旅游休闲、文化体验和旅游公共服务等功能，融合观光、餐饮、娱乐、购物、住宿、休闲等业态，能够满足游客和本地居民游览、休闲等需求的城镇街区。

三、在规划中的落实和响应

一是突出文化特色，促进文旅融合。要以文塑旅、以旅彰文，推动文化和旅游深度融合、创新发展。依托文化资源，以文促旅；开发文旅精品，以旅彰文。建设系列国家文化公园，并推进省级文化公园建设。建设系列历史文化公园。

二是发展优质旅游，推动提档升级。优化文化旅游产品结构，促进文旅品牌创建，打造“世界级”“国家级”品牌景区，建设旅游休闲街区、文旅消费集聚区、旅游科技示范园；发展专项旅游和定制旅游产品，促进文旅高质量发展。

三是突出科技应用，发展智慧文旅。加强文旅信息基础设施建设，深化“互联网＋文化旅游”，加快推进以数字化、网络化、智能化为特征的智慧文旅发展。加快推进景区“智慧旅游”工程，打造智慧旅游目的地。

四是面向消费需求，强化市场主导作用。面向快速变化的文旅消费需求，强化市场配置资源的主导作用，提档升级传统文旅产品，开发新型产品业态。

五是发展乡村旅游，助力乡村振兴。推出文化内涵丰富、产品特色鲜明、配套设施完善、环境美好宜居、风俗淳朴文明的乡村旅游重点村镇，开发休闲农业和乡村旅游精品线路。

（文化与旅游规划研究所，执笔人：周建明、宋增文）

塑造城市风貌特色，提升城市风貌管理水平

城市风貌是城市特色与文化的载体，城市风貌之所以重要，就是因为城市空间及其风貌的内涵代表的是文化。城市风貌问题近年来得到中央层面的高度关注，自2015年城市工作会议以来，中央及国家部委陆续出台了一系列政策措施，整治风貌乱象，提升城市风貌管理水平。为贯彻落实“适用、经济、绿色、美观”的新时期建筑方针，治理“贪大、媚洋、求怪”等建筑乱象，进一步加强城市与建筑风貌管理，坚定文化自信，延续城市文脉，体现城市精神，展现时代风貌，彰显中国特色，2021年，住房和城乡建设部、国家发展改革委印发《关于进一步加强城市与建筑风貌管理的通知》(以下简称“《通知》”)。《通知》指出，城市与建筑风貌是城市外在形象和内质精神的有机统一，体现城市文化素质。《通知》主要内容包括明确城市与建筑风貌管理重点、完善城市与建筑风貌管理制度、加强责任落实和宣传引导三部分。

一、重点政策文件的内涵和要求

(一)《通知》出台背景

一是我国近几十年经历了快速城镇化进程，在取得了较好成绩的同时，也暴露了一些城市和建筑风貌方面的问题，比如建筑单体贪大崇洋、建筑审美求怪媚俗、建筑群体杂乱无章、城市面貌千篇一律等。因此城市风貌一直是受到中央领导深切关注的重要问题。2014年10月，习近平总书记在文艺工作座谈会上的讲话中，明确提出“不要搞奇奇怪怪的建筑”。2015年12月召开的中央城市工作会议也指出，“要加强对城市的空间立体性、平面协调性、风貌整体性、文脉延续性等方面的规划和管控，留住城市特有的地域环境、文化特色、建筑风格等‘基因’”。随着我国经济社会发展进入新时期，城市建设逐渐由大规模、高速度的

粗放型发展阶段进入关注城市环境品质、空间特色和追求综合效益的集约型发展阶段，城市风貌的管控和塑造尤为关键。

二是城市风貌不仅是规划建设领域的问题，其背后还代表着文化。习近平总书记深刻指出，“城市建筑贪大、媚洋、求怪等乱象由来已久，这是典型的缺乏文化自信的表现”“建筑是凝固的历史和文化，是历史文脉的体现和延续，要树立高度的文化自觉和文化自信……让我们的城市建筑更好体现地域特征、民族特色与时代风貌”。从文化自信这样的高度来看，城市和建筑风貌的重要性不言而喻。

因此，在城镇化转型发展的关键时期，为了落实适用、经济、绿色、美观的建筑方针，树立建筑行业的文化自信，塑造更加美好的城市人居环境，加强对于城市和建筑风貌的管理迫在眉睫，《通知》的发布可以说是适逢其时。

（二）《通知》的重要意义和亮点

一是塑造风貌特色、引导文化方向。《通知》聚焦城市与建筑风貌的管控，有助于塑造城市地域特色、促进文化发展、重塑文化自信，正确引导社会文化发展方向。

二是转变建筑乱象、推动行业发展。《通知》聚焦大体量公共建筑、超高层地标建筑、重点地段建筑等重要建筑类型，正确引导建筑设计理念、规避认识误区，有助于转变贪大、媚洋、求怪等建筑乱象，推动行业健康发展。

三是提高治理能力，促进机制创新。《通知》提出完善城市与建筑风貌管理制度，强化城市设计管控作用，划定建筑设计的“底线”和“红线”，加强设计市场监管力度，对主体责任、部门联动等相关事宜进行进一步明确，为今后城市与建筑风貌管理的制度完善和创新指明了方向。

二、在城市设计与风貌管理中的落实和响应

（一）正确认识城市风貌与建筑设计的关系

城市风貌主要通过城市的山水环境、开敞空间和城市中的建筑表现等多种因素来综合体现。山水环境是城市自然禀赋，城市的山水格局是城市风貌的感知基调；城市开敞空间是市民感知城市风貌的场所；而城市建筑是展现城市风貌的焦点。因此，建筑设计可以说是塑造城市风貌的要素。在城市中，某些特定的建

筑对于城市风貌来说尤为重要，比如高度突出的地标建筑、体量巨大的公共建筑和能够集中体现城市文化、风貌特色，具有特殊景观价值、特定空间意图的地区的建筑等。这些建筑，是城市风貌中最具表现力的“主角”，对于城市风貌的塑造至关重要。如何避免这些“主角”奇奇怪怪？核心是让这些建筑的表现尽量做到“得体”。建筑设计大师关肇邺先生曾说过，建筑“最重要的是得体，而不是豪华与新奇”。建筑表现的“得体”，主要体现在形式要追随功能、形制要符合身份、形象要体现角色、形态要融于环境等方面。

（二）总结城市与建筑风貌管理中的有益经验

很多城市都在城市与建筑风貌管理中都做了较好的探索，这里以灾后重建的北川新县城为例。

在新县城规划设计伊始，就对城市风貌给予了关注。一是注重城市形态与自然山水格局的关系，确定城市形态平缓舒展、城市街区高低错落，突出与整体山水环境的和谐相融，严格控制在北川新县城兴建高层建筑。二是在建筑风貌方面，在新县城内形成了原生羌风、传承羌风、现代羌风三种典型建筑风格指引，使整个新县城实现了现代化羌城的整体风貌。

在城市和建筑风貌的管理方面，分别针对一般项目和重点项目形成不同的设计管理方式。对于一般项目，由中规院负责技术协调、把关设计审查。对于重点项目，开展设计竞赛或工作坊，邀请院士名家领衔，利用行业学术平台实现方案遴选与技术把关，在此基础上进行科学的行政决策。

北川新县城建成之后的城市和建筑风貌管控已经形成社会共识。近几年少数市场开发的项目，在符合控规的条件下，仍然出现了与城市整体风貌不匹配的情况，引发了当地老百姓的关切，并自发向有关部门表达了意见。他们认为建设得这么好的城市风貌，不能由于市场开发而放松管理。当城市风貌已经成为城市居民共同认同的价值观念时，他们将会坚决地捍卫城市的风貌和文化。因此在得到这个信息反馈之后，中规院在北川的邀请下，城市设计团队对重点地段的规划再次进行研究和调整，对建筑设计进行更有针对性的引导和管控，体现了北川城市风貌的精细化管理。

（三）关于建筑设计审查制度建设的建议与思考

虽然各个城市都有自己的一套制度和政策，但不论具体制度安排如何，在规划建设管理的全过程中，都应当注重坚持“政府主导、专家领衔、技术统筹、部门协作、公众参与、科学决策”的原则。

具体到城市和建筑风貌管理和建筑设计审查方面，要做到“严把审查关”，就必须建立专家主导审查、参与决策的相关机制，在专家充分论证和初步遴选的基础上进行决策，尊重专家意见，充分发挥行业专家的作用，保障政府的科学决策。

在城市更新成为城市建设重点领域的背景下，社会公众将成为城市建设治理体系中的重要参与主体，要更为注重公众参与城市和建筑风貌的管理。随着社区建设的进一步完善，社会公众的意愿和诉求也将是形成科学决策必不可少的环节。

（城市设计研究分院，执笔人：朱子瑜、陈振羽、韩靖北）

创建“儿童友好城市”，让世界更美好

建设“儿童友好城市”是将儿童这类特殊人群置于目标中心，坚持儿童优先发展，从儿童视角出发，以儿童需求为导向，以儿童更好成长为目标。它既是对已有创建各类城市示范和理念标准的延续，更是对城市“以人为本”这一初心原则的坚持和对习近平总书记“人民城市为人民”思想要求的落实，反映的是我国城市发展重心由量向质、由物向人的转变，将开启中国新时代人本视角下城市建设的新实践。2021年，国家发展改革委等23部门印发《关于推进儿童友好城市建设的指导意见》(下简称《指导意见》)，旨在以儿童友好城市建设，促进广大儿童身心健康成长，推动儿童事业高质量发展融入经济社会发展全局，让儿童友好成为全社会的共同理念、行动、责任和事业。《指导意见》虽内容简短，但作为一份纲领性指导文件，纲举目张、体系完整。

一、意见的内涵和要求

《指导意见》特别要求既要坚持世界眼光，借鉴有益经验，更要求立足国情和实际挑战。

(一) 特色国情下的使命挑战

1. 先止步理念，实际参与融入不足

我国早在2001年颁布的《中国儿童发展纲要(2001—2010年)》中明确提出“儿童优先”原则，要求“在制定法律法规、政策规划和配置公共资源等方面优先考虑儿童的利益和需求”。然而，在我国城镇化快速发展的阶段，城市建设基于成本和效率的考虑，主要按照成人的标准进行规划设计，容易忽视儿童的利益和需求，儿童也缺乏知情权、表达权和参与权。

2. 公共服务保障不足，儿童抚育问题突出

目前，我国存在儿童托育、教育、医疗、健康保障等公共服务设施供应不足的现象，其中儿童抚育问题最为突出。一是城市工作压力大，隔代抚养特征突出。根据中国老龄科研中心的研究调查，2岁半以前的儿童，主要由祖父母照顾的占比60%～70%，其中甚至有30%的儿童被放在祖父母家抚养。二是“鸡娃”风逆势暗涌，培训班依旧风靡。自2021年7月“双减政策”出台，“鸡娃”风虽看似受限，但由高考及职高分流引发的焦虑却未真正减少，培训班打擦边球转向地下的“一对一补课”或是给学科改名“穿马甲”的情况依然存在。如何强化教育学校主阵地作用，提升学校课后服务水平，规范校外培训机构依旧任重道远。

3. 公益福利普惠不足，弱势儿童缺乏关爱

孤儿、事实无人抚养儿童、残疾儿童、留守儿童、困境儿童等都属于弱势儿童群体。全国妇联根据六普资料数据推算，全国有农村留守儿童6102.55万人，占农村儿童37.7%，占全国儿童21.88%。由于缺乏家庭关爱，留守儿童往往存在学习差、性格缺陷、行为偏差等问题，需要地方政府和社会各界的共同努力，让这些孩子在良好的氛围中健康成长。

4. 成长空间自然缺失，外出活动体验感差

我国儿童成长空间现状面临自然缺失、街道出行安全性低、游戏空间缺乏的突出问题。一是高密度的城市建设导致儿童释放天性的“自然化”公共空间严重缺失，市中心往往被快餐式商业空间占据，而郊野公园等自然空间中缺少独立的儿童活动空间。二是缺乏儿童安全、独立、趣味的街道空间，导致交通安全成为仅次于溺水，威胁儿童生命安全的第二大杀手。三是城市公共空间、居住社区等缺乏与儿童天性相适应的游戏空间与设施。

5. 互联网电子化时代，身心健康亟待关注

互联网时代儿童过早、过多接触电子产品，导致近视高发、低龄化趋势显著。根据国家卫健委的调查，2020年我国儿童青少年总体近视率52.7%，高居全球首位。儿童“数字化”成长存在隐私泄露、网络欺诈、游戏成瘾、网络传谣等安全隐患，亟需探索符合国情的适龄提示制度，限制未成年人上网时间，以及打造安全绿色网络环境。

（二）政策内容和发展路径

《指导意见》紧扣特色国情，着重应对中国儿童成长中的现实挑战来推动儿童友好城市建设，在“以人民为中心”的发展思想指导下，从五大维度提出了更适合我国儿童友好城市建设的政策内容和发展路径。社会政策方面，推动城市规划建设体现儿童视角，制定各类空间和设施规划建设标准；同时，注重建立健全儿童参与公共活动和公共事务机制，确保在城市发展重大政策、决策中引入儿童影响评价，全面保障儿童的知情权、表达权和参与权。公共服务方面，在保障和完善儿童基础教育、医疗保健设施服务的基础上，丰富相关文体服务供给，注重加强儿童身心健康保障。权利保障方面，建立健全困境儿童信息台账，加大对残疾、重病、孤儿、留守儿童的基本生活保障和专项救助力度，促进全社会对困境儿童健康成长的重点关注。成长空间方面，不仅提出了加强城市绿地、公园、自然郊野场所、图书馆、校内外活动空间、上下学出行环境等各类城市空间的品质建设和服务效能，并结合我国街道社区建设，提出在社区内共建儿童友好型公共空间，鼓励打造例如“游戏角落”、儿童“微空间”“儿童之家”等，为儿童提供在地化的文体活动和阅读娱乐场所。发展环境方面，我国更注重推进家庭家教家风建设，鼓励学校积极开展安全教育、健身运动、优秀文化作品宣传等课堂活动，培养儿童健康向上的精神文化，保障儿童健康成长。

二、在相关规划中落实和响应

在中央顶层设计的指导下，各地结合自身特点，开展了各具特色的儿童友好型城市建设探索与实践，在城市、城区（县）、社区（乡村）等各个层面有着多样的实施模式与机制，体现出模式创新、凝聚合力的特征，未来这样多主体、多样形式、多种程度建设儿童友好城市的“中国方案”将成为世界儿童友好城市建设的新样板。

（一）城市层面：强调自上而下的顶层制度保障

在国家顶层设计下，城市层面更加强调自上而下的制度保障与规划传导。部分省市对儿童友好型城市建设的相关制度进行了贯彻实施，并在国家层面的制度框架内进行了一定创新。国内许多城市，如深圳、长沙、上海、南京、扬州等提出建设“儿童友好型城市”的战略构想和行动计划。在优化顶层设计的基础上，这些城市也开始推进标准制定，编制规划建设导则，如《深圳市儿童友好型社区、学校、图书馆、医院、公园建设指引（试行）》《深圳市儿童友好出行系统建设指引（试行）》《深圳市母婴室建设标准指引（试行）》等七大领域建设指引。

（二）县市/区层面：建立多元参与的共建共治机制

县市/区层面在城市层面儿童友好战略规划与各项专项建设导则的指引下，建立了多元主体参与的共建共治机制。实施落地方面，通过企业慈善捐款、成立儿童友好专项项目基金等方式进行资金支撑，有些则通过儿童友好类设施及活动的后续运营、组织、策划来实现可持续的实施落地机制。如宁波市北仑区除联合社区、学校建立儿童议事会，搭建儿童参与社会治理的平台外，逐步形成"政府主导、部门协同、社会参与"格局，营造"人人关注儿童友好，人人参与儿童友好，人人共享儿童友好"的浓厚氛围。

（三）社区/乡村层面：鼓励自下而上的基层自主动力

社区层面更加注重社区层面和企业、社会多方力量的参与，引导儿童、家庭深度参与社区环境儿童友好化营造，搭建儿童参与城市治理的平台。乡村层面儿童友好项目的推进和尝试更加体现了自下而上的自主动力与机制，主要由镇妇联、团委、NPO、农业合作社、企业等主体共同合力推进。充分挖掘乡村特色、依托乡村资源，助力乡村振兴打造儿童实践基地。成都锦城社区建立了儿童友好社区建设专家智库、儿童友好社区联席会议制度，社区依托区域化党建，积极协调辖区单位和民政、卫健、教育、公安、妇联等部门和群团组织共同参与，利用企业化运营为社区儿童提供素质教育等服务，在引入社会多方资源开展共建共治方面做得有声有色。

（上海分院，执笔人：刘昆轶、马晨吴炜、余波、郑烁、林浩韬）

统筹节水与治污，助力高质量发展

水是生存之本、文明之源。但随着经济社会发展，水资源短缺、水环境污染、水生态损害、水灾害频发等新老问题复杂交织，用水粗放、过度开发、污水偷排乱排、雨季溢流污染等现象仍较普遍。因此，要落实习近平总书记“节水优先、空间均衡、系统治理、两手发力”的新时期治水思路，以系统思维统筹水的全过程治理，抓住节水这个关键环节，在观念、意识、措施等各方面把节水放在优先位置。

一、2021年出台的节水治污相关政策文件

“十四五”时期，是促进水资源节约集约利用、全面推进节水型社会建设的重要机遇期，也是深入打好污染防治攻坚战的关键窗口期。2021年6月，国家发展改革委、住房和城乡建设部联合印发《“十四五”城镇污水处理及资源化利用发展规划》。同年10月，国家发展改革委、水利部、住房和城乡建设部、工业和信息化部、农业农村部联合印发《“十四五”节水型社会建设规划》。同年12月，住房和城乡建设部、国家发展改革委、水利部、工业和信息化部四部门办公厅联合印发《关于加强城市节水工作的指导意见》。

为推动重点流域深度节水控水和污水垃圾处理工作，2021年8月，国家发展改革委、住房和城乡建设部联合印发《“十四五”黄河流域城镇污水垃圾处理实施方案》。同年12月，国家发展改革委、水利部、住房和城乡建设部、工业和信息化部、农业农村部联合印发《黄河流域水资源节约集约利用实施方案》。

二、重点政策文件的内涵和要求

（一）《“十四五”城镇污水处理及资源化利用发展规划》

坚持规划引领、优化布局，补齐短板，提高效能，因地制宜、分类施策，政府主导、市场运作的原则，系统推进城镇污水处理及资源化利用，推动设施高质量建设。一是补齐城镇污水管网短板，提升收集效能；二是强化城镇污水处理设施弱项，提升处理能力；三是加强再生利用设施建设，推进资源化利用；四是破解污泥处置难点，实现无害化推进资源化。同时，提出强化责任落实、拓宽投融资渠道、完善费价税机制、强化监督管理等措施保障规划落地落实。

（二）《“十四五”节水型社会建设规划》

围绕“提意识、严约束、补短板、强科技、健机制”五个方面部署开展节水型社会建设：一是加大宣传教育，推进载体建设；二是坚持以水定需，健全约束指标体系，严格全过程监管；三是推进农业节水设施建设，实施城镇供水管网漏损治理工程，建设非常规水源利用设施，配齐计量监测设施；四是加强重大技术研发，加大推广应用力度；五是完善水价机制，推广第三方节水服务。同时，聚焦重点领域提出具体措施，如在农业农村节水方面，要求坚持以水定地、推广节水灌溉、促进畜牧渔业节水和农村生活节水；在工业节水方面，要求坚持以水定产、推进工业节水减污、开展节水型工业园区建设；在城镇节水方面，要求坚持以水定城、推进节水型城市建设、开展高耗水服务业节水，加强非常规水源利用等。

（三）《关于加强城市节水工作的指导意见》

坚持节水优先、系统谋划，因地制宜、分类施策，政府主导、社会参与，试点示范、标杆引领的原则，从四方面部署重点任务：一是构建城市健康水循环体系，推进海绵城市建设，完善城市生态基础设施体系；二是着力提高城市用水效率，推动再生水利用，狠抓城市供水管网漏损控制，大力推进工业节水，推广节水产品工艺；三是不断深化节水型城市建设，积极推进社会单元节水工作，推动全社会共建共治共享；四是完善城市节水机制，加强用水定额管理，推进节水“三同时”管理，加大城市节水宣传教育。

（四）《“十四五”黄河流域城镇污水垃圾处理实施方案》

坚持科学谋划、统筹推进，因地制宜、补齐短板，节能低碳、绿色循环，政府主导、多元共治的原则，全面强化设施建设：一是提高城镇污水收集处理能力，补齐收集管网短板，强化污水处理设施弱项，推行污泥无害化处理；二是完善城镇垃圾处理体系，健全垃圾分类收运体系，补齐生活垃圾处理能力缺口加强资源化利用；三是推进资源化利用，开展污水资源化利用试点示范，稳步推动污泥资源化利用，加强生活垃圾资源化利用；四是推行“建管并重”，确保设施稳定达标运行、可持续运营，如健全考核激励机制、推行专业化运维、创新运营管理方式等。

（五）《黄河流域水资源节约集约利用实施方案》

为打好黄河流域深度节水控水攻坚战，重点部署四方面任务：一是严格管理，强化水资源刚性约束，全面贯彻“四水四定”，严格用水指标管理和全过程管理。二是科学配置，优化黄河分水方案，强化干支流水资源调度，强制推动将非常规水纳入统一配置，加强地下水开发利用管控。三是节水开源，推进非常规水源利用。四是节能减碳，推动减污降碳协同增效，强化全过程节水，降低能耗物耗，提高数字化智能化管理水平。同时，聚焦重点领域，提出强化农业节水，加强工业节水，厉行生活节水。

三、规划落实和响应

（一）贯彻落实节水优先、系统治理

把水资源、水生态、水环境承载力作为刚性约束，全面贯彻以水定城、以水定地、以水定人、以水定产，合理规划人口、城市和产业发展。落实水资源消耗总量和强度“双控”，推动用水方式由粗放低效向节约集约转变。

统筹推进污水处理、黑臭水体整治和内涝治理，以建设高质量城镇污水处理体系为主题，从增量建设为主转向系统提质增效与结构调整优化并重，既要补齐短板，又要均衡结构；既要做好增量，又要做优存量；既要科学适用，又要经济可行。推广厂网一体、泥水并重、建管并举，推动设施稳定可靠运行，实现设施高质量建设和高水平运维。

（二）协同推进节水开源、减污降碳

在流域、区域和城市尺度上，打通制约水循环的“堵点”，构建健康的自然水循环和社会水循环，转变城市开发建设方式，实现水城共融、人水和谐。持续推进优水优用、循环利用和梯级利用。以推进污水资源化利用为抓手，促进再生水成为城市的“第二水源”。将海绵城市建设理念融入城市规划建设管理各环节，提高雨水综合利用水平。因地制宜推动矿井水、苦咸水、海水淡化水等利用。

强化“节水即减排、节水即治污”理念，推动减污降碳协同增效，促进经济社会发展绿色转型。在取水、用水、水处理、污水资源化利用等全过程强化节水，通过系统性节水，减少城市新鲜水的取用量、污水产生和处理量，降低城市水系统运行过程中的能耗、药耗等。示范推广资源能源标杆再生水厂，减少污水处理能源消耗和碳排放。具备条件的供水、水处理企业，可因地制宜发展沼气发电、分布式光伏发电，推广区域热电冷联供。鼓励结合城市更新行动和新型城市基础设施建设等，提升数字化智能化管理水平。

（三）全面推动两手发力、多元共治

要善用价，善用税，让价格杠杆和税收杠杆调节供需求，倒逼节水和治污效果提升。探索“供—排—净—治”设施建设运维一体化改革，强化城市水系统管理体系化水平。鼓励将不同规模、不同盈利水平项目综合打包授予特许经营权，推广污水处理、管网收集和河湖水系“厂—网—河（湖）”一体化运行维护，提升设施运行的整体效能。

要按照中央部署、省级统筹、市县负责原则，压实目标责任，加强督促检查，严格考核管理和责任追究。强化财政投入保障，鼓励地方构建多元化投入保障机制。引导广大群众增强节约保护水资源的思想认识和行动自觉。完善公众参与机制，充分发挥舆论监管、社会监督和行业自律作用，推动多元共治，走好水安全有效保障、水资源高效利用、水生态明显改善的集约节约发展之路。

（城镇水务与工程研究分院，执笔人：龚道孝、陶相婉）

开启“交通大国”迈向“交通强国”的新征程

——《交通强国战略建设纲要》政策解读

建设交通强国是党中央作出的重大战略决策，是建设现代化经济体系的先行领域，是全面建成社会主义现代化强国的重要支撑。2019年9月，中共中央、国务院印发《交通强国建设纲要》(以下简称《纲要》)，明确推进交通强国建设的总体部署，标志着我国从“交通大国”迈向“交通强国”的新征程全面开启，交通进入高质量发展的新时代。

一、建设交通强国的目标和方向

《纲要》确立了“一个总目标”，即“全面建成人民满意、保障有力、世界前列的交通强国”。“人民满意”是指提供高品质、多样化的交通服务，满足人民不断增长的美好生活需求。“保障有力”是指交通运输在提供高质量服务的同时，还应发挥先行引领作用。“世界前列”是指交通基础设施规模、交通服务、交通科技、交通安全水平等进入世界前列。

围绕总体目标，《纲要》明确了“两个阶段”的实施路线，“到2035年，基本建成交通强国；到本世纪中叶，全面建成人民满意、保障有力、世界前列的交通强国。”提出了“三网两圈”的具体建设目标，“三网”包括发达的快速网、完善的干线网、广泛的基础网；“两圈”包括“全国123出行交通圈”和“全球123快货物流圈”，是围绕国内出行和全球的快货物流建立起来的快速服务体系。

《纲要》为建设交通强国指明了方向，把握高质量发展的根本要求，努力实现“三个转变”：一是发展方式上，推动交通发展由追求速度规模向更加注重质量效益转变；二是发展路径上，推动由各种交通方式相对独立发展向更加注重一体化融合发展转变；三是发展动力上，推动交通发展由依靠传统要素驱动向更加注重创新驱动转变。努力打造“四个一流”，即一流的设施、一流的技术、一流的管理，还有一流的服务。努力追求五个价值取向，即“安全、便捷、高效、绿色和经济”的价值导向。

二、交通强国的框架体系和任务要点

交通强国的建设框架，着重在于紧紧围绕建设现代化经济体系的要求，构建与其相适应的现代化综合交通运输体系。《纲要》聚焦交通运输“八大体系”的构建，部署强国建设“九大任务”。

一是构建综合交通基础设施网络体系。实现基础设施布局完善、立体互联，重点建设现代化高质量综合立体交通网络，构建便捷顺畅的城市（群）交通网，形成广覆盖的农村交通基础设施网，构筑多层级、一体化的综合交通枢纽体系。

二是构建交通运输装备体系。实现交通装备先进适用、完备可控，重点加强新型载运工具研发，加强特种装备研发，推进装备技术升级。

三是构建交通运输服务体系。一方面实现运输服务便捷舒适、经济高效。重点推进出行服务快速化、便捷化，打造绿色高效的现代物流系统，加速新业态、新模式发展。另一方面实现绿色发展节约集约、低碳环保。重点促进资源节约集约利用，强化节能减排和污染防治，强化交通生态环境保护修复。

四是构建交通运输创新发展体系。实现创新富有活力、智慧引领。重点包括强化前沿关键科技研发，大力发展智慧交通，完善科技创新机制。

五是构建交通运输安全发展体系，保障完善可靠、反应快速。重点提升本质安全水平，完善交通安全生产体系，强化交通应急救援能力。

六是构建交通运输开放合作体系，合作面向全球、互利共赢。重点构建互联互通、面向全球的交通网络，加大对外开放力度，深化交通国际合作。

七是构建交通运输支撑保障体系，培育精良专业、创新奉献的人才队伍。重点包括培育高水平交通科技人才，打造素质优良的交通劳动者大军，建设高素质专业化交通干部队伍。

八是构建交通运输现代治理体系，善治理体系，提升治理能力。重点深化行业改革，优化营商环境，扩大社会参与，培育交通文明。

三、规划落实和响应

（一）优化综合交通网络布局，支撑区域协调发展

基于国土空间开发保护格局，统筹布局交通基础设施，优化配置交通资源，处理好保护和开发的关系，支撑人口和产业布局优化。

以国家区域发展战略为指引，充分发挥各区域比较优势，探索与实际需求相适应的交通基础设施布局模式和发展路径。完善“一带一路”倡议国际性交通廊道和门户布局，落实国家综合立体交通主骨架，加强城市群地区网络化水平，补齐欠发达地区和农村地区交通短板，促进存量交通设施提质增效，形成区域交通协调发展新格局。以主体功能区为基础，推动交通设施差异化布局，体现空间治理的差异化和精准化。引导交通与城镇空间、农业空间、生态空间的协同，推进生态选线选址，强化生态环保设计，完善绿色交通廊道规划。

（二）推进绿色交通发展，促进交通结构优化

坚持可持续发展原则，以生态优先、绿色发展为导向，加强交通与资源环境协调发展，加快形成绿色发展方式和生活方式。

深化运输结构调整，形成以高速铁路和城际铁路为主体的大容量快速客运系统。发挥铁路在大宗物资远距离运输中的骨干作用。优化多式联运枢纽站场和集疏运体系布局；合理布局港口、工业园区铁路专用线，大力推进“公转铁”，提升铁路、水运在大宗货物运输中的分担率。坚持绿色出行优先，以优先发展公共交通为抓手，推动城市交通系统低碳化转型。完善城市步行和自行车系统规划建设，落实城市交通时空资源向绿色交通方式倾斜。推进交通运输资源集约利用，提高通道、岸线、枢纽、场站等交通设施的用地效率。

（三）加强交通枢纽体系构建，提升综合交通整体效率

构筑多层级、一体化的综合交通枢纽体系。完善世界级机场群、港口群的布局，提升国际海港、航空枢纽、邮政快递核心枢纽的全球竞争力。推进综合交通枢纽一体化规划建设，大力发展多式联运，统筹布局和组织集疏运体系。加强枢纽与产业的协调联动，优化空港、水港、陆港枢纽经济区布局。加强枢纽与城镇功能耦合关系，坚持城市综合交通枢纽地区的TOD发展导向，以枢纽为核心组

织城市活动与交通系统的一体化衔接，引导集约紧凑空间发展模式。

（四）加强都市圈交通一体化布局和组织

加强城市群和都市圈交通基础设施互联互通，构建一体化都市圈交通体系，促进要素集聚和自由流动，强化跨区域综合交通协调机制。

提升都市圈路网联通程度，畅通交界地区公路联系，优化公路与城市道路衔接，打造一体化公路客运网络。统筹规划都市圈轨道交通网络，构建以轨道交通为骨干的通勤圈。在有条件地区编制都市圈轨道交通规划，推动干线铁路、城际铁路、市域（郊）铁路、城市轨道交通“四网”融合发展。合理引导都市圈中心城市轨道交通适当向周边城市（镇）延伸。打造“通道+枢纽+网络”的都市圈物流运行体系，统筹规划都市圈货运场站、物流中心等，引导不同类型枢纽整合布局，推动物流枢纽区域共建。

（五）“以人为本”建设高质量城市交通体系

科学制定和实施城市综合交通体系规划，转变以小汽车为核心的发展思路，建设“以人为本”的高质量城市交通系统。

布局级配合理的城市道路网络，继续推进重点地区“窄马路、密路网”布局模式，形成小尺度、人性化的城市空间肌理。完善城市公共交通线网和场站布局，强化城市轨道交通与其他交通方式衔接，加强轨道交通沿线和站点周边的综合整治。优化步行和自行车出行环境。科学规划建设城市停车设施，加强充电、加氢、加气和公交站点等设施建设。

以服务水平为导向，构建多元、定制、弹性的城市交通供给模式，满足不断增长的个性化出行需求。保障老龄化、低收入等城市交通弱势群体享有基本出行可达性，推进城乡基本交通服务均等化。加强城市交通安全和韧性，提升城市交通基础设施智能化水平，加强交通新技术、新装备、新方式的应用。

（城市交通研究分院，执笔人：陈莎）

走科学、生态、节俭的绿化之路
——《关于科学绿化的指导意见》解读

科学绿化是遵循自然规律和经济规律、保护修复自然生态系统、建设绿水青山的内在要求，是改善生态环境、应对气候变化、维护生态安全的重要举措，对建设生态文明和美丽中国具有重要作用。通过持续开展国土绿化，我国林草资源总量持续快速增加，成为全球森林资源增长最多的国家。目前，我国森林覆盖率已达23.04%，森林蓄积量超175亿立方米，草原综合植被覆盖度达56%；全国城市建成区绿地面积达到230余万公顷，较2012年前增加近50%，建成城市公园约1.8万个，人均公园绿地面积达到14.8平方米。

虽然国土绿化成效显著，但我国总体上仍是一个缺林少绿、生态脆弱的国家。一些地方在国土绿化和城乡绿地建设中还存在急功近利，违背自然规律、经济规律、科学原则和群众意愿搞绿化等不科学问题。为此，国务院办公厅印发《关于科学绿化的指导意见》(以下简称《指导意见》)，住房和城乡建设部、国家林业和草原局和农业农村部等相关部门出台了指导意见，对推动科学绿化发挥积极作用。

一、《指导意见》及相关政策的要求

(一) 总体要求

一是尊重自然、顺应自然、保护自然，统筹山水林田湖草沙系统治理，走科学、生态、节俭的绿化发展之路，增强生态系统功能和生态产品供给能力，提升生态系统碳汇增量，推动生态环境根本好转，为建设美丽中国提供良好生态保障。

二是坚持保护优先、自然恢复为主，人工修复与自然恢复相结合，遵循生态

系统内在规律开展林草植被建设，着力提高生态系统自我修复能力和稳定性。

三是坚持规划引领、顶层谋划，合理布局绿化空间，统筹推进山水林田湖草沙一体化保护和修复。

四是坚持因地制宜、适地适绿，充分考虑水资源承载能力，宜乔则乔、宜灌则灌、宜草则草，构建健康稳定的生态系统。

五是坚持节约优先、量力而行，统筹考虑生态合理性和经济可行性，数量和质量并重，节俭务实开展国土绿化。

（二）主要任务

根据国土空间规划体系相关要求，结合制止耕地“非农化”、防止“非粮化”等文件精神，提出了10条工作措施。如要求科学编制绿化相关规划、强化规划实施，突出规划的引领和约束作用；围绕科学、生态、节俭开展绿化，从合理安排绿化用地、合理利用水资源、科学选择树种草种、规范开展绿化设计施工、科学推进重点区域植被恢复、稳步有序开展退耕还林还草、节俭务实推进城乡绿化、巩固提升绿化质量和成效、创新开展监测评价等关键环节和重点方面，提出了一系列技术措施和管理要求。

二、《指导意见》的主要政策内涵

（一）注重系统性和全面性

《指导意见》突出全地域和全要素覆盖，重视全流程和全层级指导。对于国土绿化和生态修复，针对长江黄河、北方防沙带、青藏高原、海岸带、东北森林、南方丘陵等不同区域分别明确工作要点；对于城乡绿化和绿地建设，针对城市、农村等区域绿化分别制定具体要求；制定了绿化相关规划编制、绿化设计施工、实施监督监管、管理养护方法、利用经营等绿化工作的全流程要求；明确了耕地保护、退耕还林还草、绿化用地安排、绿色低碳、树种选择、质量成效、新技术检测评鉴等涉及绿化工作的全面指导意见。

（二）注重成效性和长效性

《指导意见》要求全面推行林长制，明确地方领导干部和各级政府保护发展森林草原资源目标责任；要求地方人民政府要组织编制绿化相关规划，与国土空间规划相衔接，强调了规划的引领作用；对绿化工作涉及的土地、财政、金融等相关政策方面做出了安排；要求国有林业企事业单位科学、规范、可持续地开展森林经营活动；鼓励发展家庭林场、股份合作林场等，支持国有林场场外造林，积极推动集体林适度规模经营；采取有偿方式合理利用国有森林、草原及景观资源开展生态旅游、森林康养等。

（三）注重科学性和务实性

《指导意见》要求国土绿化要以水定绿，充分考虑降水、地表水、地下水等水资源的时空分布和承载能力，坚持以水而定、量水而行，宜绿则绿、宜荒则荒，科学恢复林草植被；要求按照植物生长相关生态要素科学开展绿化工作，在树种选择上强调根据自然地理气候条件、植被生长发育规律、生活生产生态需要，合理选择绿化树种草种；在同一自然地理气候条件下也要根据不同栽植位置调整树种；强调节俭务实推进城乡绿化，避免片面追求景观化，切忌行政命令瞎指挥，严禁脱离实际、铺张浪费、劳民伤财搞绿化的面子工程、形象工程。

三、在规划和建设中贯彻落实《指导意见》

（一）绿化相关规划应紧密衔接国土空间规划

绿地相关规划在编制过程中，应在国土“三调”数据基础上紧密衔接国土空间规划。国土绿化应注重生态保护修复的系统性，同时注重耕地保护。城乡绿地建设方面，应结合绿化工作持续改善城市生态环境，提升城市宜居品质，形成布局合理的公园体系，实现居民出行“300米见绿、500米见园”的目标，不断完善城市绿地服务居民休闲游憩、体育健身、防灾避险等综合功能。

（二）科学绿化应推进城乡绿色高质量发展

绿化相关规划编制应落实国家相关战略要求，推进城乡绿色高质量发展。一是促进城乡建设绿色发展，注重城市生态修复工程，保护城市山体自然风貌，修复江河、湖泊、湿地，加强城市公园和绿地建设，推进立体绿化，构建连续完整的生态基础设施体系。二是推进城市更新行动，注重城市已有绿地的保护和更新；采取拆违建绿、留白增绿等方式，增加城市绿地；同时注重对古树名木的保护与复壮，在城市更新行动中加强历史文化的传承与保护。三是支撑“双碳”

目标的实现，注重优化林地、草地、湿地等生态系统的结构和功能，提升质量、稳定性和碳汇能力。

（三）绿化规划建设应着重考虑自然环境和经济条件

绿化规划建设应着重考虑规划所在地的自然地理气候条件、植被生长发育规律和生活生产生态需要，科学合理安排国土绿化、城乡绿地建设、生态修复等相关工作；坚持以水而定、量水而行，宜绿则绿、宜荒则荒，做到“宜乔则乔、宜灌则灌、宜草则草”；同时科学选择树种草种，做到乡土树种为主，适地适树。

（四）绿化规划建设应重视后期养护和经营管理

创新绿化建成后的养护管护和经营机制，特别是绿地、林地等的经营策划等方面的研究。绿化规划应注重科学发展特色经济林果、花卉苗木、林下经济等绿色富民产业，科学利用绿地、林地等资源开展生态旅游、森林康养等，研究相关土地及经营政策和模式，提升绿化质量和成效。

切实加强城市园林绿化管理。应指导各地按照《城市绿化条例》要求，严肃查处非法侵占公园绿地，非法移伐树木等违法行为。坚持城市古树名木挂牌保护，对长势弱的及时复壮。加强对重大绿化项目设计、施工的管理，科学论证和实施，保障项目质量，努力建设人与自然和谐共生的宜居环境。

（风景园林和景观研究分院，执笔人：王忠杰、王斌、李云超、吴雯）

城乡规划行业的信息化升级

“十四五”时期，我国信息化进入加快数字化发展、建设数字中国的新阶段。规划编制的信息化程度偏低，是城乡规划行业长期以来最明显的技术短板。随着国家政策的引导鼓励和新技术的广泛应用，城市规划建设管理全流程的信息化升级已经全面展开。

一、行业信息化相关政策文件

国家“十四五”规划明确提出，要加快数字化发展，建设数字中国，主要体现在提供智慧便捷的公共服务，建设智慧城市和数字乡村，构筑美好数字生活新图景。在国务院印发的《“十四五”数字经济发展规划》《“十四五”城乡社区服务体系建设规划》《“十四五”国家信息化规划》中对于城市信息化智慧化的建设管理给出了着力方向。由国家发展改革委、工业和信息化部、住房和城乡建设部等28个部门联合印发了《国务院办公厅关于以新业态新模式引领新型消费加快发展的意见》，从诸多方面明确了推进新型城市基础设施建设具体内容。

二、对行业信息化发展提出的重点要求

（一）主要建设内容（表1）

2021年以来发布的行业信息化相关文件 **表1**

发布单位	政策指引/标准导则	相关内容
国务院	《中华人民共和国国民经济和社会发展第十四个五年规划和2035年远景目标纲要》	建设智慧城市和数字乡村：以数字化助推城乡发展和治理模式创新；分级分类推进新型智慧城市建设；完善城市信息模型平台和运行管理服务平台；探索建设数字孪生城市；加快推进数字乡村建设

续表

发布单位	政策指引/标准导则	相关内容
国务院	《“十四五”数字经济发展规划》	要求推动新型城市基础设施建设；推动数字城乡融合发展；提升城市数据运营和开发利用水平；统筹推动新型智慧城市和数字乡村建设，协同优化城乡公共服务。深化新型智慧城市建设，推动城市数据整合共享和业务协同，提升城市综合管理服务能力，完善城市信息模型平台和运行管理服务平台，因地制宜构建数字孪生城市
	《“十四五”城乡社区服务体系建设规划》	逐步构建服务便捷、管理精细、设施智能、环境宜居、私密安全的智慧社区
	《“十四五”国家信息化规划》	从8个方面部署了多项重大任务，其中第一条就明确了“着力夯实数字基础设施建设水平，部署了建设泛在智联的数字基础设施体系”
	《中共中央 国务院关于加强基层治理体系和治理能力现代化建设的意见》	要求加强基层智慧治理能力建设，统筹推进智慧城市、智慧社区基础设施、系统平台和应用终端建设，强化系统集成、数据融合和网络安全保障。健全基层智慧治理标准体系，推广智能感知等技术
国家发改委、中央网信办、工业和信息化部、住房和城乡建设部等28个部委	《国务院办公厅关于以新业态新模式引领新型消费加快发展的意见》	明确推进新型城市基础设施建设具体内容包括：实施智能化市政基础设施建设和改造；协同发展智慧城市与智能网联汽车，打造智慧出行平台“车城网”；推进智慧社区建设，实现社区智能化管理；推动智能建造与建筑工业化协同发展，建设建筑产业互联网，推广钢结构装配式等新型建造方式，加快发展“中国建造”
国家发改委、中央网信办、农业农村部等多部委	《数字乡村建设指南1.0》	明确了数字乡村建设总框架，提出乡村数字经济、智慧绿色乡村、乡村数字治理、乡村网络文化、信息惠民服务5大数字场景应用建设，涵盖了乡村建设的方方面面，为全国推进数字乡村建设绘制出总体“施工图”
住房和城乡建设部	《住房和城乡建设部关于开展2021年城市体检工作的通知》	把城市体检作为统筹城市规划建设管理，推进实施城市更新行动，促进城市开发建设方式转型的重要抓手，建立发现问题、整改问题、巩固提升的联动工作机制，精准查找城市建设和发展中的短板与不足，及时采取有针对性措施加以解决。要求样本城市要按照建立国家、省、市三级城市体检评估信息平台
	《城市运行管理服务平台技术标准》	作为汇聚城市运行管理服务相关数据资源的“一网统管”信息化平台，现阶段以支撑城市运行安全、城市综合管理服务为主，构建“横向到边、纵向到底”的城市运行管理服务工作体系
	《城市信息模型(CIM)基础平台技术导则》(修订版)	导则适用于城市信息模型（CIM）基础平台及其相关应用的建设和运维，共分为6章，包括总则、术语和缩略语、基本规定、平台数据、平台功能、平台安全与运维

续表

发布单位	政策指引/标准导则	相关内容
住房和城乡建设部	《城市CIM平台标准体系》（行业标准）	《城市信息模型平台竣工验收备案数据标准（征求意见稿）》《城市信息模型平台建设工程规划报批数据标准（征求意见稿）》《城市信息模型平台施工图审查数据标准（征求意见稿）》《城市信息模型数据加工技术标准（征求意见稿）》《城市信息模型平台建设用地规划管理数据标准（征求意见稿）》《城市信息模型应用统一标准（征求意见稿）》
自然资源部	《国土空间用图管制数据规范（试行）》	按照“统一底图、统一标准、统一规划、统一平台”的要求，构建“全域、全要素、全流程、全生命周期”的用途管制数据体系
	《国土空间“一张图”实施监督信息系统技术规范》	为规范国土空间规划“一张图”实施监督信息系统建设，构建基于国土空间规划“一张图”的规划实施监督体系
	《实景三维中国建设技术大纲》	按照新时期测绘事业“两服务、两支撑”的工作定位，为切实做好实景三维中国建设，为经济社会发展和各部门信息化提供统一的空间基底
	《国土空间规划城市体检评估规程》	从安全、创新、协调、绿色、开放、共享6个维度设置了城市体检评估的具体指标，涵盖生态、生产、生活等方面，包含基本指标33项及推荐指标89项。将按照“一年一体检、五年一评估”的方式，对城市发展阶段特征及国土空间总体规划实施效果定期进行分析和评价

（二）政策关注重点

1.智慧城市与城市信息模型

中央从网络强国、数字中国、智慧社会等多个方面，对信息化和网络强国工作进行了战略安排，提出分级分类推进新型智慧城市建设的要求。当前社会的信息技术、互联网技术已经发展到一个高水平阶段，为城市全量信息平台的建设提供了强大的信息化支持。国家的城市工作正在转型，从外延扩张向内涵提质转变，更加要求对城市进行精细化治理。城市信息模型平台的建设是推进智慧城市发展、推进城市更新、推进城市规划建设管理、推进城市治理的重要手段。

2.国土空间规划“一张图”

国土空间规划“一张图”实施监督信息系统是建立国土空间规划体系并监督实施的重要技术支撑，基于新技术、新手段，为国土空间规划编制、审批、修改和实施监督全周期管理提供信息化技术支持，为打造可感知、能学习、善治理和自适应的智慧型规划奠定基础。

3.城市体检评估与运行管理

随着大数据、新技术的发展，对城市进行全面体检成为可能，并逐渐成为保证城市健康运行的重要环节。通过将城市体检作为统筹城市规划建设管理，推进实施城市更新行动，促进城市开发建设方式转型的重要抓手，建立发现问题、整改问题、巩固提升的联动工作机制，精准查找城市建设和发展中的短板与不足，及时采取有针对性措施加以解决。通过建立国家、省、市三级城市体检评估信息平台要求，充分利用现有城市规划建设管理信息化基础，加快建设省级和市级城市体检评估信息平台，与国家级城市体检评估信息平台做好对接，加强城市体检数据管理、综合评价和监测预警。

4.数字乡村建设

“十四五”规划纲中提出，加快推进数字乡村建设，构建面向农业农村的综合信息服务体系，建立涉农信息普惠服务机制，推动乡村管理服务数字化。加快推进数字乡村建设，既是乡村振兴的战略方向，也是建设数字中国的重要内容。

三、规划落实和响应

（一）夯实新型城市基础设施建设

推进基于数字化、网络化、智能化的新型城市基础设施建设，是推动城市高质量发展的基础性工作，是整体提升城市建设水平和运行效率，引领城市建设转型升级的重要工作。目前住房和城乡建设部从五个方面开展工作，包括推动各个城市建设城市信息模型平台，推动智能化的基础设施改造，推动智慧社区的建设，推动智慧城市的建设和智能网联汽车的联动，推进智能建造和建筑工业化的协同推进。

（二）加强城市数字治理与数字赋能

我国对城市治理体系和治理能力建设的需求日趋迫切。当前推进的城市体检工作、城市运行管理服务平台建设均是为了统筹城市管理问题，将城市作为“有机生命体”，建立完善城市体检评估机制，系统治理“城市病”等突出问题，梳理城市现状精准挖掘问题，从被动治理转为智能感知。从数字到数治再到数智，赋予城市“自我学习、自我优化”的内生可持续发展驱动力。

（三）推动数字乡村全面振兴

夯实建设数字乡村的基础，加强基础设施共建共享，加快农村宽带通信网、移动互联网、数字电视网和下一代互联网发展。推动农村数字化治理，提升乡村治理现代化水平。统筹推动城乡信息化融合发展，数字乡村建设不能简单复制智慧城市，而应通过平台的互联互通，逐步将信息资源整合共享与利用，依托国家数据共享交换平台体系，推进各部门涉农政务信息资源共享开放、有效整合。坚持城乡融合，创新城乡信息化融合发展体制机制，引导城市网络、信息、技术和人才等资源向乡村流动，促进城乡要素合理配置。对具有地区代表性的传统村落进行保护和宣传，持续推动传统村落数字博物馆的建设，展现中国传统村落独特价值、丰富内涵和文化魅力。

（城市规划学术信息中心，执笔人：孙若男）

CHAPTER 5

建言献策篇

编者按

城市规划建设管理当前面临的复杂性前所未有，对科学决策有着更加迫切的需求。我院积极发挥智库作用，努力做到“见微以知萌，见端以知末”，力求复杂问题的科学论证和简单求解，为国家和地方政府提供了许多有理有据、操作可行的政策报告。这些报告涉及区域发展、安全韧性、绿色出行、老龄化等许多关键问题，并以多种方式发挥了作用，体现了价值。我们从中择优遴选几篇，以飨同行。

关于推动粤港澳大湾区建设的若干政策建议

中央高度关注粤港澳大湾区的建设，为充分发挥“一国两制”的制度优势，出台了一系列政策文件支持香港和澳门长期繁荣稳定发展，融入国家发展大局。香港和澳门也积极响应，尤其是近期香港发布2021年施政报告，提出建设300平方公里的“北部都会区”，澳门积极投入粤澳深合区（横琴）开发建设，引发了大湾区各级地方政府和社会各界的高度关注。

中国城市规划设计研究院长期跟踪研究这个地区。在粤港澳大湾区合作不断深化的背景下，大湾区在资源整合、跨界融合、设施联通、空间布局上面临着新一轮的优化调整和功能重构。由于内地、香港和澳门在规划体系、建设标准、服务水平、社会治理等方面存在差异，如能采取更为积极的政策与措施，可优化该地区的空间资源，盘活区域性基础设施，促进粤港澳之间的合作共赢，提升大湾区的国际影响力。

一、制约合作共赢的空间规划问题

（一）香港“北部都会区”计划引发深港新一轮的合作与竞争，应进一步强化港深协同与衔接

“北部都会区”是香港积极主动融入大湾区的重大战略，既解决香港发展空间不足的问题，又面向未来重现香港经济“奇迹”。“北部都会区”以创新产业发展为重点，潜在建设用地供应约23平方公里，提供15万个科创就业岗位，集聚人口将由96万增加到250万。“北部都会区”长期作为香港“后备”用地，至今仍是香港的生态和农业空间，转化为建设空间后具有巨大发展潜力：一是优越的地理区位，使其将成为连接前海和维港都会区的枢纽和节点，与前海存在一定的竞争关系，见图1；二是优美的居住和生态品质。如建设中的香港新田科

技城，其绿地和生态空间占比约50%，远高于深圳前海22%、福田25%的比重；三是巨大的可塑性和成长性。邻接的深圳福田中心区已经是建成区，前海（扩区前）剩余可供应土地占比不足两成，拥有用地供给潜力的“北部都会区”极可能成为90年代的“上海浦东”；四是对国内外人才的巨大吸引力。香港的教育、医疗、食品安全和开发水平优于深圳，很快还将推出吸引国内外优秀人才的“引才计划”。如果与周边衔接不足，将会影响“北部都会区”建设成效。

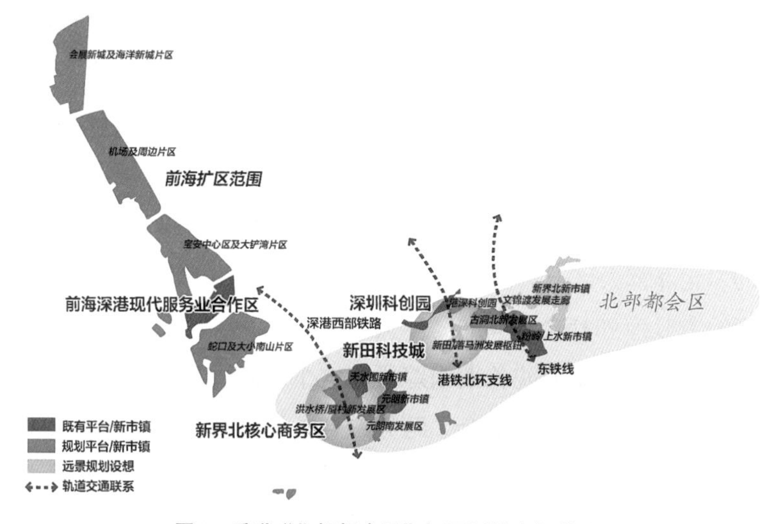

图1　香港“北部都会区”与深圳的空间关系

（二）粤澳深合区（横琴）基础设施与开发建设超前，承载实体产业的空间不足，需要更为精准的空间投放政策

2009年横琴新区成立后，快速的城市基础设施建设为其产业发展和城市功能提升提供了充分保障。十多年来，横琴采用整体开发的模式，短期内将基础设施覆盖了全岛的大部分地区。但招商引资和企业入驻无法跟上基础设施建设速度，岛内空间利用效率较低。据统计，横琴办公楼宇约70%处于空置状态，办公空间空置面积达到140万平方米。在当前开发模式下，房价上涨速度远快于产业及城市功能发展，实体经济发展不理想，支撑澳门多元发展的目标尚未实现。

横琴深合区四面临海，可用于城市建设的空间非常有限。现状已出让用地18平方公里（其中工业用地1.6平方公里），估算剩余可用于工业发展的用地不足5平方公里，无法保障《横琴粤澳深度合作区建设总体方案》中科技研发和高端制造产业、中医药等澳门品牌加工业的用地需求。

（三）港珠澳大桥功能发挥不足，严重制约其对大湾区西部的带动作用

港珠澳大桥总投资超1200亿元，开通三年来，经港珠澳大桥珠海公路口岸出入境旅客日均1.9万人次，平均每天仅2800辆车通行，是杭州湾大桥的1/30（日均8万辆）、虎门大桥的1/50（日均12万辆）。按此流量计算，不计维护费用回收成本需要400年，远超120年的设计使用寿命。一方面，港珠澳大桥连接的两端交通量需求不大；另一方面，由于复杂的口岸关系，内地车辆需办理两地牌照或经过三地政府部门批准才可上桥。但每年投放的牌照数量只有几百个，而且还对车主的投资和纳税金额有很高要求。

（四）大湾区珠江出海口海洋空间合作潜力大，有待进一步探索深化

珠江出海口及万山海洋试验区是华南沿海海洋生态敏感区和台风灾害多发区，有多条国际重要航道、丰富的渔业资源和海上能源设施，还开辟了港澳游艇垂钓区。目前三地涉海规划都是独立进行，在海洋生态保护、海上防灾救援、海域海岛旅游等方面，缺乏统筹协调。该领域的合作在大湾区具有广泛共识，但还未有实质性推进。未来有能力在保障生态安全的前提下，开创大湾区海洋合作新空间，展现“一带一路”重要的海上门户。

二、有关建议

（一）在前海、横琴以更大力度实现制度创新新突破

建议中央出面，组织开展香港“北部都会区”和深圳规划的编制协调工作。前海扩容，香港强势推出“北部都会区”，将使两市在商务金融、科技创新、航运物流、集聚人才等方面的竞争更加激烈。特别是“北部都会区”在空间上与深圳完全融为一体、贴合发展，需要中央政府关注并进行必要的协调，这样才能实现各平台互为支持、互为促进、互为壮大。

率先对接香港和澳门灵活多样的土地出让和综合开发政策，集约节约土地资源。香港采取的批租制加年租制混合体制收取土地出让金，出让年限不超过50年（康乐用地等不超过21年，允许7年短租），对逾期未建项目采取阶梯收费处罚，并制定详细的批地计划，近三年单次供地最大规模仅为5.9公顷。澳门要求土地单次出让不超过0.5公顷，总量不超过1公顷，土地租期只有25年（可续签10年）。

比起前海、南沙动辄出让几十公顷甚至10多平方公里，工业用地长达40年的出让期限，港澳土地利用要集约和高效得多。建议在前海、横琴采用港澳精明、精准的土地供给模式，试点混合年租制，缩减单次供地规模，缩短产业用地特别是工业用地供应年限，提高交通设施、公共服务设施、市政与防灾设施规划设计标准。

率先对接香港澳门食品安全、公共服务、医疗教育服务和标准，增加对国际人才的吸引力。以香港为例，政府、机构及社区人均配套设施用地3.5平方米，深圳人均只有2.7平方米；香港医院千人床位数5.5，深圳只有3.8。从医疗服务质量上讲，两者的差距就更大了。香港人均预期寿命超过日本，名列全球第1，幼儿夭折率全球最低，还是癌症生存和治愈率全球最高的地区之一。香港小学班额25人、中学班额40人，深圳还在为无法实现小学不超40人、中学不超45人焦虑。香港食品生产企业、销售企业、监督检查机构实行英国（BS）标准或食品法典委员会（CAC）标准，并通过严格的执行保证了食品整体合格率达到99.9%；空气质量方面，香港PM10浓度限值标准是内地的2/3，且规定24小时平均浓度超过限额的次数不超过9次，标准严于深圳。香港饮用水执行世卫组织和欧盟标准，检测指标项是内地的2倍。建议对接香港、澳门标准，在食品安全、水质保障、医疗教育等公共服务领域与国际接轨，特别要关注人才住房、儿童养育、医疗、社会保障、社会安全等领域。

（二）立项研究港珠澳大桥激活“内地车辆通行，建设双Y通道”的必要性与可行性

内地车辆如可以更为自由地通行于港珠澳大桥，将进一步加强东岸与西岸港深—珠澳四地的便捷联络，有利于激活港珠澳大桥的交通流量，加强核心城市联系，强化湾区自东向西的辐射带动作用。因此，建议深入研究港珠澳大桥连接深圳的新联络线，构建港深珠澳四地的双Y通道。从可行性上看，可考虑两个意向性方案：一是建立从海上经过的与深圳的独立接线，但存在工程难度较大、投资较多的问题；二是借道香港未来“北部都会区”与大屿山的快速连接线，经香港直达深圳前海，设立内地车辆专用通行车道，连接深圳与珠海，见图2。两个方案需要内地与香港方面共同讨论。

（三）增强“澳珠极点”的发展潜力与活力，解决西岸经济滞后的问题

《粤港澳大湾区发展规划纲要》提出建设“澳珠极点”，因澳门发展空间受

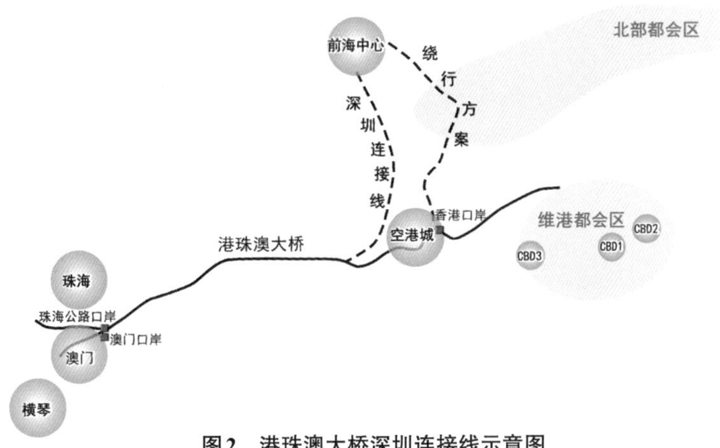

图2　港珠澳大桥深圳连接线示意图

限，应由珠海给予更多的空间支持。《横琴粤澳深度合作区建设总体方案》提出“促进澳门经济适度多元发展的新平台，便利澳门居民生活就业的新空间”，以及“发展科技研发和高端制造产业，发展中医药等澳门品牌工业，发展文旅会展商贸产业，发展现代金融产业”四项主要功能。由于横琴的发展空间和区域性设施配置仍然有限，建议制定进一步的支持政策，借助港珠澳大桥珠海延长线上的珠海机场（空港）和高栏港（海港）设施，开辟国际航线、航道，以及筹划、供给、预留珠海金湾区等制造业发展用地，移植原横琴自贸区的多项政策，更系统地支持“澳珠极点”建设。

（四）关注珠江出海口万山海洋试验区等未来粤港澳深度合作的新空间

加强粤港澳在海洋空间保护与利用方面的合作，在区域海洋生态环境保护、海洋防灾救援、海洋运输、海洋能源与资源合理开发等方面进行全面合作；探索万山海域海岛进一步开放海上旅游（如扩大国际垂钓区的范围和准入条件，设立接近澳门世界文化遗产区的邮轮停靠港等）新模式；对万山港远景建设进行可行性研究预案。

（执笔人：国务院原参事，中国城市规划设计研究院原院长，王静霞；全国工程勘察设计大师，中国城市规划设计研究院院长，王凯；中规院（北京）规划设计有限公司，罗赤；院士工作室，陈明、王颖；中规院深圳分院，方煜、赵迎雪）

（技术支持团队：院士工作室、中规院深圳分院、中规院（北京）规划设计有限公司）

关于TOD引导通州—北三县协同发展的若干对策建议

在北京人口总量控制前提下，具有一定人口规模和较高人口素质的廊坊北三县地区对于服务和保障首都功能具有重要意义。第七次人口普查显示，三河市大学以上文化程度人口占比27%，超河北省平均水平两倍，一批在燕郊居住、北京就业的通勤人群为首都社会经济发展做出了积极贡献。如何借力通州城市副中心发展，支撑非首都功能疏解工作，促进通州—北三县地区就业空间、通勤格局和公服设施的优化，是顺应首都都市圈发展趋势的必然选择。2020年3月17日，国家发展改革委发布了《北京市通州区与河北省三河、大厂、香河三县市协同发展规划》(以下简称《协同发展规划》)，为通州—北三县地区一体化发展奠定基础。“十四五”期间，应围绕当前跨界协同发展存在的焦点问题施策，推动《协同发展规划》的落地。

一、当前跨区域协同发展现状及主要问题

第一，北三县地区进京的跨界通勤将长期存在，但长距离通勤不可持续。据统计，廊坊北三县地区前往北京城六区的就业人口占其总工作人口的30%以上，每日跨界迁徙强度高达40万人次。在通勤需求巨大的背景下，跨界公共交通设施和服务供给仍显不足，城际公交面临速度慢、乘车难、检查站效率低等问题。通州城市副中心尚未起到截断长距离跨界通勤的作用，燕郊地区跨界人群的平均通勤距离为30公里、通州地区70%通勤人口通勤时间超过45分钟，长期来看并不是健康的、正常的现象。

第二，北三县地区对于承接北京产业转移效果不明显，经济增长过度依赖房地产，“卧城”效应突出。三河市2020年房地产投资增速达155.4%，占全部

固投的1/5，经济增长过度依赖房地产开发现象仍待扭转。因缺乏上下游配套功能，北京的新一代信息技术、高端装备、生物医药等高新技术产业在北三县的转化落地依然困难。通州城市副中心的金融、科技、文化等产业发展不足，对于区域的产业链、供应链、创新链的整合力明显偏弱，也制约了区域产业一体化的进程。

第三，与快速增长的常住人口规模相比，通州—北三县整体的公共服务供给仍然不足。2020年通州千人医疗卫生机构床位数仅为北京市平均水平的1/3，千人养老机构床位数是北京市平均水平的70%，位于通州的首都医科大学潞河医院就医患者中有1/3来自北三县。燕郊高新区义务教育阶段80%学生属非燕郊户籍生源，班额达到小学64人/班、初中64人/班、高中57人/班，近年来累计接收5000余名外来务工和经商人员子女就学。在通州—北三县地区公共服务供给不充分、不均衡的前提下，需要进一步推进区域公共服务共享，统筹解决两地政策“双轨制”问题。

通州—北三县地区交通、产业与公共服务跨界问题需要系统谋划，通过统筹空间功能布局，特别是将重大设施规划建设、土地开发与非首都功能疏解相关政策统筹考虑，从切实保障该区域各类人群的合理居住、就业、生活为落脚点，才能找到一条切实可行的工作路线图。

二、以TOD为抓手重构通州—北三县功能体系

借鉴国外经验，立足首都都市圈建设，通过TOD引导城镇开发与功能合理布局，是推动跨界协同发展的一条重要路径。

第一，提升城市副中心的能级，共建跨界组合型城区。通州副中心是北京东部地区面向京津冀的门户区域和服务中心，需要进一步承接中心城区向外疏解的优质公共服务资源，创造优质生活圈。通过轨道交通建设引导通州—北三县一体化发展，构建副中心组合型城区，既有利于提高通州发展的能级、优化职住配置，也能在更大空间尺度上谋划和统筹布局城市居住、交通、公共服务等配套功能，为副中心辐射区域提供优质的就业机会、高品质的公共服务和生活配套，见图1。

第二，通过TOD建设引导沿线功能合理布局，加强副中心与燕郊职住平衡，削减长距离通勤。按照组合型城区范围，沿TOD走廊平衡“就业—居住—商业”

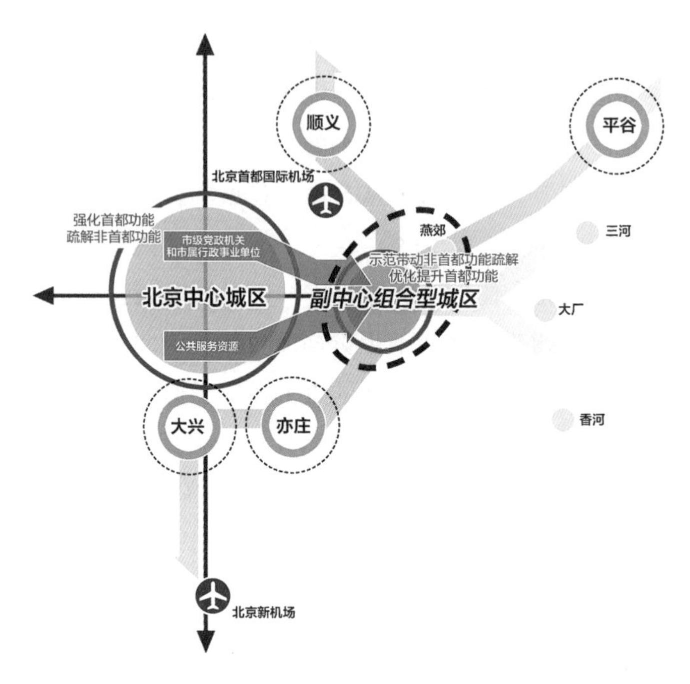

图1　副中心组合型城区示意图

功能配比，将就业中心进行合理分散，可有效控制通勤距离和通勤时间。加快重构区域的产业网络、高等级公共服务设施服务网络，有利于吸引资源向通州—北三县地区转移，长远来看有利于逐步建立稳定的职住关系，有效减少极端通勤；逐步改变当前的单向人员流动格局，引导北京资源能够更多向北三县地区转移。

第三，实施通州—北三县TOD战略，能进一步促进空间资源的集约紧凑利用。从建设用地产出上看，2020年通州区建设用地地均产出3.0亿元/平方公里，不足北京市平均水平的1/3，土地利用相对粗放。TOD发展模式通过引导站点为中心的集约式综合开发，有利于各项资源和功能的合理聚集，提高土地开发效率。当前，规划M22（平谷线）已经启动建设，通州—北三县进入区域空间结构优化的关键时期，未来还有两条地铁普线（M102、M101）在规划之中，迫切需要探索跨界的TOD导向的一体化发展策略，科学引导轨道沿线地区的土地开发与空间资源盘活，有序引导各项功能与产业要素的布局。

第四，实施TOD战略可有效优化区域公共服务配置。引导医疗、教育、福利设施向轨道站点周边集聚，有利于沿线地区公共服务设施共建共享；存量或者因为某些原因不能集中建设的公共设施可通过轨道交通提升可达性，在时间上缩短北三县居民与优势公共资源的距离，是促进通州—北三县共同发展、互相融合的重要举措。

三、统筹实施通州—北三县TOD战略的政策建议

第一，协同推进轨道建设，分级分类实施TOD站点规划指引，避免轨道沿线开发同质化。

通州—北三县地区现状及规划的轨道交通站点在片区功能定位、用地布局和建设时序有着巨大差异。如何加强对站点地区开发的管控和约束，最大程度保障空间政策的一致性、功能布局的连贯性，实现用地的混合开发和公共服务功能的落地，是能否实现空间结构优化的关键。建议通州—北三县编制跨界轨道交通TOD综合利用专项规划，统筹协调轨道交通站场建设、产业发展、空间组织之间的关系。协同建立一体化开发建设主体，建立长效运营机制，并创新TOD开发增益协同分配机制，协同制定TOD开发扶持和激励政策，实现与TOD相匹配的城市与区域治理模式。

第二，以M22（平谷线）共建为抓手加快推进合作示范。

一是将整条线路作为整体，统筹规划各站点功能。避免自发建设造成的居住功能过度集聚，确保轨道交通建设与综合开发的有机结合。高级别节点重视商业和文化设施的补充，较低等级的节点则重视生活服务设施的完善。建议在北三县境内的燕郊站重点承接商务办公职能和高质量教育、医疗等区域职能；神威大街站、潮白大街站等站点周边预留承接中关村科创产业用地，合理布局高端制造业和保障性住房承载空间。推动科技成果转化项目、医疗及公共服务设施向轨道站点周边地区转移。

二是以站点为中心圈层式划定政策分区，做好非首都功能承载空间预留。轨道站点周边800米范围内划定特殊政策区，区域内放宽高新技术企业资质互认、行业跨区域监管等方面的政策约束。形成TOD核心区、协调区、拓展区等不同的圈层范围，作为落实不同开发政策和指标管控的基本单元。容积率的区间下限及调整系数自外向内逐层递增，在确保区域内开发规模总量控制的前提下，引导容积率向站点核心区转移，高密度和低密度共生。

三是明确关键开发指标的管控和约束。围绕功能混合、开发强度、街区尺度、慢行交通、停车管理、公共空间等主要方面，提出关键指标的管控要求，传

导不同的空间政策。建议规定燕郊站、潮白大街站核心区商业建筑面积持有比例下限，避免居住用地的过度开发；明确容积率下限或控制区间，停车配建上限，公共空间控制区间等；依据不同分类和圈层条件提出指标修正系数，为规划控制留足弹性。

（执笔人：全国工程勘察设计大师，中国城市规划设计研究院院长，王凯；院士工作室，徐辉、王颖；城乡治理研究所，杜宝东；城市交通研究分院，陈莎）

成渝地区双城经济圈建设面临的核心问题和对策建议

成渝地区是我国长期以来的战略大后方，在中华民族多个历史时期都发挥着“压舱石”和“稳定器”的重要作用。在国家走向全面开放和均衡发展的新格局下，成渝地区在紧密联结“一带一路”、引领带动西部大开发、保护长江上游生态、探索绿色创新发展等方面，具备突出优势、肩负重要责任。习近平总书记亲自谋划、亲自部署、亲自推动的成渝地区双城经济圈建设的重大区域发展战略，为新时代成渝地区高质量发展、开启现代化新征程描绘了宏伟蓝图，提供了行动指南，也在高质量发展、高品质生活等方面提出了可持续发展的更高要求。中国城市规划设计研究院长期深耕成渝地区，在结合相关项目实践积累的基础上，识别成渝地区当前存在的核心问题，并提出针对性建议。

一、成渝地区当前建设存在的核心问题

一是区域发展不充分不均衡，城镇体系有待优化，要素流动行政壁垒显著。成渝地区总体发展水平较沿海城市群仍存差距，发展规模、一体化程度和城镇化水平相较偏低。2019年，成渝地区GDP总量为6.3万亿元，人均GDP为6.6万元/人，仅为沿海三大城市群的1/2和1/3。成渝两大都市圈GDP总量均不足上海都市圈的1/4，都市圈内尚未形成完整的区域产业链和供应链。区域发展不均衡现象突出，成渝地区城镇分布较沿海城市群相对稀疏，次级节点城市发育不足，尤其是区域内100万～500万人口大城市和50万～100万中等城市占比偏少。都市圈内外发展落差较大，重庆和成都中心城区人均、地均产出约为都市圈以外区县1.5～2倍，盆周地区仍有102个区县人均GDP低于全国平均水平，94个区县地均产出低于全国平均水平，23个区县一产占比超过20%。两省市之间经济和

社会要素流动的行政壁垒仍然显著，成渝地区整体投资联系显著弱于长三角城市群，跨省市的投资联系强度受行政边界分割明显，毗邻地区合作关系较弱。

二是对外开放支撑不足，设施建设滞后城市发展，交通运行效率受限。成渝地区铁路建设标准普遍较低，时速350公里/小时仅有成渝高铁已建成，至京津冀、长三角、粤港澳至今无高标准铁路直连直通。双城经济圈航空枢纽能级相对不高，区域枢纽机场数量、机场群吞吐量和国际链接能力明显低于沿海三大城市群，通航国际城市约为沿海三大城市群的1/2，国际旅客吞吐量不足京津冀的1/3。内部城际铁路网络不完善，成渝地区铁路网密度为3.5公里/百平方公里，成渝双城每日开行列车班次为143班，与三大城市群差距明显。货运通道能力不足、运输集约性相对不高，成昆、川黔和渝怀铁路利用率均已饱和，长江航运运能受三峡翻坝能力、航道条件制约明显，港口多式联运“最后一公里”尚未解决。城市内部交通设施建设和运营水平与城市发展阶段不相匹配，核心城市潮汐交通和拥堵问题尤为突出，部分城市高峰车速低至19公里/小时，全日拥堵里程占比达15.5%，城市停车设施建设缺口较大，部分发展成熟的人口集聚区缺少城市轨道服务。

三是公共服务水平和城市品质仍亟待提升，核心城市国际服务能级较低，区域中心城市公共服务仍有待完善，县域公共服务短板突出。成都和重庆中心城区相较一线城市在国际化和品质化服务设施方面仍存在短板，中高等院校、文化消费、国际交流、人文活动等高品质、提升型公共服务短板尤显突出，成都、重庆国际学校数量分别为35所、23所，远低于上海（104所）、北京（99所）、深圳（55所），成渝地区一级博物馆办展次数仅为长三角的50%。区域优质公共服务资源高度集聚在成渝两个核心城市，其他区域中心城市的高等教育、优质中小学和三甲医院等优质公共服务资源严重不足，部分县城医疗、文化、教育、养老等基础服务短板突出。区域内超过40%的重大公共文化设施集中在中心城区内，近65%市（区）县二级以上医院覆盖率不足80%，渝东南、川南、川西地区部分县市覆盖率不足60%，仍有近15%的市（区）县养老服务设施覆盖率不到80%。

四是生态保护压力较大，局部地区存在开发与保护的冲突，自然人文特色资源缺乏空间统筹。成渝地区局部存在人口经济与资源环境承载力不匹配，以及国土空间开发与保护冲突的问题。三峡库区、龙门山前等部分生态高敏感区或地震灾害高易发区，人口仍在持续增长，部分山区珍稀动植物的生境被城镇建设或农业耕作破坏，迁徙通道遭到阻断，岷江、沱江、嘉陵江（重庆段）上游局部地区存在尾矿库和化工产业污染。同时，成渝地区区域丰富的自然人文资源丰富缺乏系统整合和空间布局统筹，特别是川、渝东北、成渝中线等毗邻地区的人文自然资源缺乏空间统筹，导致成渝间的古驿道、古栈道、水运和陆运历史线路等无法贯通，大足石刻和川东北、成渝中部石刻群等同类型遗产缺乏整合。更未能衍生为国家交往、创新经济、现代消费、人文旅游等高端功能，2019年成渝地区一级博物馆办展次数仅占长三角城市群的50%，举办文化教育活动次数不及长三角的20%；成渝地区召开国际会议数量仅占京津冀城市群的24%，长三角城市群的16%，国际会议等事件活动远少于沿海城市群。

二、对成渝地区双城经济圈建设的主要建议

一是优化区域城镇格局，打造多中心、多功能、网络化的世界级城市群。以自然地理格局为前提，以资源环境承载力和国土开发适宜性评价为基础，协调两省市发展战略要求，以两大都市圈、成渝中轴地区、两翼城镇组群和区域中心城市为优势地区，盆周山地地区为主要生态保护地区，按照优势地区重点发展、生态功能区重点保护的要求，统筹形成开发与保护相协调的国土空间格局。提升重庆和成都中心城区“双核”发展能级，增强全球资源配置、科技创新策源、高端产业引领功能，提升综合能级与国际竞争力。推动重庆和成都中心城区非核心功能在都市圈内疏解布局，提升区域支点城市承接功能疏解和发展特色功能，推动成渝两大都市圈相向发展，辐射带动成渝外围地区，推动区域高水平均衡发展，加快成渝毗邻地区合作，打造区域新增长极。其他中小城市和县城着力补充民生短板、补齐设施弱项，发挥促进就近就地城镇化的引导作用。

二是补足设施短板，强化交通支撑。加强渝西高铁、成达万等跨区域铁路建设，增强高铁通道链接能力，强化货运铁路通道支撑。促进重庆港、泸州港、宜宾港等长江航道港口协调分工，深化推进多式联运发展。推进区域机场群协调建设和枢纽机场能级提升。推进区域内交通基础设施对接建设。加快城际铁路和市域铁路建设和运营，强化成渝地区和都市圈内部联系，降低城际间要素流通成本，推进站城一体化开发。推动内江至大足、潼南至安岳、泸州至荣昌等边界地区高速路网联通，打通区域断头路。优化城市内部交通的组织和运营，推进重庆、成都市域铁路和城市轨道建设与都市圈、城市发展阶段协同，以及同节点城市、主要功能板块和人口密集区衔接，支撑都市圈一体化发展，推进TOD开发

建设，提高区域交通运行效率。完善城市停车空间和设施建设，尤其关注老城地区交通服务提升，创新设施管理机制，简化操作流程，提升运行效率。

三是提升城市建设品质，推进现代化治理。成渝核心城市强化公共服务国际化水平，提升对高端人才的服务能力，区域中心城市补充优质服务资源，带动区域公共服务整体提升，提高新城、新区公共服务配套建设标准，确保设施投放与开发建设时序契合。积极推进新技术、新理念的运用，推进新基建设施建设，探索系统化构建城市信息模型，完善新型城市技术设施建设应用体系，全面提升城市智慧化管理水平。提高城市建筑审美和质量，推进绿色建筑、低碳社区等建设实践。探索多元主体、多种模式共同推进城市更新工作的路径，创新机制体制保障，以共同缔造提升社区治理能力和治理水平。发挥社区基层组织作用，积极推进完整社区建设，基于社区具体问题与居民实际需求，优化设施布局，制定差异化的设施短板补齐方案。

四是加强生态文明建设，加快推进人文自然资源的价值转化和魅力彰显。以共同保护长江上游重要生态屏障为核心，保护岷山—邛崃山—凉山、米仓山—大巴山、武陵山、大娄山四个国家级生态功能区，共建“六江”生态廊道和川东平行岭谷生态廊道。重点协同上下游、左右岸、干支流、水域陆域城镇农业空间布局，以政策创新推动形成跨流域的协调合作示范。加强毗邻地区环境卫生设施共建共享，合作开展明月山、大巴山区等重要生态系统保护和修复重大工程。结合重庆打造“山水之城、美丽之地”、成都建设“美丽宜居公园城市”，协同建设巴蜀魅力空间，面向建设世界级旅游目的地，贯通长江风景带，共绘江城、江镇、江村与山水美景交融的巴蜀长江画卷。合作发掘、保护和联通巴蜀古驿道、古盐道、茶马古道，如沿渝水（嘉陵江）—金牛古道，打造串联金刚碑、钓鱼城、沿口古镇、阆中古城等自然人文景观资源的精品旅游线路，共同弘扬巴蜀人居典范，打造巴蜀人文品牌。

（中规院西部分院，执笔人：张圣海、张力、刘敏、郭轩）

极端气候频繁背景下我国城市防洪排涝对策建议

联合国政府间气候变化专业委员会（IPCC）8月初发布了第六次评估报告，认为全球“气候变化范围广泛、速度迅速并不断加剧”，极端高温和降雨事件将变得更加频繁。《中国气候变化蓝皮书（2021）》也再次提出，中国是“全球气候变化的敏感区和影响显著区”。河南郑州“7·20”特大暴雨灾害以后，党中央和社会各界都加快研究提高和改善城市防洪的对策，住房和城乡建设部联合相关部门，及时组织中国城市规划设计研究院等科研机构，就我国城市应对极端强降水天气的解决方案提出针对性建议。

一、经过几十年的努力，城市防洪排涝各项政策措施和实践探索取得较为全面的发展

2012 年以来，在生态文明思想和总体国家安全观指导下，中央及住房和城乡建设部、水利部、财政部等有关部门，颁布指导意见，扎实开展海绵城市、“城市双修”、韧性城市等实践探索，取得积极进展。国务院先后印发《关于做好城市排水防涝设施建设工作的通知》《关于加强城市基础设施建设的意见》《关于推进海绵城市建设的指导意见》《关于加强城市内涝治理的实施意见》，从政策层面上保障了城市排水防涝工作的有序推进。城市已形成比较完善的排水管网系统，有效地保障了城市的排水安全。“十三五”期间，我国城市基础设施投入累计完成投资超过10万亿元，全国城市排水管道建设明显提速，2020年已达到78.7万公里，比2015年提高了45.9%，年均新增排水管网近5万公里。

排水防涝设施建设标准得到不断提升。经过多轮修改后，最新版本规范确定的大城市中心城区重要地区的设计标准已达到欧美城市的设计标准。

二、随着极端天气的频发，城市防洪排涝面临着前所未有的严峻挑战

随着全球气候变化，极端天气导致的城市洪涝灾害呈现明显的上升趋势，而且突发性更强，冲击性更高，对城市应对洪涝灾害的模式提出了全新要求。今年德国西部、美国纽约等城市和地区的暴雨洪灾也都说明了在全球气候变化大背景下，应对极端天气是全人类需要面对的共同挑战。

随着我国城镇化的快速推进、城市人口和经济不断集聚以及城市排水系统日趋复杂，城市水问题变得更加严峻，城市内涝带来的损失也越来越大，城市排水安全问题已引起社会各界的广泛关注。加之城市排水工程设施、城市河湖水系与外围大江大河缺乏有效衔接，对部门协调提出了更高要求。

三、相关建议

一是建立健全流域区域洪涝统筹体系，形成排水工程设施、城区水系与外围江河湖海“联排联调”的大排水格局。要协调城建、水利等相关部门在排水防涝设施、设防标准、计算方法、运行管理模式，充分发挥大排水格局的系统作用。

二是将排水防涝工程建设与城市国土空间规划、流域防洪排涝规划有机结合，特别是要结合国家流域水利设施和新的发展要求，对现状蓄滞洪区进行优化调整。充分发挥湿地、低洼地、坑塘水面等生态空间防灾减灾作用，在城市内部也要为雨水预留足够的排放和调蓄空间。同时，结合场地竖向设计、规划用地布局、水系分布等因素，科学确定排水分区，并将其纳入规范管理程序和法定条款。

三是要科学认识我国现状管网建设水平和存在问题。自20世纪60年代至今，我国一直使用“暴雨强度公式法”指导城市排水工程的设计与建设。按这种方法建设的管网，整体建设水平比较高，尤其是雨水支管，但汇水面积较大的雨水主干管道建设标准普遍偏低，“强支弱干”成为制约系统排水能力的瓶颈。一些城市没有认识到这种情况，对现状管网的建设水平评价存在偏差，对内涝成因的源头没有找准，导致采取措施缺乏针对性，实施效果不理想。建议相关部门抓紧修订城市雨水管网的规划设计方法，科学指导今后的管网规划设计；充分利用现有管网和排水设施，将制约排水系统正常运行的关键节点和瓶颈管段作为

提标改造的重点，达到用最少投资、快速改善和提升现状雨水管网排水能力的目的。

四是针对极端天气导致的超标降雨，加强应急管理。要实施流域区域的“联防联控”，洪涝的“联排联调”，加强信息共享以及实时监测、预警响应，统筹城区水系、排水管网和城外大江大河、水库的调度，提升应急管理水平。政府应编制极端灾害下的城市应急预案，各层级规划应在空间上落实应急预案中提出的空间需求，应急预案相关内容细化至社区单元并加强宣传，尤其是重点地区，提高民众的安全意识和安全知识水平。

（执笔人：国务院原参事，中国城市规划设计研究院原院长，王静霞；全国工程勘察设计大师，中国城市规划设计研究院院长，王凯；中国城市规划设计研究院副总规划师，孔彦鸿；城镇水务与工程研究分院，郝天文；院士工作室，陈明、骆芊伊）

长江沿岸城市防洪排涝和城市建设存在问题及相关建议

长江流域是我国面积最大、经济最发达、人口最稠密的一级流域，在我国资源环境保障、经济社会发展中举足轻重。但2016年、2017年、2020年，长江流域城市连续发生洪涝灾害，给人员生命和经济财产带来严重损失。做好长江流域沿江城市防洪排涝工作，已成为中央高度关注的重点。

一、长江流域上中下游独特的城市洪涝问题

长江流域城市洪涝问题的形成，与其上、中、下游独特的水文地理情况紧密相关，并且呈现了上、中、下游差异明显的特点。

长江上游流域，城市多处于高山峡谷、滨江滩地，城市地形坡度较大、排水条件良好，一般不易形成积涝。流域内长江干支流比降大、流速快，在洪水季节洪峰来临时，经常出现河流水位日涨落剧烈现象，区域内城市洪涝灾害往往由于流域内干支流洪峰叠加导致，典型如2020年8月嘉陵江、长江洪水同时通过重庆主城区时朝天门码头被淹，2016年6月重庆长江53条支流同时发生超警洪水导致15县区出现洪水涌入城区现象。

长江中游流域内以平原、浅山为主，长江及其支流在这一区域内河流比降明显减缓，河床出现抬高，在湖北、安徽两省1400千米长江干流河段上，汛期较易发生长江水位持续高于沿江城市地面情况，使沿江城市高度依靠内部调蓄及外排泵站能力保障自身安全，区域内城市洪涝灾害往往由于持续性强降雨超出城市洪涝蓄排能力导致。例如2016年7月，武汉市7天累计降雨量达到607毫米、占多年平均年降雨量46%，带来严重内涝。

长江下游多数城市坐落于河网地带，密集的大、中、小型河道贯穿城市建成

区，城市防洪排涝单元进一步细化，分区分片设防是这一区域的典型特征，各分区、片区防洪排涝能力须独立保障。同时，长江下游流域又面临着较大的水环境保护压力，以太湖为典型的流域型湖泊，虽有较大调蓄能力，但受汛期河湖水质波动影响，启用其调蓄能力须非常审慎，以无锡市为例，现行规则为梁溪河片内部水位高于4.2米时打开入湖口，而这一水位距片区地面最低处不足0.3米，这对保障城市防洪排涝安全提出了新问题。

二、流域内不同地区的典型城市的经验做法

重庆市以增强外江防御能力为重点。一是沿长江、嘉陵江积极实施防洪护岸工程，基本形成洪水防御工程体系，探索采用升降式、折叠式、移动式防洪墙等措施补齐局部防洪短板。二是针对区域洪水骤起骤落特点，新建、恢复、改造一批“两江四岸”范围内水文监测站，提升预警预报能力，并充分挖掘两江上游梯级水库拦洪削峰潜力，降低防洪压力。三是针对山洪风险，对流域面积100平方千米以上河流，在沿河两岸城镇区域，实施河道护岸、疏浚通卡、拦蓄清淤等治理措施，提高综合防洪能力。

武汉市以增强城市蓄排能力为重点。一是将中心城区45个湖泊全部纳入城市排水防涝体系，调蓄总面积近210平方公里，按景观及生态功能要求不同，控制调蓄深度在0.5～1.5米之间，汛前合理确定湖泊调蓄水位并预降到位。二是将中心城区泵站抽排能力由2016年的900余立方米/秒，提升至2020年的1963立方米/秒，同时实施70余条骨干河渠、大型管涵拓宽提标，保障蓄排衔接顺畅。2020年，武汉市汛期累计降雨量1539.6毫米、居历史第1位，在降雨强度与2016年相当情况下，中心城区未出现明显内涝。

无锡市在完善区域工程体系同时，不断提升城市洪涝应对能力。在区域层面，构建北接长江、南接运河的高速排水通道，通过将城内水网与高速排水通道连接，实现快速退水，在梅雨季节控制城内水位快速上涨。在城区层面，划分9个片区，根据保护人口、经济规模，执行差异化的防洪排涝标准和工程建设。在建设方式上，地势低洼圩区，通过堤防和排涝站建设，巩固低片防洪除涝能力；地势较高片区，保护既有水系并做进一步疏浚、连通、强化，改善高片排水条件。

三、对长江流域城市做好防洪排涝工作的系统性建议

（一）筑牢洪水防御体系，逐步实现区域统筹治理

做好防洪排涝工作要顺应生态文明思想，统筹好城市与流域的关系，加强生态基础设施体系建设，紧密依托流域山水林田湖草生命共同体构筑城市防洪排涝体系。

一是筑牢外洪防御能力，合理确定城市防洪标准、设计水位和堤防等级，完善堤线布置，优化堤防工程断面设计和结构形式，确保能够有效防御相应洪水灾害。对山洪易发的长江流域中、上游地区，应加强水土流失治理，合理规划建设截洪沟等设施，最大限度降低山洪入城风险。

二是城市防洪排涝设施建设，往往会对所在区域其他城市产生一定影响，例如，苏州、常州和无锡三市城市防洪大包围建成后，常州运河沿线泵排能力增强，抬高常州段和无锡洛社段运河水位分别为0.26米和0.07米。所以，同一区域内河流水文关系密切的城市，应以区域为单元，实施统筹治理，统筹安排设施建设任务，探索建立城市洪涝排放总量管理制度，逐步实现城市洪涝排放总量不增加或减少。

三是扩展城市内部及周边自然调蓄空间，按照有关标准和规划开展蓄滞洪空间和安全工程建设，对于区域内具有重要蓄滞功能的水体及自然低洼地，应进行生态保护性开发利用，充分发挥其洪涝调蓄作用，并结合流域进行汇流分析，合理确定其调蓄规模。目前，长江流域共有蓄滞洪区40处，其中36处位于长江流域中游、总面积约1万平方千米，用好区域调蓄空间，实现区域统筹治理，可以有效缓解汛期长江水位持续偏高带来的顶托问题，降低城市洪涝风险。

（二）完善城市除涝系统，蓝绿灰色设施协同施策

建设防洪排涝体系要做到蓝绿空间协调、灰绿基础设施协同，更多地依靠自然的力量排水，绿色、经济、高效地解决城市内涝问题。

一是实施排涝通道建设，注重维持河湖自然形态，避免简单裁弯取直和侵占排涝通道，恢复和保持城市及周边河湖水系的连通和流动性。合理开展河道、湖塘、排洪沟等整治工程，提高行洪排涝能力，确保与城市内涝防治能力匹配。

二是要优先划定水体和绿地空间，加强对城市内部调蓄空间的保护管理，因

地制宜恢复因历史原因封盖、填埋的天然水域等，长江流域中、下游河网较密集的城市，还应充分利用内河河道调蓄能力。要优先考虑通过排涝通道与调蓄空间的合理规划，满足城市除涝要求，当排涝通道与调蓄空间能力不足时，设置排涝泵站保障除涝能力。

三是要加强城市排涝通道、调蓄空间、泵站设施以及桥涵、闸门、排水管道等在水位标高、排水能力等方面的衔接，保障排水畅通，易受顶托影响的长江中、下游地区，应加强对城内河湖水位调控管理，因地制宜确定水位调控方案以及在不同降雨强度、外江水位下的水位调控细则。

（三）注重竖向控制问题，提升城市建设安全水平

城镇建设竖向要与自然地理条件紧密结合，竖向规划应与建设选址及用地布局同时进行，并密切结合地形地质、水文条件、降雨特征等相关因素。

一是建设用地高程设计要重点考虑排涝要求，在设有防洪堤时要确保建设用地不受涝，在长江中、下游地区，城内水系常不设防洪堤，建设用地高程应按能够抵御相应设计频率洪水要求来确定，在长江上游常见山地沟谷地形中，道路高程往往高于建设用地高程，但也应保证建设用地高程高出周边道路1处以上最低路段或雨水收集点，防止建设用地成为积水洼地。

二是城市建设竖向控制，应满足地面排水的要求。长江流域雨量充沛，汛期易发高强度降雨，可通过评估建设用地可能面临的洪涝风险，选择合理的场地排水方式及排水方向，并重视与排水管道、低影响开发设施以及城市除涝设施相结合。

三是在开发建设过程中，应尽量做到地块开发建设过程中产生的挖方，最终回填至同一地块内，提高建设项目安全性。地块开发后土方不外运、就地回填于场地的方式，在当前较多的开发建设都需配套较大面积地下空间、产生较大量土方开挖的情况下，适合广泛尝试。

（四）增强管理应急能力，致力减少灾害发生影响

城市防洪排涝是一项系统性工作，要树立“全周期管理”意识，贯彻好习近平总书记关于城市现代化治理的理念。

一是要建立防洪排涝综合管理能力，做好流域、区域、城市的水情、雨情、工情信息共享，提高调度管理水平，加强气象、水利、住建、应急等部门统筹协

调，根据气象预警信息及时、准确调整防洪排涝设施运行工况。按照住房和城乡建设部部署，2025年年底前，将基本实现城市综合管理信息平台全覆盖，这将显著提升防洪排涝综合管理能力。

二是要建立专业队伍或委托专业机构，负责城市防洪排涝设施运行维护与技术支撑工作，有条件的城市应编制城市内涝风险图，划定国土空间洪涝风险控制线和灾害风险区。

三是提升应急管理水平，完善城市防洪排涝相关应急预案，明确预警等级内涵，落实各相关部门工作任务、响应程序和处置措施。按需配置应急装备，加强应急队伍建设、强化抢险应急演练，提升应急抢险能力。极端降雨发生时要及时采取停工停运、转移避险等应急措施。

（城镇水务与工程研究分院，执笔人：龚道孝、周广宇）

提高45分钟通勤比重是改善我国城市人居环境的关键环节

通勤时间长、公交效率低、通勤幸福度低是中国主要城市居民通勤面临的三个问题，职住分离、配套布局和轨道交通对通勤的支撑不足是主要成因。“十四五”时期，多措并举地提高45分钟通勤比重、提升通勤幸福指数，是推进高品质人居环境建设的关键环节，也是落实城市高质量发展的要求。

一、当前城市通勤的突出矛盾

一是要城市平均通勤出行时耗过长。单程45分钟可达的通勤人口比重，是城市规划、交通服务水平的综合呈现，也是居民出行的最直接感受。我国36个主要城市45分钟以内通勤人口比重76%，其中北京、上海、广州、深圳四个超大型城市45分钟通勤人口比重平均仅为69%。对比伦敦、纽约等全球大城市提出的80%～90%通勤人口45分钟可达的发展目标，尚有较大差距。全国36个主要城市中有超过1000万人单程通勤时间在60分钟以上，占通勤人口的13%。其中，北京、上海超大型城市单程大于60分钟的中心城区通勤人口比重分别为26%、19%。超长通勤不仅加重了城市交通系统的负荷，导致城市总体运转效率的下降，还易导致群体身心影响与社会问题，势必对城市的竞争力和人才吸引力构成影响，从城市发展与城市治理的角度，需要将通勤时耗控制在合理水平。

二是公共交通服务水平不高、对通勤支撑不足。改革开放以来，我国城市发展取得了举世瞩目的历史性成就，城市规模和数量不断壮大，形成了一批超大、特大城市。北京、上海、广州等典型超大型城市中心城区人口密度较高，交通设施服务能力有限，因此公共交通对于高密度城市的交通出行具有不可替代的支撑作用。45分钟内能够通过轨道、地面公交等公交方式通勤的人口比重，是城市的公交通勤保障能力的重要测度。研究显示目前36个主要城市中，45分钟以内分钟公共交通通勤可达比重不足50%，最高水平的深圳也仅能达到57%，而最低的北京市仅有32%。轨道、公交对通勤交通服务支撑不足，将导致出行需求向个体机动化的转移，加剧中心城区的交通拥堵和消耗大量停车空间资源。

三是人民群众通勤幸福感较低。就近职住、短距出行、多样化的绿色交通方式选择、出行时间可控，不仅会带来更多幸福的通勤体验，也会促进低碳绿色发展、营造高品质环境。报告以5公里以内通勤人口比重作为衡量城市通勤幸福的指标。数据显示，我国36个城市小于5公里的幸福体验可以覆盖50%通勤人口。超大型城市中，深圳具有最高的幸福通勤比重57%，北京、上海仅有38%和48%。

二、城市通勤问题的主要原因

一是职住分离、功能错配。通勤距离是城市运行的成本，体现城市职住分离和功能错配的程度。36个主要城市的平均通勤距离均超过6公里，北京平均通勤距最长，达到11.1公里，超过9公里的城市有上海、重庆、成都和西宁。职住分离度是从空间投放角度计算居住与就业功能的理论最小距离。36个主要城市中北京、银川、西宁和石家庄职住分离度大于5公里，反映出城市郊区化发展和新区建设阶段的职住分离问题。从超大型城市的职住圈层分析来看，职住分离度最低的城市深圳，职住功能紧凑集中于15公里空间以内；而上海、北京空间尺度相近，职住功能分布在40公里空间尺度内，但北京在25公里以外的圈层缺少就业。北京的职住分离度6.6公里，远大于上海的3.7公里。

由于房价、教育、生活配套等因素产生的功能错配，将进一步增加城市的通勤距离。如重庆市具有良好的职住平衡本底，职住分离度3.8公里，但由于邻近的居住与就业功能未能良好匹配，很多居民舍近求远，平均通勤距离达到9.1公里，推高了城市的运行成本。

二是轨道交通对通勤出行支撑不足。由于轨道规模不足，线路走向与城市通勤契合度不高，未能充分发挥轨道交通提升城市的就业可达性，缩短通勤时耗的效果。不同于以往强调轨道对于人口的覆盖，《中国主要城市通勤监测报告》以居家和就业地两端均在轨道站点1公里范围的通勤人口比重，反映轨道线网与职住空间组织的匹配度。36个城市轨道覆盖通勤比重，超大城市平均水平32%，特大城市仅有21%，即100个通勤者中只有20～30人能够便捷地轨道通勤。轨道覆盖通勤比重，总体上与轨道线网规模相关，说明中国超大、特大城市轨道规模尚不能很好地支撑城市高效运行。

线路走向与通勤需求契合度不高，未能充分发挥轨道交通提升城市的就业可达性，缩短通勤时耗的效果。南京370公里轨道仅覆盖22%的通勤人口，重庆330公里轨道覆盖24%的通勤人口，这些城市的轨道客流强度也偏低。而同等轨道规模下，武汉、成都可以覆盖30%以上的通勤人口。

良好的TOD开发和廊道功能组织，可以提高轨道通勤覆盖效益。广州有最高的轨道覆盖通勤比重，达到37%，深圳用300公里的轨道，支撑了30%的通勤人口。广州和深圳不仅拥有全国最高的轨道客流强度，45分钟以内通勤比重也超过75%，有着超大城市中最高的通勤效率和公交保障水平。

三、城市通勤交通改善的主要建议

多措并举，以把握城市通勤特征、优化城市空间结构、强化公交导向发展为重点，优化和改善城市通勤环境；立标建靶，以提高城市45分钟通勤比重为关键指标，切实提升通勤效率水平，推进高品质人居环境建设。

一是长期监测城市通勤特征演化。现阶段我国仍处于城镇化发展的关键时期，都市圈、城市群以及城市内部空间格局尚未完全定型，面对全面建成中国特色社会主义小康社会和“十四五”规划重要时期提出的目标与挑战，建设高品质人居环境是城市建设的重要工作。

通勤监测应作为城市体检工作重点关注、持续跟踪的主题。对于超大和特大城市，关键在于改善职住空间的就业可达性，构建适用于多中心城市结构的交通设施供给和通勤组织模式。45分钟以内通勤比重，从“人”的视角，综合体现城市空间布局与组织的合理性、城市交通系统的效率水平，可以作为考察城市运行效率的关键指标。

同时，考虑我国城市的特殊性和发展阶段适应性，应探索适应我国城市自身发展规律的建设和改善方向，建议充分利用空间分析、通勤监测和大数据评估等有效技术手段，长期跟踪和分析国内城市通勤活动的演化规律、识别优劣势，为缓解通勤矛盾探寻对策、确定目标。

二是推进城市更新工作，优化城市空间结构。职住分离是我国城市通勤问题的核心，也是城市交通拥堵的致因。建设包容、安全、有抵御灾害能力和可持续的城市和人类住区是全球社会的共识，建设更安全、更健康、更宜居的城市是时代的要求。

建议将职住功能优化，作为城市更新工作的重点内容。通过对城市通勤监测的深入研究和分析，识别通勤矛盾突出的区域和人群分布，从而有针对性地提出精细化的改善措施，如居住或就业功能的织补，学校等公共设施的完善，探究存量背景下推动就近职住、幸福通勤的优化策略。

重新审视职住平衡的概念、内涵要素及其相互关系，探索城市空间健康、高效的发展之路。在新城规划中，构筑以“日常生活单元”为基础的城市空间结构体系、整合与“日常生活单元”相适应的城市空间与绿色交通体系以及完善相关政策保障机制等策略，以促进职住空间的均衡化发展。

三是强化公交导向的城市发展。提升大城市的通勤效率，构建轨道交通与城市良性互动是关键。城市理想的空间组织模式是利用轨道串联起居住、就业和功能中心，从而提高城市空间组织效率。

加强城市轨道交通扩容与增效。特大、超大城市在加大轨道交通网络覆盖率同时推进城市轨道交通快线建设，大城市加快建设城市轨道交通骨干网络，因地制宜推进轻轨等城市轨道交通发展。开展城市轨道交通换乘衔接效率提升专项行动，提升其他交通方式与城市轨道的衔接效率，加强城市轨道交通站点接驳设施建设，推动一体化公共交通体系建设。

推动公交导向的城市发展（TOD）模式。开展增量提效的新区TOD廊道、存量提质的旧城枢纽地区改造、城际线与郊区线引领的小镇建设、车站周边以完善生活服务配套为重点的社区生活圈构建等工作。通过城市交通与土地使用一体化，构建合理的城市结构和土地使用形态，实现以绿色交通为主导的合理城市交通结构，实现高品质交通服务的目的。

（城市交通研究分院，执笔人：赵一新、付凌峰、王芮、冉江宇）

对城市存量建设用地再利用的若干建议

当前我国的城镇建设用地增速已显著放缓，用地的供给结构出现明显调整。在产业结构升级，居民生活需求多元化大背景下，加快城市存量建设用地的再开发意义重大。若按存量建设用地全部改造来估算，可以保障城镇新增人口和各项社会经济活动6～8年的需求；若平摊到2035年来核算，平均每年的存量建设用地再利用应占到全部城镇建设用地供给的40%～50%为宜。因此，要系统全面摸清当前存量建设用地的底盘底数，梳理更新利用方式中存在的主要问题，厘清相关法律法规及制度政策的瓶颈所在，为科学合理利用存量建设用地提供保障。

一、存量建设用地再利用存在的主要问题

第一，缺少存量建设用地更新方面的法律法规。2008版《中华人民共和国城乡规划法》未对存量空间利用提出相关法律要求，2020年新施行的《中华人民共和国土地管理法》也没有涉及存量用地利用内容。现行的控制性详细规划制度只注重土地开发经济技术指标，忽视社会、人文、历史等价值目标对应的指标，靠“图则”管理方式也很难适应存量空间更新改造的多样化需求。虽然长三角、珠三角、成渝地区的超特大城市在积极探索，但国家层面仍缺乏全局性、整体性制度设计。

第二，缺乏灵活的用地兼容性管理制度。过去40多年里，我国的城市开发建设以新城新区的用地拓展为主，为配合城市用地有偿使用、便于土地价值评估，城市建设用地往往采用单一用途的用地管控。但当前我国城市建成区各类功能设施、用地高度混合，尤其是城市老城区，功能密度、开发强度都相对较高，原来立足较为单纯功能分区和单一用途分类要求的管理模式，已不适应当前城市更新工作的需求。随着我国产业结构升级，园区的土地用途功能调整也迫在眉

睫，但工业用地上转型发展科技研发功能，公共服务设施和2.5产业（介于第二和第三产业之间的中间产业）等都面临着规划管理、用途管理制度的瓶颈。

第三，各类用地再利用配套政策不完善。从土地供应的结构来看，目前物流仓储用地、工业用地的存量建设用地利用滞后，远没有老旧居住区（含老旧小区、棚户区等）、传统商业服务设施用地、公共管理与公共服务设施用地等更新改造的比重高。因为老旧小区、棚户区改造有国家政策和相关资金支持，传统商业服务设施用地改造具有较好市场估值前景，但工业、仓储用地改造缺乏明确有效的激励机制，缺乏相关政策配套，见图1。

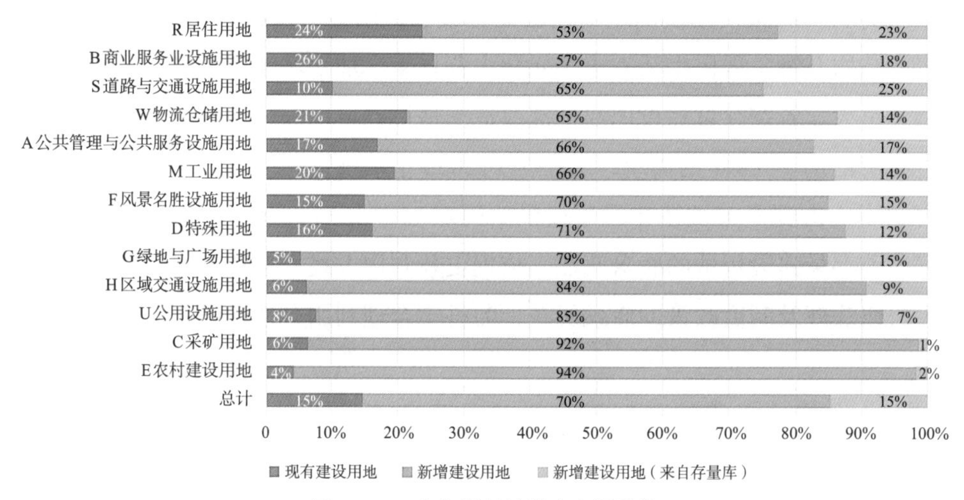

图1　2019年各类用地供应来源结构

数据来源：中国土地市场网公告数据

第四，当前的国有土地使用权管理模式难以适应多样化的土地与房屋的功能置换与调整需求。我国从20世纪90年代初期建立起来的国有土地使用权出让和转让制度，将确定用途的土地地块一次性出让获取土地出让金，在相当长时间内再不会调整用地性质。但城市产业经济发展和功能体系完善使得利用存量用地时，普遍面临“退二进三”、功能混合利用等改变土地用途的要求。既有的土地政策往往造成相关土地资源无法有效地匹配社会经济的发展，特别是对于目前量大面广的各类园区、老城区等，需要更为精细化、弹性化的土地租赁制度来保障。

二、相关建议

第一，按照“总体层面目标一致，中观层面行动衔接，微观层面任务具体”

的要求，在城市总体层面、片区层面和更新单元层面上建立更新评估与各层级法定规划的联动编审机制，建立存量建设用地的台账管理制度，以保障分期有序推进更新改造工作。一是立足城市更新行动建立城市功能混合专项规划，在保障城市适宜规模密度和城市开敞空间布局基础上，做好“宜混则混、宜聚则聚”的用地弹性利用制度设计。二是对于存量工业、仓储物流用地的更新改造，按照市场规律，结合城市更新规划和土地价值评估，由原土地使用权主体自主开发或租赁模式转变功能，或通过市场引进投资主体与原土地使用权主体合作开发，也可在充分保护原土地使用权主体产权利益基础上，政府有偿收回土地后，通过招拍挂方式出让开发。三是对于具有历史文化遗产价值的城市存量用地，要按照《中华人民共和国文物保护法》和相关规定，本着提升城市文化价值角度出发，制定较为灵活的土地功能使用政策，加强使用者在促进文化保护方面的限定性和激励性条款约定。

第二，深化城镇开发边界的空间政策管控细则。根据我国的实际建设用地绩效情况，可以划分为城市功能疏解地区、城市化引导区和城市化控制区域。城市功能疏解地区是实施城市更新的重点地区，实施产业与功能负面清单管理；城市化引导区内积极盘活存量建设用地，根据规划确定重点开发建设地区；城市化控制区域的边界即城镇开发边界，实施基础设施建设项目、特殊类型项目的正面清单管理。城镇开发边界原则上5年评估及调整一次。

第三，发挥好政府的平台作用，完善配套制度与鼓励政策创新。一是鼓励有条件的城市进行立法试点和政策试水。重点健全存量建设土地产权、调整机制、利益平衡机制、公众参与机制，理顺存量建设土地再开发流程、储备管理和实施保障等政策要求，试点存量建设用地再入市年租金制度，逐步推广新型产业用地（M0）政策。二是积极搭建平台并发挥好统筹作用，鼓励部分返还土地出让金，或者设立存量用地专项基金，用于被改造地区或者更新统筹片区的基础设施建设、产业升级及民生工程配套；对收回、收购存量建设用地用于再开发的，通过健全土地增值收益在政府与权益人之间的分配机制，给予原土地权利人依法补偿之外的适度奖励；三是建立土地使用权与经营权“两权”分离及利益共享的交易平台，通过市场手段从原土地使用权人手中租赁厂房并进行改造后再出租。

第四，将存量建设用地指标管理纳入政府绩效考核。加强存量建设用地的指标管理，按照“五年一评估，一年一计划”要求与政府的社会经济发展规划及近期供地计划衔接。政府在制定城市更新年度计划中，应将增存挂钩相结合，同时将存量建设用地的投放与重要更新功能区域挂钩，制定配套的土地保障举措。如上海市推行的全生命周期土地管理，是在多部门协同管理的基础上探索“增存挂钩”机制，并将城市更新建设计划、运营管理、物业持有、节能环保等要求纳入土地出让合同进行管理。又如杭州、宁波是根据上一年度盘活存量建设用地规模，按照存量与增量3:1比例核定新增建设用地计划指标额度。此外，各地还应结合各自需要建立存量建设用地台账管理信息系统，按照“市—区、县”两级完善信息登记与管理制度，充分与城市更新行动及项目计划工作衔接。

（城市规划学术信息中心，执笔人：徐辉、李长风）

实施积极应对老龄化国家战略，保障老年康养设施与环境有效落实

2020年，我国65岁以上老龄人口总量1.91亿，占全国总人口13.5%，远超国际公认的7%的老龄化社会标准，接近14%深度老龄化社会标准。未来35年，我国老年人口规模将持续增长，预计2035年和2050年时60岁及以上老年人口规模分别达到4.12亿人和4.80亿人；老年人口比重在2035年时将达到30%左右，到2050年时则会在38%上下[①]。快速发展的人口老龄化正在深刻影响我国经济社会发展。同时，我国的老龄化还呈现“未富先老”和“底部老龄化”的特征，庞大的老龄群体将给我国带来巨大的社会服务、社会保障负担。

2019年，中共中央、国务院印发了《国家积极应对人口老龄化中长期规划》，党的十九届五中全会立足新发展阶段为应对人口老龄化作出长期战略安排，明确提出“实施积极应对人口老龄化国家战略”。2021年3月公布的《中华人民共和国国民经济和社会发展第十四个五年规划和2035年远景目标纲要》也对积极应对人口老龄化进行重要部署。2021年12月9日，《中共中央国务院关于加强新时代老龄工作的意见》正式发布。这些都充分体现了在新发展阶段积极应对人口老龄化这一战略任务的紧迫性和重要性。

一、已经开展的相关工作

第一，推进城镇老旧小区改造和适老化改造相结合。2019年以来，全国累计新开工改造城镇老旧小区11.2万个，惠及居民2000多万户。各地结合城镇老旧小区改造加装电梯近2万部，增设或改造提升养老、助餐等各类社区服务设施

① 杜鹏，《科学认识人口老龄化国家战略》

近3万个。第二，完善相关工程建设标准。制定发布强制性工程建设规范《建筑与市政工程无障碍通用规范》，修订发布了《无障碍设施规范》《城镇老年人设施规划规范》等国家标准，颁布《老年人照料设施建筑设计标准》《既有住宅建筑功能改造技术规范》等行业标准；第三，加强各部门的协调。住房和城乡建设部联合相关部门命名表彰了146个全国无障碍环境市县村镇，联合中国残联等12个部门印发《无障碍环境建设"十四五"实施方案》，会同卫生健康、教育等12个部门开展城市居住社区建设补短板行动，会同国家发展改革委、民政部等5个部门，推动物业服务企业发展居住社区养老服务，探索"物业服务+养老服务"的新模式。联合民政部、国家发展改革委等9个部门，加快实施老年人居家适老化改造工程，提高居家生活设施设备安全性、便利性和舒适性。

二、相关建议

一是明确三个阶段性目标，有序推进工作。近期（2025年前后）以满足老年人基本安全需要和生活需求为主，建设"老年便利型城市"，重点加强老年基本生活的硬件环境建设，提升老年人衣、食、住、行、医、养等日常生活的便利性，实现老有所医、老有所养。中期（2035年前后）以提升老年人生活品质为主，建设"老年友好型城市"，重点加强老年品质生活的软件环境建设，充分考虑老年人的生活习惯和接受适应能力，丰富面向老年人的公共产品和服务供给，实现老有所属、老有所乐。远期（2050年前后）以满足老年人精神需求为主，建设"老年尊重型城市"，重点传承和发扬"尊老"文化美德，通过软硬件环境保障老年人自立、自主、自由地生活，促进老年人全面参与并融入社会，提升老年生活的尊严感和价值感，实现老有所为、老有所荣。

二是城乡设施与环境的适老化建设。合理布局城乡保障性住房，优先保障低收入、住房困难的老年人老有所居。推动集约用地、功能混合和设施共享，促进养老服务设施与老年人居住用地、各类城市公共服务设施就近布局，以较短的出行距离满足老年人较大的生活需求，吸引老年人外出活动，促进不同年龄群的互动、交流和交往。结合老年人出行时间、空间特征和需求，通过优化路网结构和密度、组织公共和慢行交通、配置适老化的街道设施、灵活信号灯时间控制、道路标识和照明系统及交通工具的适老化改造等，营造安全便捷的老年出行环境。构建从建筑、社区到城市的多层次、连续性的无障碍化体系，重点加强出入口、楼梯间、人行道、停车位等无障碍化设计。

三是社区设施与环境的适老化建设。结合城市更新、老旧小区改造行动精准补齐社区养老服务设施短板，因地制宜对既有居住社区市政配套基础设施、公共服务设施等进行改造和建设，按照《完整居住社区建设标准（试行）》确定合理的建设类型及规模，按标补齐设施短板，提高社区综合服务设施及养老、助餐、家政保洁等设施的服务水平。注重老年文化、体育、卫生健康设施的配套建设，营造安全、便利、友好、尊重的社区老年康养环境。

四是居家设施与环境的适老化建设。结合城市更新和老旧小区改造行动，通过楼梯间改造、加建电梯、单元出入口适老化改造、地面防滑处理、消除或减缓高差处理、照明设备改造、居家适老辅具装置安装、加装信息求助设备等方式，推进既有住宅适老化改造和智能化升级。支持适老住宅建设，鼓励开发和发展通用住宅、老年宜居住宅、老少同居社区、专业化养老社区，兼顾各年龄段人群共同居住的需要。

五是机构设施与环境的适老化建设。推动机构养老设施微环境适老化设计与改造，补齐养老机构短板，推动养老机构空间落位十五分钟生活圈居住区。优化养老机构与社区养老服务设施的空间布局，鼓励养老机构与托幼机构联合建设，推进老旧小区小规模嵌入式养老机构建设。探索城市更新中养老机构建设模式，支持企业厂房、商业设施、存量商品房整合改造为养老机构。

六是促进新技术在适老化环境建设中的融合应用。探索“互联网+适老化”的融合创新，鼓励新技术在适老化环境建设中的融合应用，促进老年康养智慧化升级。探索服务于老年人的智慧型城市和社区建设模式，依托CIM、BIM等平台，搭建城市和居家社区康养服务信息平台，提供老年人健康管理服务和养老生活服务。运用智慧建筑、智能家居等理念，对居家养老设施进行智能化和无障碍化改造升级。建设智能化医养服务信息平台，为机构养老人员提供多元化、个性化的订单式养老服务套餐。

七是推进城市政策和制度创新。加强公益性养老服务设施用地保障。明确将“公益性养老服务设施”作为政府需提供的基本公共服务设施体系中的重要部分，设施用地作为划拨土地的类型之一，在市、县级规划中对公益性养老服务设施布局进行统筹协调和空间保障，结合城市更新行动完善公益性的机构养老服务设施，重点在居住（小）区用地规划和老旧居住（小）区改造中完善社区养老服务设施，鼓励各地因地制宜地提供公益性养老服务设施用地保障。同时，明确城镇街道作为养老服务的建设管理主体。明确街道在养老服务补短板工作中的主体责任，发挥街道在养老服务体系建设中的统筹作用，完善街道的考核机制和考核制度，推动各类养老服务的支持政策落地社区，以街道为单位制定养老服务补短板实施方案，建立街道与政府职能部门、社会力量的协作机制，加大街道对养老服务相关资金的统筹力度。

（绿色城市研究所，执笔人：董珂、翟宁、薛海燕）

关于进一步加强风景名胜区传承发展的建议[①]

风景名胜区是以具有突出科学、美学价值的自然景观为基础，自然与文化融为一体，主要满足人对大自然精神文化和科教活动需求，属国家所有，受法律保护的地域空间综合体。风景名胜区在世界上独树一帜，是国家瑰宝和最具中国特色的保护地，也是深刻体现美丽中国、文化自信的“活态”载体，它为实现人与自然和谐共生提供了中国智慧和中国方案。习近平总书记在考察鼓浪屿时曾说：“在我国城市和风景区的建设中，能把自然景观和人文景观十分和谐地结合在一起者为数不多，很有必要视鼓浪屿为国家的一个瑰宝，并在这个高度上统一规划其建设和保护。”因此，风景名胜区在中国特色自然保护地体系建设中承担着体现“中国特色”的重要角色。

值此全国自然保护地改革与体系建设关键时机，为使后续自然保护地整合优化、保护管理、建设利用等工作更加科学有序，特提出如下建议。

一、坚持风景名胜区理念、资源和功能特色

在理念上，风景名胜区坚持人与自然和谐共生，深刻反映了中华民族从精神高度和哲学高度认识自然、保护自然、利用自然的生态伦理和智慧，不仅对华夏文明，而且对世界文明产生了重要影响。在资源上，风景名胜区涵盖了具有国家代表性及全国重要的自然景观和人文景观，形成“自然与文化高度融合”的资源特色。在功能上，适应风景名胜区多类空间复合的特点，坚持生态保护、文化

① 2021年4月15日，全国风景名胜区专家汇聚北京，召开了一次风景名胜区的研讨会议。与会专家针对当前自然保护地改革，从建设中国特色自然保护地体系全局出发，对未来风景名胜区资源保护与传承发展进行了深度研讨，并提出科学建议，希望引起行业各界的关注和重视。本文是这次会议核心观点的整理。

传承、审美启智、科学研究、旅游休闲、区域促进等综合功能。在管理上，作为“两山论”实践的典型区域和“两山转化”的核心，坚持保护与发展统筹协调，以“保护自然为基、服务人民为主、实现永续发展”作为管理目标。

风景名胜区的以上特色是伴随着中华文明在悠久的历史中逐渐形成的，具有鲜明的中华文化烙印，符合中国国情。在中华民族复兴的百年未有之变局中，应坚定文化自信，充分发扬风景名胜区的“中国特色”，给予风景名胜区独特地位，为建设中国特色自然保护地体系奠定坚实基础。

二、建立逻辑清晰、标准明确的自然保护地分类体系

《关于建立以国家公园为主体的自然保护地体系的指导意见》要求，应制定自然保护地分类划定标准，对各类自然保护地开展综合评价，进行梳理调整和归类。这是建立科学的中国特色自然保护地体系的一项基础性工作，建议抓紧推进该项工作，成立综合专家组对分类标准、归类矛盾等进行综合评判，基于国家利益和各界共识高效完成该项工作。建议在工作中充分尊重国务院批准设立的保护地类型，将风景名胜区作为体系中的一大类，形成清晰的自然保护地分类体系。以国家公园对大面积、国家代表性的自然生态系统实行最严格保护，最严格管控人类活动；以自然保护区对典型自然生态系统、生物多样性等实行严格保护，严格管控人类活动；以风景名胜区对国家代表性及重要的自然文化景观实行严格保护，统筹管控人类活动；以自然公园对重要的自然生态系统和自然景观实行重点保护，统筹管控人类活动。

三、传承风景名胜区保护管理优秀经验

在风景名胜区的保护管理实践中，长期面对复杂的“人—自然—文化—经济—土地”关系，积累了很多适用于我国自身的优秀经验。

首先是依法管理。其中最重要的是以国务院《风景名胜区条例》为核心，建立了完善的法规与规章制度，形成了风景名胜区设立、规划、保护、利用、监管、重大建设工程项目等一系列的闭环管理制度，是现有自然保护地中制度最完善、管理最成熟的一类，应保留并修订完善《风景名胜区条例》。

其次是依规管理。强化规划龙头，风景名胜区构建了严谨的规划体系，成为

风景名胜区保护管理最重要的抓手。风景名胜区从体系规划、总体规划、详细规划到景点设计，有一整套层次分明的规划体系，其中总体规划和详细规划作为法定规划，具有严格的审批要求和程序。通过规划这个抓手，对风景名胜区的管理工作起到了很好的统筹协调作用，对风景名胜区内的各项建设具有强有力的管控约束。为此，有林业专家中肯地指出：国家公园用途管控有必要借鉴目前风景名胜区“总体规划+详细规划+土地类型”的管控模式。

四、科学开展风景名胜区整合优化

对于与其他自然保护地交叉重叠的风景名胜区，建议采取第三方评估、专家审查、重大焦点问题一事一议的方式，在低级别服从高级别原则下，全面分析资源特征、主导价值、管理目标、历史与社会认同、设立时序、空间形态、管理现状等方面情况，综合判定其整合方式。第三方和专家的构成应有充分的学科、行业代表性。以庐山为例，庐山风景名胜区是1982年设立的第一批国家级风景名胜区之一，已作为文化景观列入世界遗产名录，是国家壮美形象的代表，国家级自然保护区是在2006年《风景名胜区条例》颁布以后设立的，庐山的文化景观价值大于其自然生态价值，应保留为风景名胜区。在整合优化过程中，对于确需合理优化范围的风景名胜区，在保持资源价值完整性、保证管理有效性的前提下，结合总体规划编制按法定程序进行研究论证。

五、明确与生态保护红线的关系

风景名胜区内自然生态、风景资源、人为活动、城乡建设等多因素兼具，是一个特殊的综合性国土空间区域。此外，生态保护红线是底线管控，而风景名胜区是基于复合空间下的多功能综合管理，最终实现人与自然和谐共生，两者的管理目标区别巨大。因此，风景名胜区不应整体纳入生态保护红线，尤其是人为活动较多的区域（如生产生活区、游览展示区等），不应划入生态保护红线。

六、充实风景名胜区管理力量

转隶前，全部国家级风景名胜区都已建立管理机构，大部分省级风景名胜区也建立了相应的管理机构，管理队伍比较稳定，人员素质不断提高，业务能力不断增强，管理方式日益精细。转隶后，风景名胜区的管理机构和管理人员都出现了不同程度的变动，有的地方风景名胜区管理能力明显削弱。建议全国各级风景名胜区行政主管部门和风景名胜区管理机构对此都要予以充分重视，要稳定风景名胜区管理机构和管理队伍，充实管理人员，提高业务能力，完善管理方式，有效增强风景名胜区的管理能力。

（风景园林和景观研究分院，执笔人：王忠杰、邓武功、陈战是、束晨阳）

CHAPTER 6

研发创新篇

编者按

科学的决策离不开潜心的研究。中规院在“十三五”时期牵头承担的国家重点研发计划、国家重大水专项课题、中国工程院课题和国家标准，陆续进入评审结题和实践应用阶段。这些研究，既有针对绿色低碳城市的技术集成研究，也有城市更新和安全韧性关键技术的突破，还有涉及水安全、水环境、水生态治理和监测运营全链条的研发与示范。课题中还有自然遗产保护与人类社区和谐共生、文化城市建设与合作这样更具国际语境的成果。有些课题在实践应用中体现出巨大的社会和经济价值，有些课题在引领行业价值观和技术前沿探索方面，起到了春风化雨、润物无声的作用。

城市新区绿色规划技术集成示范

《城市新区绿色规划技术集成示范》是“十三五”国家重点研发计划“绿色建筑及建筑工业化”专项“城市新区规划设计优化技术”项目(项目编号：2018YFC0704600)中的课题六。课题由中规院牵头，上海同济城市规划设计研究院有限公司、中建工程产业技术研究院有限公司、中德联合集团有限公司、青岛西海岸交通投资集团有限公司和上海张江(集团)有限公司等共同参与。

课题以保证城市新区的绿色、可持续发展为目标，针对我国不同地域类型、不同发展阶段的国家级新区，将城市新区划分为新区、片区、组团、街坊四种尺度，研究不同尺度、不同地区的城市新区绿色规划技术。该课题梳理构建了由单一系统到集成方向的绿色规划技术体系，并在雄安新区、成都天府新区、青岛西海岸新区和上海浦东新区等国家级新区的规划设计与低碳项目中进行落地应用，重点形成了一部规划标准、一部技术导则和两类项目示范，见图1。在新的“双碳”目标下，课题对推动城市新区低碳转型，形成一套覆盖新区发展全过程、可复制、可推广的城市新区规划技术体系具有重要意义。

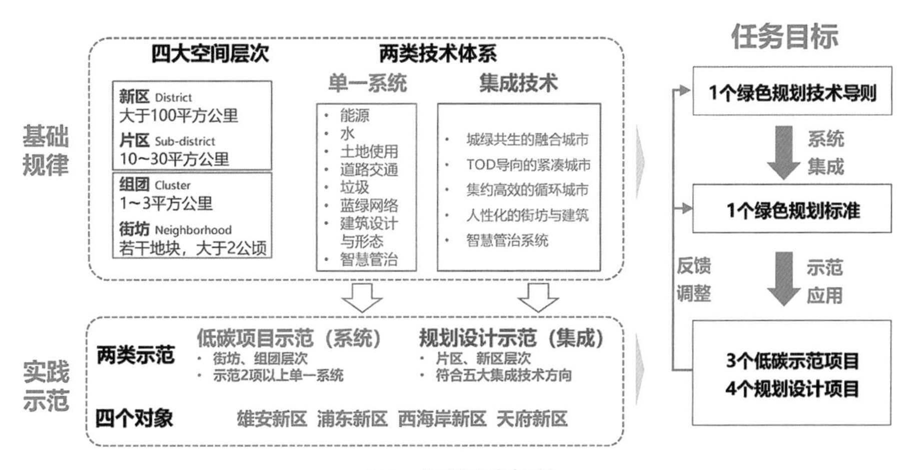

图1 课题研究框架

“一部规划标准”：形成基于碳排放核算的绿色规划集成技术体系。课题基于不同系统之间的协同效能，以消费端减碳维度的碳排放核算为基础，综合考虑各系统规划设计技术的应用规模和减碳效应，构建由“集成方向—关键技术—核心指标/形态引导”组成的城市新区规划减碳技术集成体系，并编制完成《城市新区绿色规划设计标准》，填补了“双碳”目标下绿色规划标准的空白，见图2。

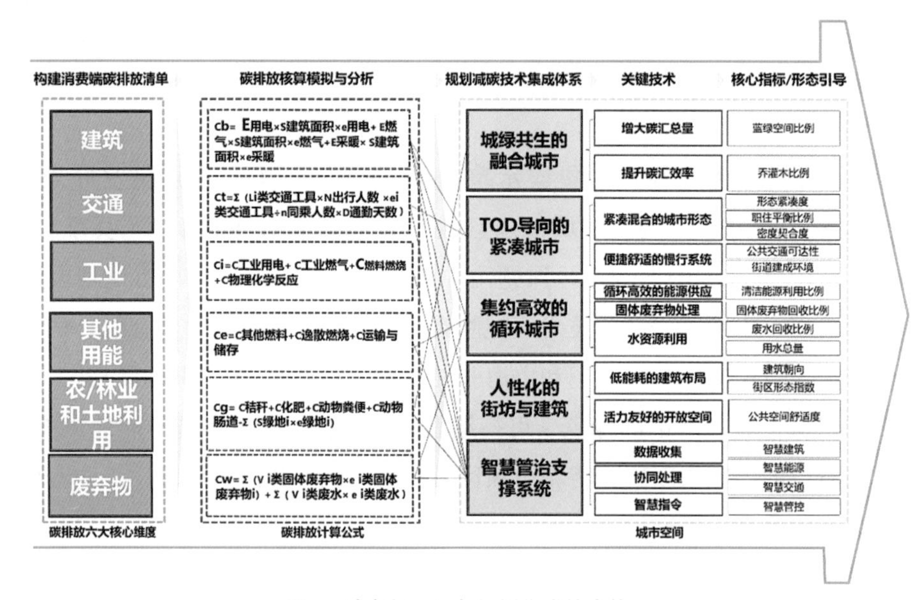

图2　城市新区绿色规划集成技术体系

“一部技术导则”：形成全阶段适用、全系统覆盖的低碳技术导则。课题研究不同空间尺度的绿色规划、绿色设计、绿色施工、绿色运营等技术体系，形成《低碳城市新区绿色规划技术导则》，作为规范我国现阶段低碳项目建设的重要技术依据。

“绿色规划示范”：推进新区层面绿色规划技术的在地化应用。规划设计项目以新区、片区尺度为主，重点进行规划技术的集成示范，选取雄安新区、青岛西海岸新区、浦东新区、天府新区进行绿色规划技术的在地化应用，形成适应不同特征新区的绿色规划优化策略，见图3。

“低碳项目示范”：推进街区层面低碳建设技术的全过程实践。低碳示范项目以组团、街坊尺度为主，选取西安幸福林带建设工程、中建·滨湖总部区、中德生态园被动房推广示范区、青岛西站换乘中心区作为低碳示范项目，进行分系统的实践示范，并在项目规划建设过程中，对低碳技术体系提出动态反馈与修正，见图4。

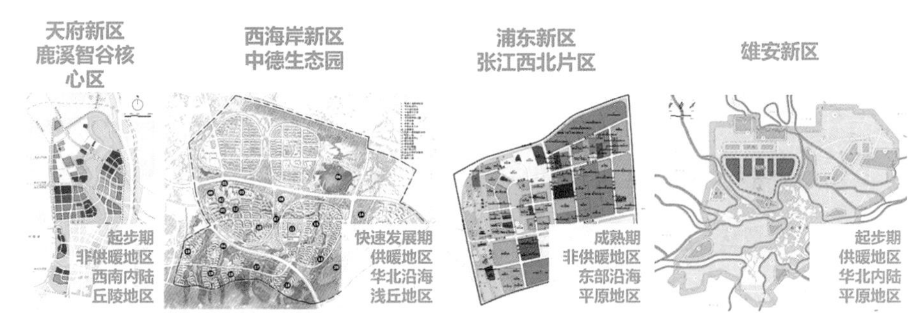

图3　新区绿色规划设计示范项目分类

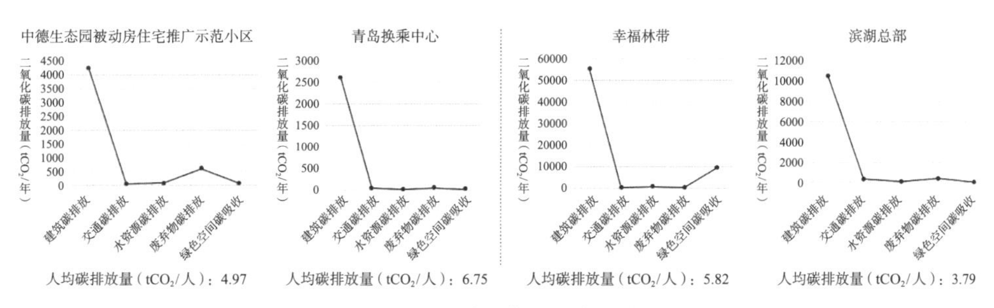

图4　新区低碳示范项目碳排放监测

（上海分院，执笔人：郑德高、林辰辉）

既有城市住区规划与美化更新、停车设施与浅层地下空间升级改造技术研究

《既有城市住区规划与美化更新、停车设施与浅层地下空间升级改造技术研究》是“十三五”国家重点研发计划“绿色建筑及建筑工业化”专项“既有城市住区功能提升与改造技术”项目（项目编号：2018YFC0704800）中的课题一。中国城市规划设计研究院为课题牵头承担单位，参与单位包括华南理工大学建筑设计研究院有限公司、中国建筑科学研究院有限公司和同济大学。

课题开展了既有城市住区规划升级技术、美化更新技术、停车设施升级改造技术、浅层地下空间升级改造技术的研究工作，形成了系统的更新技术体系和实施体系。成果包括：新方法1套（《既有城市住区更新规划设计新方法》）、新产品1项（微型高压旋喷钻机）、团体标准2部（《既有住区全龄化配套设施更新技术导则》、《既有城市住区环境更新技术标准》）、软件1项（既有城市住区美化更新模拟工具软件V1.0.0.1）、专利6项、专项研究报告2个（《停车泊位容量提升的技术方法》《浅层地下空间升级改造技术报告》）、论文15篇（核心期刊9篇）、2平方公里以上“绿色低碳健康城区”和“环境品质与基础设施综合改造示范工程”各1项。

课题在系统集成、实施路径和实施工具三个方面进行重点突破，经专家评价部分成果达到国际先进、国内领先水平。

系统集成，形成了实用性强、推广性高的既有城市住区更新改造方法体系，填补国内空白、达到国内领先水平。基于既有住区更新技术方法相对零散、实施中难以统筹等问题，进行集成创新，构建了一套面向既有住区、适用性强的综合性技术体系，涵盖“空间优化挖潜、环境美化更新、停车设施升级、地下空间改造”等关键领域，并转化成新方法及标准规范。其中，《既有住区全龄化配套设施更新技术导则》是全龄化规划领域较早的系统性技术导则。

统筹规划、建设、管理，提出既有住区更新全要素、全过程的实施路径，有效支撑了更新实践。统筹技术应用、政策法规、经济社会等因素，构建涵盖“前期筹备—分项技术方法—落地指引—保障机制—后评估”的“全生命周期”更新路径，形成通俗易懂、可指导操作的菜单式技术手册，便于政府、开发商、社区和居民等各类主体在策划、规划设计、施工、运行等各环节进行参考。课题推出的综合示范工程以及导则标准有效地支撑了全国正在进行的城市更新行动。

针对现实急迫需求，研发推进实施的实用性工具，填补了国内空白，总体达到国际先进水平。研发了专门适用于狭小空间的浅层地下空间施工设备（获得6项专利），不仅有效解决了既有住区更新实施落地难和浅层地下空间施工过程中的安全性控制难等问题，也极大地降低了改造成本，其中串联式偏心激振技术达到国际领先水平。开发了既有城市住区美化更新模拟工具，有效提升了美化更新过程的可视性、可读性和交互性，为多元主体搭建沟通平台，为提高决策效率，推动既有住区共建共治共享奠定了良好的基础。

（住房与住区研究所，执笔人：余猛、周博颖）

站城融合规划与设计战略研究

《站城融合规划与设计战略研究》是中国工程院重点咨询研究项目“中国站城融合发展战略研究”（项目编号：2020-XZ-13）中的课题一，定位为整个研究项目的宏观性、基础性、综合性研究课题。中国城市规划设计研究院为课题牵头承担单位，参与单位包括中铁第四勘察设计院集团有限公司、同济大学建筑与城市规划学院。

站城融合发展的重要意义在于它对城市发展和高铁建设所产生的“1+1＞2”的相互促进作用。当前生态文明时代，在绿色发展与双碳目标共同作用下，我国城镇密集地区的区域关系、铁路系统、城市结构的发展进入转型重构期，未来城际出行客群和铁路旅客的特征变化将对站城地区发展提出新需求。同时我国高铁开通近二十年，站城地区发展需要总结与反思。因此课题紧密围绕我国站城地区发展面临的“逢站必城”、盲目推进、规模失当等现实问题，希望通过梳理未来发展趋势与诉求，结合国内外已有经验教训，形成站城融合发展的认知逻辑和规划设计的战略性指引，为我国城镇密集地区的站城发展提供借鉴。课题的研究创新及科研意义主要包括六个方面：

第一，改变了传统研究中直接从站城空间关系切入的单一视角，课题从“铁路—区域—客群—城市”的多维视角构建站城融合的认知框架和发展的内在逻辑，界定了站城融合的内涵，辨析了站城融合具有多因素共同影响的过程性、趋势性、差异性，见图1。

第二，传统案例研究中重点关注站城空间形态的国际差异，课题开展了城市视角下国际铁路系统发展的比较研究，深入探讨站城空间形态与旅客乘候车差异背后的铁路发展历程、铁路网络与车站布局结构、运行服务模式、客流整体特征差异。

第三，课题通过国内外铁路站城的发展实例，实证分析了站城融合是“铁

传统视角
关注站城空间关系

人的视角
聚焦人的活动和需求

- **广义内涵：聚焦铁路出行人群需求，铁路车站（或枢纽）与周边城市功能、交通、建成环境等要素间的相互关联与相互作用关系**
- **狭义定义：铁路车站（或枢纽）与周边城市，因出行人群的活动，形成的一体化空间态势**

（1）功能意义
出行人群所需功能在车站周边高度集聚，到站即目的地

（2）空间意义
枢纽空间与功能空间的融合，空间的链接与共享

（3）交通意义
构建铁路枢纽及周边地区的全出行链融合

（4）制度意义
铁路枢纽发展体制和城市发展体制间的融合与共赢

图1　城融合的内涵

路—区域—客群—城市”多因素共同作用的演进过程，存在不同的阶段和差异化的空间形态，并归纳了站城融合的核心特征及发展条件。

第四，课题从“开发模式、空间形态、集散模式、空间关系、乘客出行”等方面梳理了国内铁路站城发展的反思，并从“价值取向、交通组织、功能布局、地域个性、未来技术、机制体制”等方面归纳了国际站城融合经验启示，见图2。

图2　来站城融合的模式

第五，课题基于突出“人本需求”、保障“门户功能”、贯穿“生态双碳”的总体理念，按照“圈层与类型”的总体方法，提出了站城功能与空间、站城交通、站城建成环境的规划设计战略性指引。

第六，课题组承担了中国工程院《中国“站城融合”发展战略研究》总报告的撰写工作，课题成果有力支撑了国家出版基金项目中国“站城融合发展”研究丛书之《站城融合之综合规划》的撰写任务。

（上海分院，执笔人：蔡润林、何兆阳）

城市步行和自行车交通系统规划国家标准

《城市步行和自行车交通系统规划标准》GB/T 51439—2021是根据住房和城乡建设部《关于印发〈2016年工程建设标准规范制订、修订计划〉的通知》（建标〔2015〕274号）要求编制的。中国城市规划设计研究院为标准的主编单位，参编单位包括公安部道路交通安全中心、公安部交通管理科学研究所、清华大学、同济大学、北京工业大学和宇恒可持续交通研究中心。

在生态文明、"碳达峰+碳中和"的目标导向下，步行及自行车交通系统作为重要的绿色出行方式之一，是城市交通领域减排转型所依赖的重要手段，更是服务人民美好生活的最基础的出行方式。2021年，《中共中央国务院关于完整准确全面贯彻新发展理念做好碳达峰碳中和工作的建议》、国务院《2030年前碳达峰行动方案》、中共中央办公厅国务院办公厅《关于推动城乡建设绿色发展的意见》等中央政策文件相继发布，均对绿色交通发展提出了明确而具体的要求。

《城市步行和自行车交通系统规划标准》GB/T 51439—2021（以下简称《标准》）颁布前，我国并无专门针对步行和自行车交通设施的国家规划设计规范。在治理城市道路交通拥堵过程中，为了提高小汽车的通行和停放能力，步行和自行车交通的空间资源往往被挤占甚至取消，导致慢行交通出行面临严重的安全问题，致使步行和自行车出行的吸引力不强。因此，迫切需要从规划设计的源头入手，以系统性的角度，保障步行和自行车的通行空间，合理布局各类设施，指导道路的新建、改建等设施建设，平衡各种交通方式的需求，保障出行安全。

《标准》编制工作于2016年正式启动，2017年形成初稿，2018年形成征求意见稿，先后共收集23个省、市，45家单位，72名专家，总计725条意见，同年年底形成报批稿。最终于2021年4月9日发布，2021年10月1日实施。主要内容包括：

第一，一体化规划设计步行和自行车交通空间。现有部分城市道路上，道路红线内外设施不衔接，平面不连续，功能不协调的情况十分突出，极大降低了步行和自行车交通出行者的使用感受。

一方面,《标准》提出将街道两侧建筑间的空间，即行人和骑行者可以到达的开放空间作为一体进行规划设计，体现“完整街道的理念”，见图1。

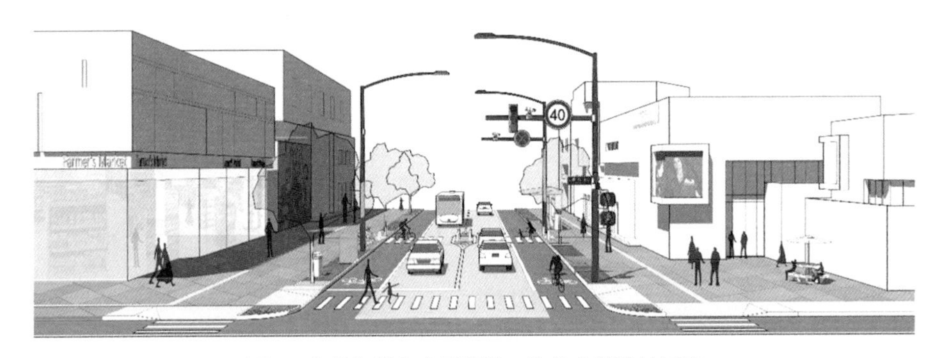

图1　完整街道理念下街道一体化空间设计示意

另一方面,《标准》提出将步行和自行车交通网络的内涵拓展至非市政道路，明确提出将居住区、商业区、广场、公园等内部的通道、立体连廊及街巷、里弄、胡同、绿道内的通行和停驻空间等一并纳入城市步行和自行车交通系统，从而落实中央城市工作会议中提出的“窄路密网”和开放街区的要求，为构建较高密度的步行和自行车交通网络密度提供基础条件，同时注重各系统之间的衔接和连续。

第二，步行和自行车交通空间精细化管控。步行和骑行者对通行、停驻空间品质的敏感度更高，而这在传统的道路交通体系中，处于明显的弱势地位。因此精细化构建步行和自行车空间成为本次《标准》编制工作的重点内容。

一方面是对空间要素的精细化设计。《标准》将行人通行空间结合空间利用情况，进一步细分为人行道、行道树设施带、绿化设施带，此外将道路红线外的空间（建筑退线空间）纳入规划的考虑中。采用指标约束和条文约束的方式，对具体各空间的宽度给予指标规定，对衔接要求如红线内外高差、设施带内的街道家具布局等提出条文约束要求，为后续在城市详细规划中的管控要求提供指引和依据，见图2。

另一方面是对具体指标的精细化设计。以交叉口转角半径为例，该指标为影响行人过街安全和便利性的关键指标。既有规范中，均采用以右转机动车设计速度为设计依据，其目的是保障机动车右转顺畅，对行人通行优先、车让人等因素

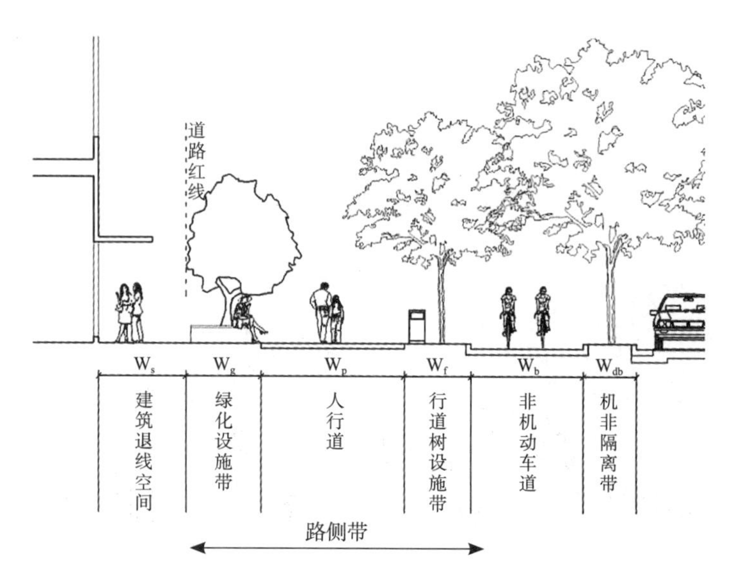

图2　步行和自行车通行空间要素构成示意图

考虑不足。因此，国内城市中大量平面交叉口均采用较大的转角半径，交叉口成为道路的“小广场”，行人穿越非常不便。本《标准》在进行不同车型转弯测试和全国典型城市节点实际观测等研究基础上，提出路缘石半径取值不应以右转弯速度为依据，应采取较小的路缘石半径，同时设置相应的机动车限速标志标线，见表1。

《标准》提出的道路交叉口的路缘石半径推荐值　　　　表1

道路交叉口条件		路缘石半径（m）
城市主、次干路	设施隔离的非机动车道	5～8
	非设施隔离的非机动车道	8～10
城市支路	设施或标线隔离的非机动车道	5
	与机动车混行的非机动车道	5～8

第三，以人性化为目标营造步行和自行车环境。为营造人性化的交通环境，本《标准》在绿化、铺装、街道家具以及照明等方面提出了明确的要求。以绿化连续种植的要求为例，基于国内城市交叉口缺少乔木绿化遮阴的普遍问题，特别提出了有针对性的条款。

《标准》中提出“应加强林荫道建设，为行人、骑行者提供遮阴纳凉的高品质环境，宜结合机非隔离带、行道树设施带、绿化设施带连续种植高大乔木。路段及交叉口宜形成连续的林荫”。条文说明中特别就交叉口内连续种植乔木与安全视距的要求是否协调进行了分析，即满足条件的行道树对交叉口安全视距无影响。编制组认为要准确全面理解既有规范中提出的“视距三角形”相关的规定和要求，例如《城市道路交叉口规划规范》GB 50647—2011中对“视距三角形”的规定为“不得规划布设任何高出道路平面标高1.0m且影响驾驶员视线的物体”。研究发现，交叉口视距三角形内阻挡视线的主要是紧邻交叉口的路边停车、各类低矮标识牌，以及设置不当的人行护栏，而乔木树干较为规整，对视距影响甚微。

（城市交通研究分院，执笔人：周乐、陈仲、戴继锋）

基于大数据的安全韧性城市规划技术研究

《基于大数据的安全韧性城市规划技术研究》是“十三五”国家重点研发计划“公共安全风险防控与应急技术装备”专项“安全韧性城市构建与防灾技术研究与示范”项目（项目编号：2018YFC0809900）中的课题。由中规院和北京师范大学合作完成。

课题围绕城市安全韧性规模目标和策略，探索大数据在安全韧性要素提取与监测、安全韧性空间分析、安全韧性规划编制三个方面的应用。

一是安全韧性要素提取与监测方法。通过多源大数据的城市安全韧性要素识别与提取方面，借助地理空间数据、遥感影像数据、规划管理数据、网络大数据等多源数据信息，对易受灾地区、城市人员、空间格局、设施系统、社会组织等要素进行提取。对致灾因子、孕灾环境、承灾体识别等城市灾害风险因素快速识别的技术，并可通过互联网、物联网和其他调查监测手段对重要生命线空间分布和韧性程度进行动态监测。

二是安全韧性空间分析方法。通过城市不同特征要素（公共空间、基础设施、防灾设施、应急救援），从致灾因子危险性、承灾体脆弱性和暴露性三方面，对城市建设的安全韧性水平进行评估；应用大数据，通过优化模型参数和改进模型架构，形成更为精准、差异化的安全韧性评估结果；运用风险清单法、风险矩阵法等方法，对城市生命线各专项系统风险进行综合评估，并对城市生命线各专项系统间的关联情况和风险关联性进行分析与评估，见图1。

三是提出城市安全韧性规划编制的重点。通过城市安全分区、综合防灾轴线、应急救援通道、应急避难通道、应急疏散通道、应急避难空间划定等，构建了安全韧性空间格局，提出重大危险产业生产空间、创新网络、服务网络的总体布局；按照综合防灾定位划分政策单元，确定协调与管控的导向；明确跨行政区的区域性生态廊道、重大交通廊道、市政基础设施廊道、重要水源地与水源涵

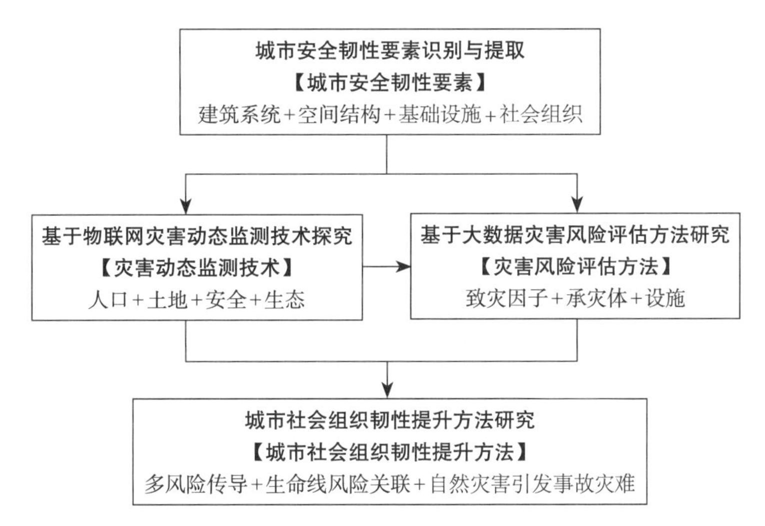

图1　基于多源大数据城市安全韧性要素空间分析方法研究框架图

养区等管控要求，对重要风险要素空间加强分级分类管控。

课题在规划方法探索方面，建立了“都市圈—市域—生活圈—建筑及周边”多空间尺度联动的安全韧性规划布局策略与空间管控技术；在空间分析手段创新方面，建立了基于泰森多边形空间模型的安全韧性要素分析与空间规划技术；研究形成了城市生命线风险关联性评估技术，建立了城市生命线各项重要设施之间的风险传导关联拓扑网络图；课题分别从现状数据、规划数据、管理数据、

图2　城市安全韧性辅助规划决策平台的系统框架示意图

互联网开放新型数据四方面集成城市安全韧性空间数据集，并构建了“数据监测—指标评估—空间建模—情景分析—规划决策”全过程安全韧性辅助规划决策平台，见图2。

（城市规划学术信息中心，执笔人：徐辉、贾鹏飞）

自然遗产地生态保护和社区发展协同研究

《自然遗产地生态保护和社区发展协同研究》是“十三五”国家重点研发计划“典型脆弱生态修复与保护研究”专项“自然遗产地生态保护与管理技术”项目（项目编号：2016YFC0503300）中的课题八。中国城市规划设计研究院为课题牵头承担单位，参与单位包括同济大学、华东师范大学、住房和城乡建设部原城乡规划管理中心。

课题针对我国自然遗产地及周边地区生态保护与社区发展矛盾尖锐、社区生产生活导致自然遗产地生态环境退化等共性问题，从调查分析、发展模式、规划建设和适应性管理4个方面开展了系统性研究，阐明了社区干扰要素和生态系统作用的机理，提出了自然遗产地生态保护与社区发展协同的技术和方法。研究对贯彻和践行“人与自然和谐共生”的理念，推动我国自然遗产地和自然保护地体系的建设与管理，具有重要的参考价值和现实意义：

第一，课题建立了包含自然遗产地边界、社区居民点、行政边界在内的数据库，梳理了我国自然遗产地的价值和社区数量、人口情况和分布状况，深入分析了社区发展对我国世界自然遗产地（包括自然和文化双遗产，以下简称“自然遗产地”）的影响。

第二，分析了我国自然遗产地生态脆弱性，以及社区发展带来的相关影响。以黄山自然遗产地进行实证研究和评价为基础，构建了山岳型自然遗产地生态脆弱性评价的指标体系和方法，见图1。

第三，在总结国际自然遗产地保护与社区发展协同理论与实践经验的基础上，识别了自然遗产地生态保护与社区发展的相关性和协同机理，确立自然遗产地生态保护与社区发展协同的目标和路径，并建立了三个层次协同的技术框架和方法，见图2。

第四，研究识别了自然遗产地社区规划现状和在管理体系、规划理念等方面存在的问题，分析和借鉴了国外遗产地和自然保护地优秀案例，提出国土空间规划和自然保护地重构背景下我国自然遗产地社区规划的框架和规划内容的衔接措施，并提出社区规划的理念、方法和分类引导的技术措施，见图3。

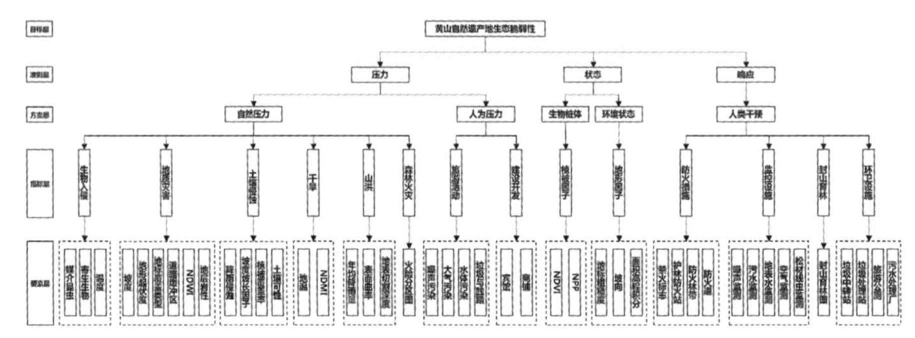

图1　遗产地生态脆弱性评价指标体系

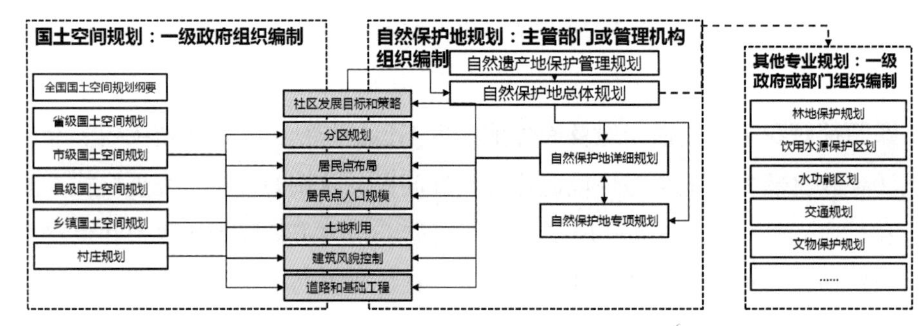

图2　空间规划和自然保护地重构背景下我国自然遗产地社区规划的框架

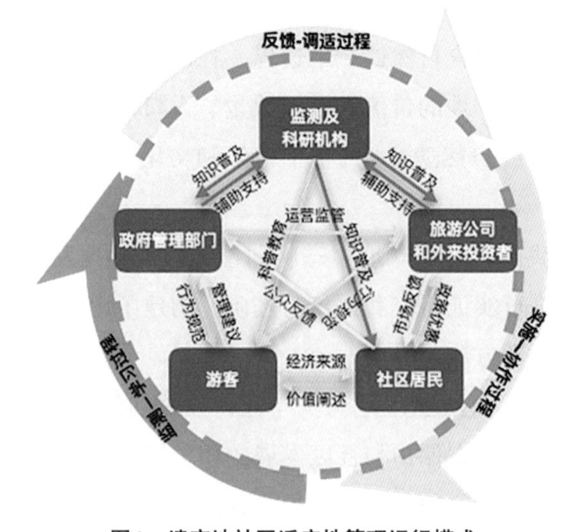

图3　遗产地社区适应性管理运行模式

（风景园林和景观研究分院，执笔人：陈战是、于涵）

文化城市建设与关键技术研究

《中欧新型城镇化创新平台：文化城市建设与关键技术研究》是“十三五”国家重点研发计划“政府间国际科技创新合作”重点专项“中欧政府间国际合作项目”(项目编号：2016YFE0133400)。中国城市规划设计研究院为项目牵头承担单位，参与单位包括挪威科技大学、中国城市和小城镇改革发展中心、宁波诺丁汉大学、中国欧盟商会、同济高密度区域智能城镇化协同创新中心，合作参与单位包括北京理工大学计算机院、北京智数时空科技有限公司、中国建筑科学研究院、北京无同文化艺术有限公司。

课题的主要任务是以中欧可持续城镇化创新平台为基点，比照、借鉴欧洲文化之都经验，针对我国新型城镇化进程中文化城市发展特征，以探索文化城市特征内涵、建设标准要求为目标，通过多维度技术创新和引进消化相结合，创建文化城市监测与评价技术体系，编制文化城市建设导则/指南。

项目贯彻落实了2012年李克强总理在欧盟签署的《中欧城镇化伙伴关系共同宣言》以及《中国科技部和欧盟委员会关于依托共同资助机制实施 2018—2020 年度中欧研究创新旗舰合作计划和其他类研究创新合作项目的协议》，并在内容、形式和渠道上进行了深化创新，实现了中欧在可持续城镇化领域的合作共赢。作为政府间合作项目，项目举办了多次中欧城镇化领域的高级别交流活动，得到了中国住房和城乡建设部黄艳副部长、时任欧盟驻华代表团大使 Hans Dietmar SCHWEISGUT 等领导的指导和肯定。

作为项目下设课题，对欧洲国家在绿色建筑及低碳社区建设领域的技术标准和实践案例进行全方位的阐释和研究，在消化吸收欧洲“文化之都”、绿色低碳等经验和技术的基础上，提出了我国文化城市建设关键技术和方法，构建了我国特色文化与新型城镇化建设之间的耦合度评价模型。通过对西安、成都、武汉、哈尔滨、洛阳、福州、杭州7个代表性城市的33项指标的收集、评测，创新性提出我国城市文化发展评价指标体系，寻求城市文化创新的方法与路径。课题提出《中国特色文化城市建设指南》，包括“文化定位”“文化空间”“文化产业”“文化服务”等相关内容，为加强城市特色文化资源保护与利用，提升中国城市的文化魅力和城市空间品质提供参考。课题研发的“文化城市智慧应用集成平台”，运用大数据、空间地理信息等新一代信息技术，多方位监测文化城市在历史保护、文化生活、经济活力、社会环境等层面的综合发展情况；研发的NLP自然语言分析技术、动态人流—时空大数据技术、游客空间行为描绘技术等文化城市建设的创新技术，在北京、宁波、怀化、辽阳等地的文化城市规划中进行了很好的应用。

（文化与旅游规划研究所，执笔人：周建明）

城市低影响排水（雨水）系统与河湖联控防洪抗涝安全保障关键技术

《城市低影响排水（雨水）系统与河湖联控防洪抗涝安全保障关键技术》课题为“十三五”国家重点研发计划“城镇安全风险评估与应急保障技术研究”项目（项目编号：2016YFC0802500）中唯一城市水安全领域课题，由中规院牵头，长江委长江科学院、中科院遥感与数字地球所、浙江贵仁信息科技公司共同参与完成。

课题研究城市复杂下垫面与径流变化的相关性以及城市低影响开发对排水系统的影响，构建城市低影响排水与河湖水系联控防洪排涝决策支持系统，搭建城市低影响排水与河湖联控的城市排水防涝安全监控系统平台，集成风险预警、风险评价、系统调度与控制技术，并示范应用。

一、识别低影响开发对城市雨水径流影响机制

课题总结了常用低影响开发单元技术的特点和效果，评估了不同类型建设用地在低影响开发前后雨水径流量变化情况。研究表明，采用低影响开发措施后，排水系统的可应对降水量等级提高了1～2级；城市典型排水分区的内涝程度与植被覆盖度呈负相关关系，在植被覆盖度相同时，内涝程度的差异主要决定于绿地分离度，随着绿地分离度的升高，内涝程度也呈降低趋势。研究成果对指导城市低影响开发雨水系统构建具有指导性意义，完成并颁布实施国家标准1项《城市排水工程规划规范》GB 50318、授权发明专利1项《估算海绵城市绿地对降水内涝的消减量的方法及装置》。

二、建立低影响开发与河湖联控优化方法

课题建立了城市流域内调蓄湖泊、排水港渠、河流、排水闸、抽排泵站等众多复杂天然及人工设施的优化联控方法，优化目标为确保流域内调蓄水域最高运行水位最低且超过最高控制水位持续时间最短，约束条件包括湖泊水量平衡、湖泊水位—蓄水量约束、湖泊的控制水位、泵站的过流能力、闸门过流约束、河流渠道过流约束，完整考虑了城市常见防洪排涝情景，筛选精英粒子群变异算法进行优化求解，获得对一系列天然及人工设施的最佳调控方法，见图1。

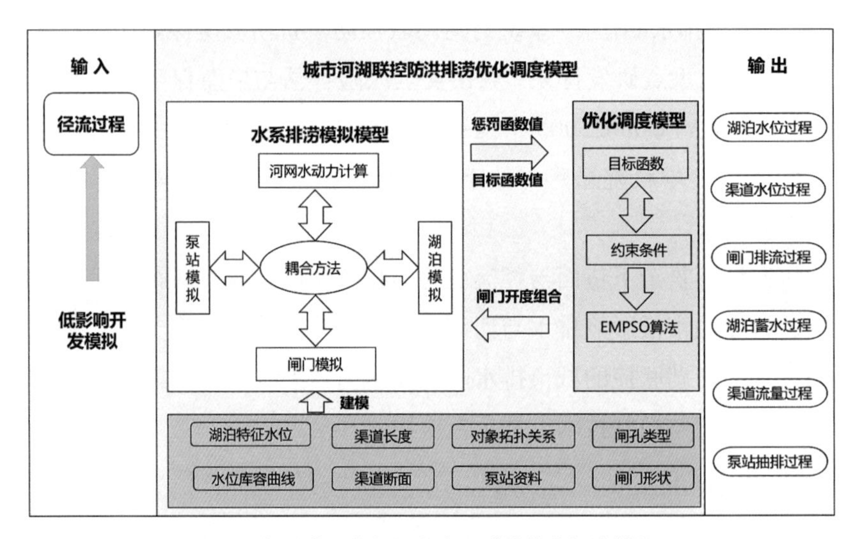

图1　低影响开发与河湖水系联控优化调度模拟

以武汉汤逊湖流域为示范区域进行方法实地验证，实现了对流域内闸站群设计能力的最大程度利用、协调了众多湖泊水系之间蓄排次序，与原执行的调控方案相比，在设计暴雨下，使主要水域水位降低较明显、高水位持续时间减少1.5～4小时，显著提升了流域防洪排涝安全水平。

三、研发城市排水防涝信息化监控平台

开展低影响排水与河湖水系联合调控防洪抗涝的决策支持研究，通过大量不同雨情、工情下的排涝模拟及方案制定，形成覆盖全面的调度预案库，安全监控系统自动根据汛期雨情、水文监测信息等推送相应方案，系统响应时间在60s之

内，并申请软件著作权“水雨情综合监测系统”。平台在河南鹤壁和杭州滨江区进行业务化应用示范，并依托课题研究，将低影响排水与河湖联控排水防涝的理念和成果用于三亚、莆田、荆州等排水防涝规划项目，见图2。

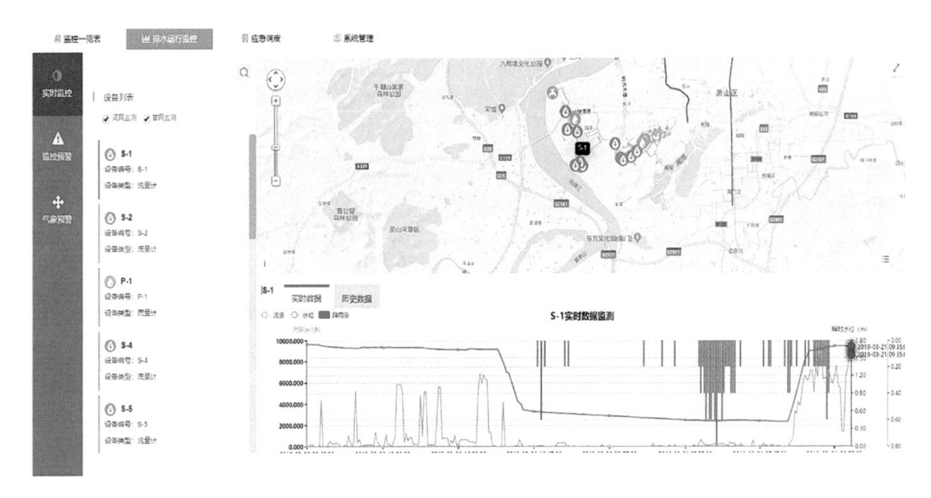

图2　示范区河道水文状况实时监控

（中国城市规划设计研究院副总规划师，孔彦鸿）

水体放射性核素在线监测仪器
——饮用水安全领域示范应用研究

《水体放射性核素在线监测仪器——饮用水安全领域示范应用研究》是“十三五”国家重点研发计划“水体放射性核素在线监测仪器”项目（项目编号：2016YFF0103900）中的课题六，中国城市规划设计研究院为课题独立承担单位。

核能是安全、经济、高效的清洁能源，是人类应对气候变化的重要能源选择，也是实现碳达峰、碳中和目标的重要选项。随着核电事业的高速发展，水环境核辐射风险加大，城镇供水水源对核污染进行监控预警的需求也日趋强烈，加上近年来核恐怖威胁升级，在城镇供水系统加强核风险的监控预警逐渐成为行业的共识。

《水体放射性核素在线监测仪器》项目围绕我国在核安全监管、水环境辐射安全和饮用水辐射安全领域急需放射性核素在线监测设备的重大需求，自主研发了水中痕量放射性核素的全自动、高可靠性的系列在线测量仪器。《饮用水安全领域示范应用研究》课题，针对目前城镇供水行业放射性指标检测操作繁琐，同时缺乏对放射性指标进行在线监测的设备和技术规范的现状，利用项目开发的水体总α总β自动分析系统，开发了精密度和回收率能满足现行《生活饮用水卫生标准》GB 5749—2006要求的更高效和便捷的检测方法。课题创新地引入标准研发前置的方法，同步推动检测仪器的改进和检测方法的优化，同步完成了《水中总α/β活度的液体闪烁技术计数测定法》和《城镇供水系统总α/β在线监测技术规程》标准建议稿文本的编制，有效提高了标准的时效性，保证了监测设备的检测质量和监测预警有效性，推动了设备的产业化应用。

课题开发的方法单样检测时长从1～3天缩短到8～18小时，其精密度和回收率也能达到《生活饮用水卫生标准》GB 5749—2006标准限值的要求，为现行国标方法提供了有效的补充，大幅提升了检测效率，保障了供水行业对放射性指标出现异常时响应的及时性。

课题首次将液闪测量法引入饮用水中放射性指标的检测，检测的灵敏度和准确性优于现行国标方法，是国内外首次建立基于液闪方法的饮用水放射性指标的标准方法。课题同时从在线监测仪的布点、系统的技术要求、设备安装与验收、运行维护与管理等方面提出了规范要求，在兼顾成本和效率的前提下，建立了适合我国国情的供水行业放射性指标在线监测系统建设和运行管理的技术规程，可填补城镇供水在放射性指标在线监测技术规范方面的空白。

课题通过行业调研及时识别了行业对放射性指标的检测需求，明确样品前处理对放射性检测的实时性与准确性有重要影响，通过标准前置，从设备研发就开始同步开展标准研究，有效提高了标准的时效性，也有效促进了监测设备的检测质量和监测预警有效性，对于保障饮用水安全，维护正常的居民生活、维护社会稳定等，具有积极的社会效益。

（城镇水务与工程研究分院，执笔人：桂萍）

雄安新区城市水系统构建与安全保障技术研究

《雄安新区城市水系统构建与安全保障技术研究》(2018ZX07110—008)是“十三五”国家水体污染控制与治理重大专项“京津冀区域综合调控重点示范”板块之“白洋淀与大清河流域(雄安新区)水生态环境整治与水安全保障关键技术研究与示范”项目的独立课题八。中国城市规划设计研究院为课题牵头承担单位,参与单位包括中国水利水电科学研究院、清华大学、中国市政工程华北设计研究总院有限公司、河北省城乡规划设计院、北京建筑大学、同济大学、河北恒特环保工程有限公司、云南合续环境科技有限公司、北京理工水环境科学研究院九家。

雄安新区现状面临着水资源较为短缺、洪涝风险突出、水环境普遍污染、水生态系统退化等多重水约束,以及全球气候变化和急性冲击风险等诸多挑战。课题落实“节水优先、空间均衡、系统治理、两手发力”的新时期治水思路,总结国内外先进理念,统筹水资源承载力配置、水环境承受力调控、水设施支撑力建设和水安全保障力提升,创新提出了新型城市水系统构建的雄安模式、雄安标准、雄安方案及雄安机制,为新区实现高品质饮用水供应、高质量水环境营造、高标准水设施建设、高韧性水系统构建的目标提供了科学支撑。课题成果也为住房和城乡建设部、国家发展改革委组织编制相关政策文件和水专项标志性成果凝练提供了支撑。

一、创新理念,构建双循环系统模式

针对新区面临的多重水约束,借鉴中国古代“理水营城”朴素的生态思想及国内外生态文明新理念,探索构建了“节水优先、灰绿结合”的双循环新型城市水系统模式(图1)。

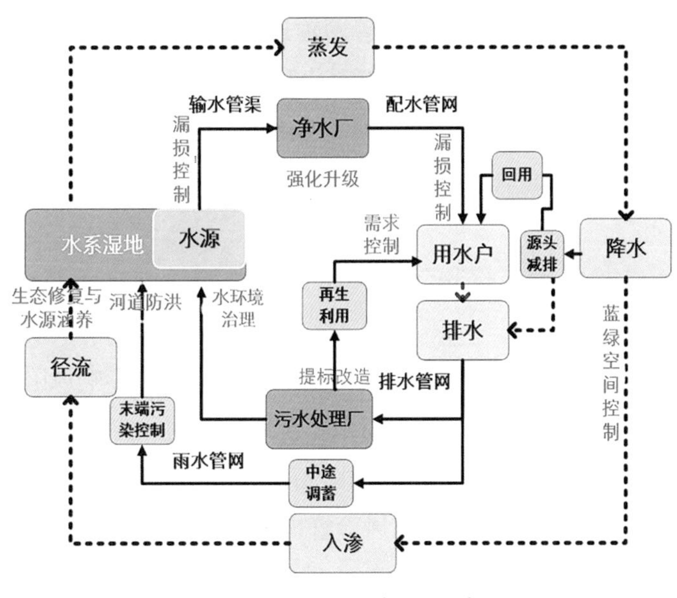

图1　新型城市水系统模式示意图

二、制定标准，高起点引领规划建设

雄安新区是白洋淀流域的关键节点，对流域环境改善和生态修复起到示范和带动作用，也是新时代高质量发展的标杆。课题从维持良性自然水循环和发挥社会水循环功能的角度出发，提出了“四水统筹、人水和谐”的新型城市水系统构建的指标标准（表1）和城市水设施建设的指标标准（表2）。

三、过程耦合，评估优化多综合方案

结合起步区组团式空间布局，基于四维度目标，通过过程模拟与耦合、综合评估，优化提出了片区—组团—城市不同尺度、灰绿结合、功能复合的分布式设施布局方案，以实现多层次水循环、提高系统的效率和灵活性。

四、集成工艺技术，探索新区水设施建设方案

研究提出多水源切换条件下的供水工艺技术路线及全流程安全保障技术方案；完全分流制下的“高浓度生活污水——高效收集+深度净化+再生水回用+

物质能量回收，雨水——源头减排+管网输送+中途调蓄+一级强化+深度净化+循环利用”的雨污协同污染控制及资源化利用总体方案；“竖向协调+（源头减排—过程控制—末端调蓄）+应急调度”、灰绿结合的排涝综合解决方案及控制策略，以及多工况、多类型、多功能的蓝绿空间布局方案。

五、弹性应对气候变化和急性冲击，构筑韧性城市水系统

构建了“气候模式预估—气候变化增量预测—水系统影响风险分析”的技术框架，分析了RCP4.5和RCP8.5情景对水系统的影响与风险，提出分布式设施布局灰绿结合的适宜比例。建立了急性冲击的风险识别分析矩阵及韧性水系统评估指标体系（表3），提出了分级分类的风险管理策略。

六、多措并举，推动形成水系统全周期管理机制

遵循水系统内在规律，落实全周期管理理念，搭建“水城共融、多元共治”的管理框架，实现城市水系统的管理要素“全覆盖”、管理职能“全集成”、运行管理“全流程”和管控方式“全智能”（图2）。

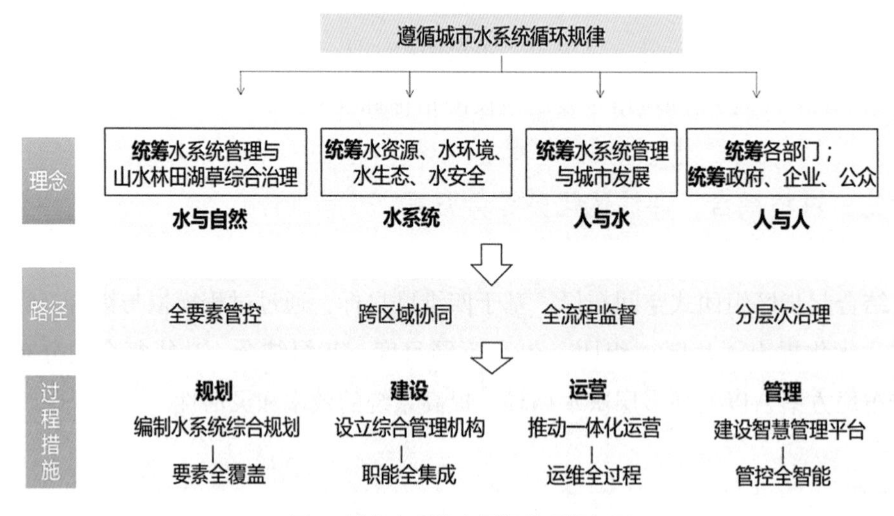

图2　城市水系统全周期管理框架图

城市水系统构建指标标准表 **表1**

维度		目标层	准则层		指标层		2035年目标值
水资源	水资源承载能力为刚性约束	促进流域水资源的可持续利用	节约优先	1	人均综合用水量		260L/d
				2	人均新鲜水用水量		210L/d
				3	人均居民家庭用水量		100L/d
			发展非常规水资源利用	4	雨水替代率		2.8%
				5	污水资源化利用率		100%
			促进流域水资源的可持续性	6	水资源开发利用率		56%
				7	地下水超采率		0
				8	跨流域外调水资源量		不增加
水环境	水环境承受能力为刚性约束	推动流域水环境质量的持续改善	满足流域的水功能区/断面水质目标	9	断面水质达标率		100%
				10	水功能区达标率		100%
				11	集中式饮用水源地达标率		100%
			满足流域城镇污水厂排放标准目标	12	城镇污水处理厂排放达标率		100%
			满足入淀水污染物排放总量控制目标	13	入淀污染排放总量		（待定）
水安全	水安全为前提	践行海绵城市理念，尽可能地降低对流域水文循环的影响	全频率降雨径流过程线不变化	14	设计降雨频率		典型年/5y/20y/100y
				15	径流总量控制率		不变化
				16	径流峰值流量		不变化
				17	径流峰值到达时间		不变化
水生态	水生态为底线	维护流域水生态安全格局结构与功能的完整性，促进流域生态系统的修复	严守生态红线，城镇用地布局生态优先	18	空间布局和结构	蓝绿空间占比	50%
				19		水面率	3.5%
			严格管控生态空间，建设生态网络	20		水系连通性水平	≥0.76
				21		生态岸线比例	100%
				22		河道弯曲程度	定性
			维持生态系统的物理化学及生物完整性，恢复和修复水系生态系统	23	水文	生态流量保证率	0.9
				24		生态水深[1]	0.3m
				25		生态流速[2]	0.2~1.5m/s
				26	水质	BOD_5	6mg/L
				27		营养物质指标-TN	1.5~2.0mg/L
				28		营养物质指标-TP	0.3mg/L
				29	生物多样性	土著物种数量	≥5[3]

注：1.按当地常见鱼类（鲤鱼）的生存需求设定；

2.按当地常见鱼类（鲤鱼）生存适宜的流速范围设定；

3.暂定值，应根据现状生态调研数据进一步确定。

城市水设施建设指标标准表 **表2**

维度	目标层	准则层	指标层		2035年目标值
水资源供给	服务功能及水平	服务全覆盖	1	公共供水普及率	100%
		供水保证水平	2	供水保证率	≥97%
		水质安全	3	高品质饮用水覆盖率	100%
	资源和环境效益	减少资源浪费	4	供水管网漏损率	3%～5%
		减少能源消耗	5	吨水能耗	（待定）
	安全性	水源类型及组成	6	水源互补性	定性
		应急处理能力	7	应急备用水源供水能力	定性
			8	应对突发性水污染类型	定性
水环境治理	服务功能及水平	生活污水全收集全处理	9	污水集中收集处理率	≥95%
		污泥无害化全处理	10	污泥无害化处理处置率	100%
		控制径流污染	11	年径流污染控制率	85%
	资源和环境效益	污水处理后全回用		（污水资源化利用率）	与水系统的指标重复
		能源自给率水平	12	吨水电耗	0.20kWh
		物质（营养元素）回收利用	13	氮元素回收率	导向性
			14	磷元素回收率	导向性
		污泥资源化利用	15	污泥土地利用率	≥50%
	安全性	厂网联动	16	厂网设置	定性
		应急调蓄能力	17	事故池设置	
有效应对洪涝灾害（水安全）	服务功能及水平	保留蓝绿空间		（蓝绿空间比例）	与水系统的指标重复
		工程设施建设	18	工程防洪标准	200年一遇
			19	内涝防治标准	100年一遇
			20	管网设计重现期	5年一遇
水生态产品的供给	服务功能及水平	感官水质良好	21	透明度	≥1m
		景观娱乐功能	22	亲水便利性	定性
			23	公共岸线比例	≥80%
			24	美学价值	定性
		文化功能	25	水文化传承	定性
	资源和环境效益	碳汇作用	26	单位面积碳汇量	（待定）
技术经济性	经济性	优化建设运行成本	27	建设成本	按吨水或者单位建设面积计；引导型指标。
			28	运行成本	

韧性城市水系统评估指标体系 **表3**

维度	目标	指标
一、战略和协同	1.协同化的风险管理	1.1与上游利益相关者积极协调
		1.2围绕下游影响进行主动协调
		1.3部门条块协调
	2.可持续的战略思维	2.1水系统长期战略和行动规划的制定
		2.2将社会、环境和经济效益纳入水系统决策
		2.3将专家技术咨询纳入水系统决策
		2.4将地方知识和文化纳入水系统决策
	3.适应性水系统规划	3.1动态体检评估水系统的机制
		3.2水源、管网和设施的冗余度
		3.3城乡基础设施和水设施的耦合性
		3.4水系统综合防灾标准的完备度
二、可持续和效率	4.可持续资金和融资	4.1水设施的建设提供充足的财政资源
		4.2水设施的维护和保养提供充足的财政资源
		4.3确保政府有足够的资金用于水系统灾后恢复
		4.4基于成本回收和需求管理的水费定价
	5.有效的实施监管	5.1水系统管理高效的信息响应和传导
		5.2水设施设计施工抵御灾害标准的实施
		5.3各级国土空间规划中水系统相关内容的实施度
		5.4供水服务质量的有效监管
三、弹性和适应	6.灾前预防和准备	6.1弹性的水设施
		6.2多样化的水设施
		6.3水设施的监测与预警
		6.4水环境的监测与预警
		6.5节水措施
		6.6地下水和地表水资源保护措施
	7.灾中的稳健应对	7.1综合灾害监测、预报和预警系统
		7.2水设施应急救援和抢险队伍建设
		7.3内涝抢险应对能力
	8.灾后恢复和学习	8.1水源水质、水量恢复能力
		8.2供水设施功能恢复能力
		8.3排水系统功能恢复能力
		8.4灾后分析及学习能力

续表

维度	目标	指标
四、公平和健康	9.公平的基本服务	9.1安全饮用水的覆盖率
		9.2污水集中处理的覆盖率
		9.3水资源的普遍负担能力
	10.健康的水系空间	10.1绿色基础设施实施度
		10.2水环境水质达标率

（城镇水务与工程研究分院，执笔人：龚道孝、莫罹）

城市供水全过程监管平台整合及业务化运行示范

《城市供水全过程监管平台整合及业务化运行示范》是“十三五”国家水体污染控制与治理科技重大专项课题（课题编号：2017ZX07502002）。中国城市规划设计研究院为课题牵头承担单位，参与单位包括山东省城市供排水水质监测中心、河北省城乡规划设计研究院、江苏省城镇供水安全保障中心、济南水务集团有限公司、北京首创股份有限公司、深圳市水务（集团）有限公司和北京神舟航天软件技术有限公司。

顺应我国城市供水安全监管的新需求，中规院城镇水务与工程研究分院牵头的“十三五”水专项“城市供水全过程监管平台整合及业务化运行示范”课题，紧密对接城市供水监管需求，开展了监管业务平台化实用技术和供水系统全过程水质监测预警系统等关键技术的研究，构建了国家、省、市三级城市供水系统监管平台，实现了“由单一水质管理到供水全过程综合监管”的功能扩展和“由技术平台到业务平台”的技术提升，进一步强化了供水监管手段，提高了供水安全保障的精准性和有效性，为全面提升我国城市供水全过程的综合监管能力、保障供水安全发挥重要作用。

一、整合构建国家、省、市三级城市供水全过程监管平台

按照功能完善、结构稳定、信息共享、运行高效、总体安全的要求开展平台顶层设计，编制《城市供水全过程监管平台总体设计方案》，提出城市供水监管信息发展的总体技术路径和目标，构建城市供水监管信息“一张网”，绘制城市供水信息“一张图”，形成城市供水安全监管“一朵云”，建立平台长效运行“一机制”。平台实现了基础信息、日常监管、实时监控、监测预警、专项业务、决策支持、应急管理和资源管理8大类监管业务功能，在国家级层面已支撑部分监管业务开

展，在省市级层面已实现山东、江苏、河北的业务化运行（图1）。

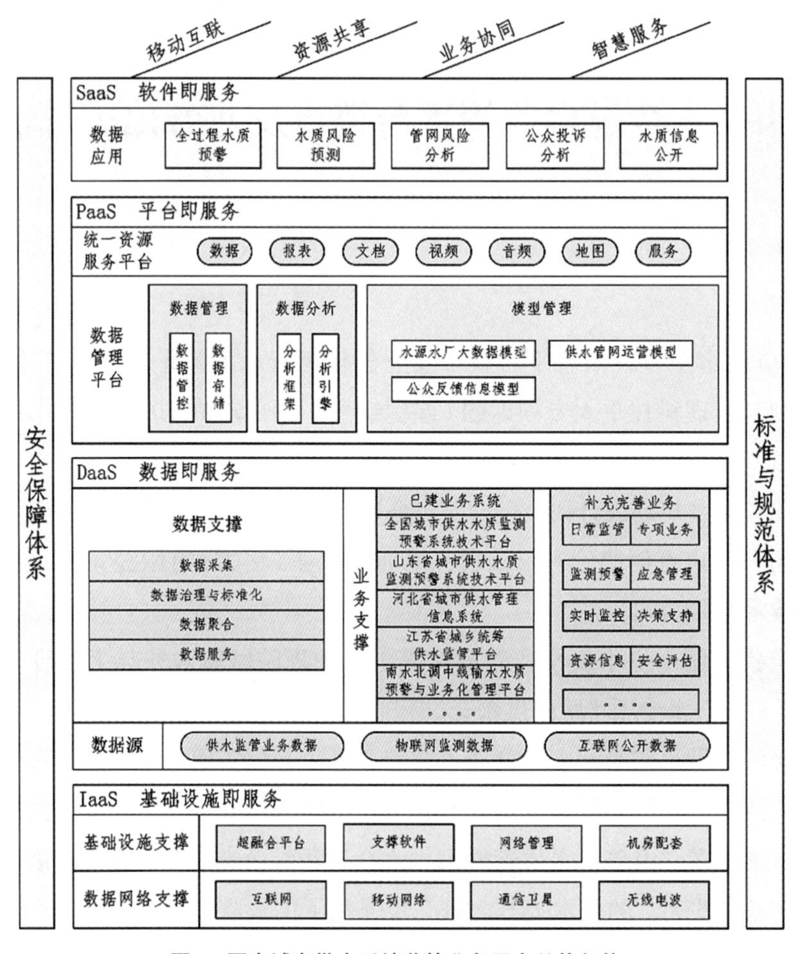

图1　国家城市供水系统监管业务平台总体架构

二、突破供水监管平台构建关键技术

以安全保障、规范统一和高效集成为重点，针对供水监管平台在数据库建设、功能架构、数据应用、监测预警等方面的技术短板，开展供水监管平台构建标准化技术、城市供水数据质量保证技术、基于物联网和大数据应用的水源突发污染预警技术、供水大数据应用技术研究，突破供水监管平台构建的关键技术。以保障供水安全为核心，以实现“从水源到水龙头全过程监管饮用水安全”为导向，从技术层面辅助主管部门实施供水监管，实现从水源到龙头的全覆盖实时动态监控并辅助支撑供水安全状况的科学研判（图2）。

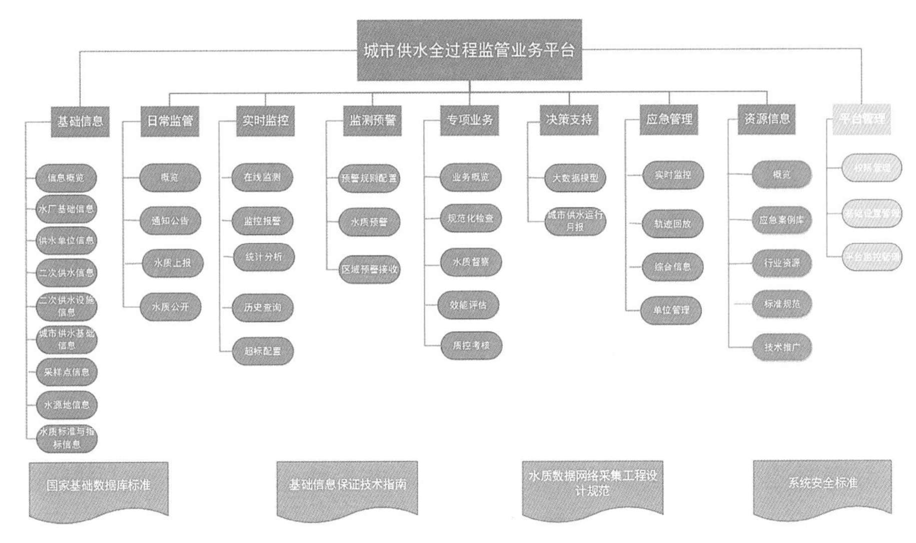

图2　城市供水全过程监管业务平台业务模块示意图

三、形成平台建设及运行管理标准规范和技术指南

针对平台建设标准化程度低导致的建设运维成本高、信息共享与整合难度大等问题，从城市供水全过程监管业务化平台的总体框架、基础信息资源、应用支撑、网络基础设施、信息安全、运行管理等方面研究标准化构建技术，构建了涵盖数据库设计、整体架构、平台开发、大数据应用、运行维护等全环节、全要素的城市供水监管平台标准化支撑技术框架，建立了供水监管平台构建标准体系，发布了3项标准和4项指南，形成了27项知识产权，为加强供水监管能力建设提供了技术支撑（表1）。

标准/指南列表　　表1

序号	标准/指南编号	标准/指南名称
1	T/YH 7003—2020	《城镇供水系统基础数据库建设规范》
2	T/YH 7004—2020	《城镇供水信息系统安全规范》
3	T/YH 7005—2020	《城镇供水水质数据采集网络工程设计要求》
4	T/CECS 20002—2020	《城市供水信息系统基础信息加工处理技术指南》
5	T/CECS 20003—2020	《城市供水系统监管平台结构设计及运行维护技术指南》
6	T/CECS 20001—2020	《城市供水系统效能评估技术指南》
7	T/CECS 20004—2020	《城市供水监管中大数据应用技术指南》

（城镇水务与工程研究分院，执笔人：张志果）

海绵城市建设与黑臭水体治理技术集成与技术支撑平台

《海绵城市建设与黑臭水体治理技术集成与技术支撑平台》(课题编号：2017ZX07403001）是“十三五”国家重大水污染控制专项中的独立课题，涉及支撑国家海绵城市建设和黑臭水体治理两大重点工作。中国城市规划设计研究院为课题总牵头承担单位，参与单位包括中规院（北京）规划设计有限公司、中国市政工程华北设计研究总院有限公司、北京建筑大学、亚太建设科技信息研究院有限公司、上海市政工程设计研究总院（集团）有限公司、浙江贵仁信息科技股份有限公司和天津静泓发展有限公司。

伴随我国快速城镇化进程，城镇水资源短缺、水环境污染、内涝灾害频发、生态环境恶化等问题日益凸显，已经成为制约城市高质量发展的重要问题。党的十八大以来，党中央、国务院高度重视水安全与水环境问题，将水安全保障和水环境保护作为生态文明建设的重要内容。习近平总书记强调要大力增强水忧患意识、水危机意识，明确提出要建设自然积存、自然渗透、自然净化的“海绵城市”。

海绵城市建设和黑臭水体治理两项国家重点工作是全面支撑实现城镇水安全保障、水污染控制和水环境综合整治的核心抓手，已成为地方各级政府增强城镇排水防涝能力、改善城镇水环境质量和人居生活环境、修复水生态、涵养水资源和扩大公共产品有效投资的重要举措。但是，这两项工作缺少规划设计和建设管理的技术集成支撑、技术标准支持和监督监管、考核评估依据。

针对上述需求，为了形成我国海绵城市建设和城市黑臭水体治理的系列技术文件，科技部、住房和城乡建设部在2017年国家水污染控制重大专项中设立了“海绵城市建设与黑臭水体治理技术集成与技术支撑平台”独立课题开展技术集成工作。

在课题负责人张全教授级高级工程师和课题技术负责人任希岩教授级高级工程师率领下，课题研究了海绵城市规划设计、建设运维、监测评估的集成技术，城市黑臭水体整治和考核验收的集成技术。课题研究突破了3项关键技术、形成了海绵城市建设和黑臭水体治理集成技术系列各1套，形成了海绵城市建设和黑臭水体治理综合监管平台各一个，完成了国家层级的标准、指南和手册共计8部，形成了海绵城市建设和黑臭水体治理的技术标准系列，形成了海绵城市建设和黑臭水体治理的技术验证区，全面完成了课题研究任务和考核指标。

课题成果在北京、上海、天津、武汉、厦门、南宁、珠海、遂宁、池州等国家海绵城市试点中得到充分应用和借鉴，在2021年国家系统化全域推进海绵城市建设示范城市申报的实施方案编制中得到广泛应用。课题成果支撑了黑臭水体治理60个示范城市的技术方案制定和整治工程推进等工作，在“十三五”期间有效地支撑了全国600多个海绵城市建设推进工作和截至2020年全国2900 多条黑臭水体治理工作。课题执行期间课题组对各城市海绵城市建设与黑臭水体治理工作的技术指导、案例调研与分析，以及课题形成的系列标准成果，全面支撑了水专项标志性成果“城镇水污染控制与水环境综合整治整装成套技术”的形成和综合实施。

（中规院（北京）规划设计有限公司，执笔人：张全、任希岩）

饮用水安全保障技术体系综合集成与实施战略

《饮用水安全保障技术体系综合集成与实施战略》是“十三五”国家科技重大专项水专项的独立课题（课题编号：2017ZX07502003）。中国城市规划设计研究院为课题牵头承担单位，参与单位包括中国科学院生态环境研究中心、清华大学、统计大学、浙江大学、深圳水务集团有限公司、山东供排水水质监测中心。

课题针对我国饮用水安全保障的系列问题，系统集成凝练和评估水专项饮用水科技成果，创新构建了“从源头到龙头”全流程饮用水安全保障技术体系。研判新时代我国饮用水安全保障发展趋势与需求，提出了国家中长期饮用水安全保障科技发展战略。优化整合水专项形成的核心技术、能力与平台基地，形成了国家饮用水安全保障创新中心建设方案。形成了系列科普宣传读本、视频和模型，在2019年全国科技周、2021年国家“十三五”成就展中集中展出，受到央视等主流媒体和社会公众广泛关注。研究对推进我国供水行业技术整体提升，保障用户龙头饮用水稳定达标，促进饮用水安全保障现代化具有重要意义。

一、创建技术体系，发布技术导则

创建“从源头到龙头”全流程饮用水安全保障技术体系，为破解我国饮用水安全保障系统性问题提供技术指引。建立和完善了三套相互支撑、相互协同的技术系统：一是建立“多级屏障”工程技术系统，为供水设施规划设计建设与水质净化提供重要技术支撑；二是创新“多级协同”管理技术系统，为供水企业运行管理、政府部门监督管理和突发事件的应急处置与救援提供科技支撑；三是发展材料设备开发技术系统，在关键净水材料设备、检测仪器及其集成化装备方面取得重要成果，见图1。

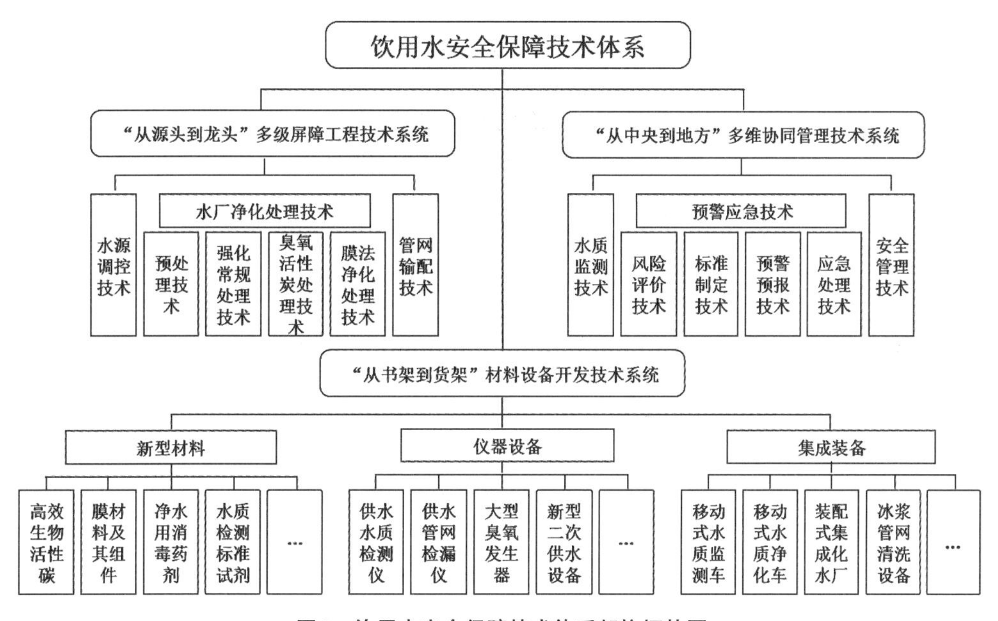

图1　饮用水安全保障技术体系架构拓扑图

二、针对水质特征与问题，形成分类整体解决方案

凝练形成了长江下游、南水北调受水区等重点流域和典型地区水源特征与问题分类，同时就其中识别的重点污染物分析了全国范围内分布特征，为以水质问题为导向的饮用水安全保障策略提供了基础支撑。针对不同类型饮用水安全问题，综合考虑不同地区饮用水安全保障需求，编制形成饮用水安全保障分类的整体解决方案研究报告，对象涵盖太湖高藻水源、平原河网水源等我国主要水源特征类型。

三、研编饮用水中长期科技发展战略，提出技术发展指引

通过系统梳理国内外饮用水安全保障科技进展，分析我国饮用水安全保障问题与发展需求，研判未来发展趋势，编制形成了国家饮用水安全保障中长期科技发展战略，明确了涵盖设施、技术、管理等方面的饮用水安全保障科技需求，制定了我国饮用水安全保障中长期科技发展目标，提出了总体思路和实施路径，形成了引领未来我国饮用水安全保障技术发展的六项重点战略任务，见图2。

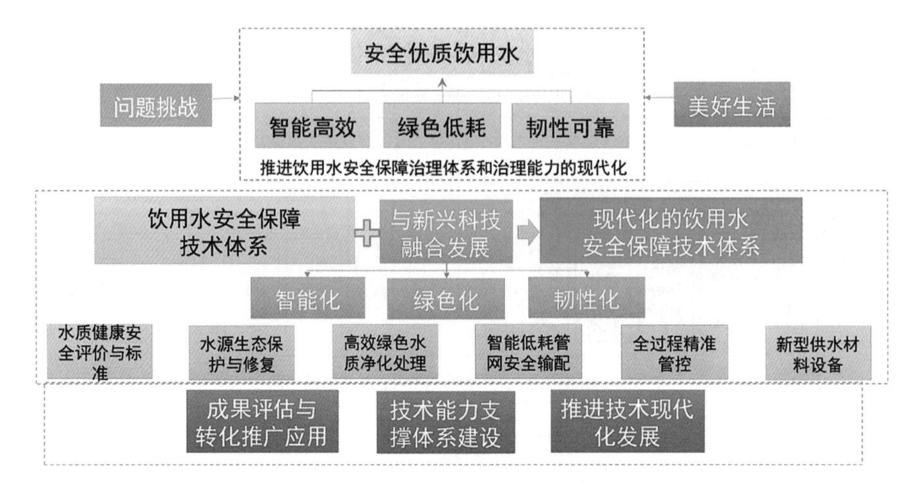

图2　饮用水安全保障中长期科技发展战略

四、优化整合核心能力与资源，提出科技创新中心建设方案

依托优势资源，整合水专项形成的技术平台、重要成果和核心能力，经过深入的调研和研究论证，形成了国家饮用水安全保障技术创新中心组建方案，创新中心瞄准国家可持续发展重大需求和工程技术国际发展前沿，以国家饮用水安全保障重大战略和需求为导向，重点突破“卡脖子”技术难题，创新性地开展饮用水安全保障领域的技术工艺研发、成果转化推广、政策标准研究、设备材料测试评估，努力建设成为一流的饮用水安全保障技术创新研发平台、国际合作与技术交流中心和高层次创新人才培养基地，为我国饮用水安全保障提升提供可持续技术支撑。

五、编制饮用水科普宣传读本，全方位推介水专项科技成果

编制了饮用水安全保障技术体系成果宣传读本，以图文并茂的方式，系统介绍饮用水安全保障技术体系、成套技术、关键技术和技术体系综合应用成效，形象展示了“水专项看见饮用水水质提升全程”，获得央视等主流媒体和社会公众的广泛关注，见图3。

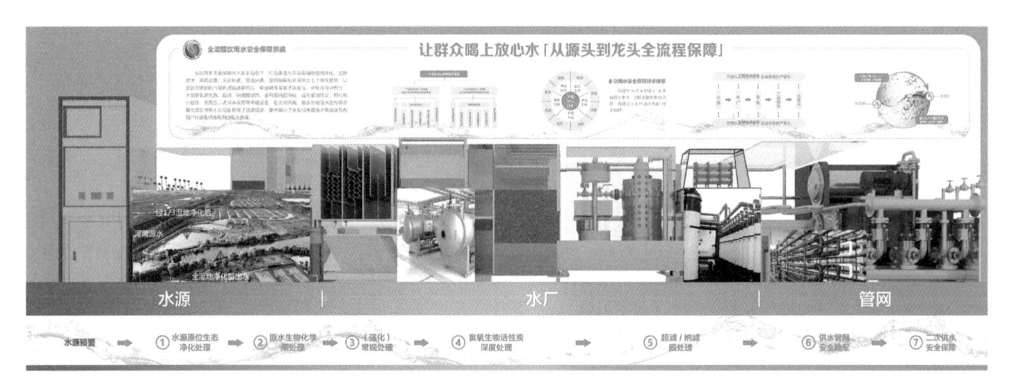

图3　饮用水安全保障科技成果展示

（城镇水务与工程研究分院，执笔人：林明利）

CHAPTER 7

书苑概览篇

编者按

立足行业发展，总结实践经验，凝炼知识成果，传承理想价值，是中规院2021年度正式出版书籍的普遍特点。这些成果涵盖了历史文化、城市设计、经济地理、城市交通、市政生态等行业关注的重点领域和方面，体现了中规院人笔耕不辍、砥砺前行的坚实步伐。作者中，既有老骥伏枥的资深专家，也有中流砥柱的业务骨干；既有巾帼不让须眉的海归博士，也有初出茅庐激情满怀的青年才俊。期待每一本集结出版的成果，都具备穿透时光的力量。

《世界建筑史》

（王瑞珠　编著）

王瑞珠院士编著的《世界建筑史》丛书共18卷48分册，这是我国专家在实地调研和收集原始素材的基础上，独立撰写的外国建筑大型史书。2021年丛书的《世界建筑史·印度次大陆古代卷》和《世界建筑史·东南亚古代卷》正式出版。《世界建筑史·印度次大陆古代卷》依据不同的地域、宗教文化和建筑特色，分别对印度中北部、印度南部、尼泊尔和斯里兰卡各地进行研讨（印度伊斯兰教建筑已在世界建筑史系列丛书《伊斯兰卷》中述及，该卷不再赘述）。印度建筑史划分为早期、笈多、后笈多、拉其普特等四个时期，早期以城市和建筑为代表，笈多时期的主要成就是石窟及岩雕，后笈多时期以寺庙建筑为特色，拉其普特时期以寺庙、城市规划及世俗建筑为主要类型。其中“摩亨佐—达罗”是印度早期最大和最典型的城址，也是世界上最早的古代城市之一。同时还介绍了尼泊尔最具代表性的加德满都地区各王宫广场等大型城市中心、斯里兰卡建筑类型中最具有特色的窣堵坡及圆圣堂等。《世界建筑史·东南亚古代卷》对东南亚建筑、历史、文化的相关研究和宗教背景进行了系统梳理，分别对越南及老挝、柬埔寨、缅甸、泰国、印度尼西亚等国家的遗迹进行研讨；从社会、历史及宗教背景，不同建筑类型及风格，结构技术，以及规划选址、布局、空间类型及处理手法等方面进行评述。越南包括自占婆王国至李朝和阮朝的作品，柬埔寨以吴哥建筑群及金边王宫为主要代表，缅甸和泰国分别以蒲甘和大城时期的建筑群为典型，印度尼西亚则重点评介中爪哇时期的寺庙及陵寝。

《拾城——总体城市设计的实践与探讨》

（朱子瑜、陈振羽、李明、刘力飞　编著）

《拾城——总体城市设计的实践与探讨》一书，是中规院城市设计研究分院对新时期开展的十座城市总体城市设计工作的系统性梳理总结。十个城市的总体城市设计方案，通过“山水”这一线索贯穿全书。“山水”不仅是字面意思上的自然山水，也包括了人居环境中各类自然、人工要素所共同构成的城市秩序。从古人对山水的敬畏，文人士大夫依山傍水的人居理想，再到今天的“山水林田湖草生命共同体"。如何尊重山水，在已有的城市格局上进行探索，在继承中创新，将人工建设与自然山水进行关联，创造出让居民记得住乡愁的、有文化内涵的、多元包容的城市空间，是当前时代城市设计从粗放到精细转型的重点。

总体城市设计无论作为一种工作方法还是一种技术形式，无疑有着广阔的理论深化与实践发展的空间。从早期聚焦城市风貌、城市特色、城市景观，到塑造城市形象，繁荣城市文化，打造城市品牌，强化城市竞争的软实力，再到新时期以制度化、品质化、精细化为要求关注国土空间全域发展，其技术内核也越来越聚焦于城乡空间全要素系统性秩序建构与优化。

拾城的讲述，不是一种工作程序式的铺陈，更多的是在关于城市总体设计的思考中，讲述一座座城市独特面相的捕捉，一个个城市战略定位的形成，一帧帧城市特色和风貌的唤醒，在面向生态文明、面向价值共识、面向存量更新、面向战术实施的趋势中，或援引传统山水营城理念，或借助先进的技术手段，在推动城市空间的活力与品质营造的过程中，讲述如何营造市民在总体城市设计之中的获得感。

《经济地理空间重塑的三种力量》
（郑德高　著）

本书是中规院副院长郑德高博士二十余年规划实践工作的理论思考与实践总结。全书在系统梳理区域经济地理相关理论的基础上，依托《全国城镇体系规划（2017—2035）》《长三角巨型城市区域发展研究》等实践，基于"不平衡"这一基本特征，提出了当前中国区域经济地理空间重塑机制的解释框架，并从经济、人口、空间三个维度进行实证研究，为空间发展理论、规划理论和实践提供全新的思路和指导。

等级化力量的核心是全球城市网络对各级城市深刻影响，长三角地区等级化特征通过城市价值区段的垂直分工趋势、城市规模体系的两端集聚以及空间分区的差距扩大得到实证检验。网络化力量的核心是城市要融入全球或区域的功能性网络，长三角生产性服务业关联网络显示出上海龙头地位突出，杭州、南京作用明显；新经济关联则显示杭州地位崛起，基本形成杭州上海"双中心"格局。地域化力量是指在全球城市网络之外的非城镇密集地区，通过全球本土化方式崛起并实现再平衡的一种力量，长三角已经涌现出相关的魅力区发展路径，如安吉县基于美丽乡村的转型，高淳区基于慢城标准的转型，崇明岛基于"+生态"与

“生态+”的转型。书中对上述三种力量作用特征与机制均做出了深入剖析和阐述，为经济地理重塑提供综合分析视角。

《空间设计 空间句法的应用》
（杨滔　著）

我国城镇化进入双碳战略与城市更新的新时代，该书提出了面向高质量的空间设计，从数字孪生、低碳节能、包容共享、可持续发展等角度阐述了空间设计发展的新趋势，并从理论和方法上对空间句法进行反思，突出了物质空间与社会经济之间的互动性，探讨了抽象空间模式与具象空间建设之间的关系，从而辨析了主观与客观、空间与非空间、现象与创意等概念在空间设计中的作用。

在此基础之上，该书介绍了不同尺度的实践案例。首先，基于苏州战略规划和湖州总体规划，空间句法被运用去关注空间结构在不同尺度下的可持续营建。其次，基于伦敦新金融中心金丝雀码头案例，空间句法被用于解释空间的社会性变迁及其对方案实施的影响。针对城市更新的主题，协同利益相关方的包容式方法得以讨论，以伦敦国王十字车站、伯明翰的布林德利办公区更新、北京城市副中心城市设计以及上海四川北路和平安里山寿里更新为例。再次，本书回归到空间设计中的核心问题，如何进行有效分区从而构建具有活力的城市发展细胞，其中涉及密度、功能混合、发展效率等基本型话题。最后，本书提出人、机、物三元融合的“城镇智能生命体”的概念，辨析了实体、金融、治理网络的交织，这将是未来空间设计的发展方向之一。

《南方典型海绵城市规划与建设——以常德市为例》
（陈利群、黄金陵、龚道孝、李艳平 等　著）

《南方典型海绵城市规划与建设——以常德市为例》一书，是中规院水务分院对湖南省常德市历时4年海绵城市试点工作的系统总结。该书研究梳理了国内外城市系统治水的技术与管理体系，详细分析了常德海绵城市建设存在的问题，建立了海绵城市建设的规划建设管控制度，搭建了海绵城市监测及管理平台，系统地总结了海绵城市建设成效。该书对我国全面推进全域海绵城市建设、城市更新具有较强的借鉴作用，具有一定的理论价值与重要的实践参考意义。

常德作为丰水城市，长期存在着水体黑臭、洪涝并存、水文化流失、资金缺口等问题，在我国南方城市具有普遍性和典型性。作为国家首批试点城市之一，常德在海绵城市建设中，构建了“治水营城”的目标体系，实现系统治水与城市水文化复兴、水经济发展相结合；吸纳德国、美国的水管理技术，构建治黑除涝协同的技术体系，消除城市黑臭水体与内涝问题；新老城区采取不同的资金筹措模式，解决政府资金缺口问题；将海绵城市规划管控纳入基本建设程序，保障海绵城市建设长久的生命力。其建设成效多次被央视推介，还成为中欧水平台课题的试点城市，扩大了中国在生态文明建设方面的国际影响力。书中对上述同行感兴趣的话题均进行了深入的说明和分析。

《饮水知源——饮用水的“黑科技”》
（林明利、王海波、黎雷 等　著）

《饮水知源——饮用水的“黑科技”》一书，是中规院水务院承担的水专项科研成果，旨在让更多的人认识饮用水相关知识，分享我国饮用水领域科技进步新成果。本书融合了饮用水安全基本知识和最新科技成果，兼顾普适性和专业性的同时，力求全方位地丰富读者的饮用水安全知识，形象地展示水专项饮用水科技成果。

全书分为两部分。第一部分围绕老百姓常见的饮用水水质问题及潜在的水质风险，进行知识普及。通过问答的方式，解析问题成因与风险来源，介绍饮用水安全保障的应对措施。第二部分围绕水专项重要科技成果产出，展现水质净化处理、管网安全输配、供水安全监管等系列科技成果。为了更贴合社会大众的阅读需求，让学术内容更“接地气”，本书对专业知识、科技成果，进行“加工”和“翻译”，以“技术+工程案例”的形式，由浅入深、图文并茂地展现水专项技术成果在实际生活中的应用以及对于水质提升所带来的积极影响，让本书兼备“专业性”和“艺术性”，融合“科学性”和“趣味性”。

《饮用水安全保障中长期科技发展战略》
（水专项饮用水安全保障技术体系综合集成与实施战略课题组　编著）

《饮用水安全保障中长期科技发展战略》是中规院水务院承担的水专项科研成果，旨在更好地迎接新挑战、把握新机遇，持续推进饮用水科技发展。该书准确把握饮用水科技发展趋势，研判未来饮用水发展新需求，不断完善符合我国发展需求的饮用水科技创新体系。在梳理总结当前饮用水科技进展的基础上，对面向2035年的饮用水安全保障技术发展趋势进行前瞻判断，选择关系全局和长远发展的重点方向、重点任务进行研究，形成饮用水安全保障中长期科技发展战略，提出面向2035年的战略目标、基本思路、技术发展路线和总体布局，明确了重点任务和研究内容，提出科技发展政策措施建议。

该书提出以构建现代化的饮用水安全保障技术体系为战略目标，制定了“三步走”实施策略：第一阶段，到2025年实现饮用水安全保障技术体系的标准化、绿色化和数字化；第二阶段，到2030年实现饮用水安全保障技术体系的智能化和设备材料国产化；第三阶段，到2035年构建智能高效、绿色低碳、韧性可靠的饮用水安全保障技术体系，基本实现饮用水安全保障技术体系的现代化。认为“标准化、智能化、绿色化、韧性化”是未来我国饮用水安全保障科技重点发展方向，明确了现代化饮用水安全评价、水源水质监测预警、高效绿色水质净化、智能低耗管网安全输配、供水全过程精准监控、韧性供水系统构建六项科技发展重点任务，提出了创新政策机制、加强能力建设和加速成果转化三个方面的政策保障措施。

《面向新型城镇化的甘肃省城镇体系研究：战略、格局、保障》
（李铭、朱波、易晓峰、张祥德　著）

《面向新型城镇化的甘肃省城镇体系研究：战略、格局、保障》一书，基于《甘肃省城镇体系规划》成果系统梳理了在新型城镇化时代甘肃省城镇体系的发展战略、空间格局和实施保障，对甘肃省的区域发展、国土空间规划具有较强参考价值，对西北地区的区域发展和规划也进行了一定深度的理论思考。

本书着眼于落实国家战略，深度识别甘肃的空间特征与现实问题，按照生态文明发展的要求，提出以省情基底为出发点、以新型城镇化为目标的发展路径。本书深度挖掘甘肃省“通道性”“生态性”“文化性”本质特征，在此基础上提出了甘肃的新型城镇化战略：一是做足通道，通过通道内涵复合化，提升节点城镇功能，纵向拓展腹地；二是做优产业，延伸优势产业链条，培育新兴产业增长点，增强城镇化动力；三是做好生态，强化立省之本，增强发展动力，提升城镇品质；四是做强文化，引领开放，提升城镇发展活力，促进跨越转型；五是差异发展，因地制宜，多模式推进，构筑城乡共荣格局。进而，本书提出优化甘肃城镇化发展与空间布局的总体思路，包括打造“丝路”黄金段城镇综合发展廊道，强化兰州—白银都市圈的区域发展核心作用，提升基础设施支撑能力，完善综合交通组织水平等内容。

《“一带一路”城市轨道交通标准化研究》
（李迅、赵一新 主编）

《“一带一路”城市轨道交通标准化研究》一书，是中规院交通院在住房和城乡建设部“城市轨道交通工程建设标准在‘一带一路’建设中应用情况调查”课题研究的基础上，经过进一步探讨研究、补充调研后，历时两年汇总成稿，分为研究篇和案例篇。

本书依托海外项目案例，通过开展调研，系统梳理了“一带一路”沿线72个国家的工程建设管理体制、制度、城市轨道交通标准化现状及发展趋势，深入剖析我国城市轨道交通标准在海外项目中取得的经验、存在的困难和问题。通过借鉴发达国家和地区城市轨道交通标准国际化经验，对比我国标准与发达国家标准主要内容、指标差别，结合“一带一路”倡议下我国城市轨道交通标准国际化的现实需求，提出有针对性、灵活性的城市轨道交通标准国际化对策和建议，主要包括：按国际规则提高标准兼容性、加强标准体系建设和制度建设、加强标准外文版翻译工作、与国际标准化组织建立常态交流合作机制、推进标准对接与互认机制、结合精品项目提升宣传效果等。

本书对主管部门制定城市轨道交通标准国际化政策具有重要的参考价值，对城市轨道交通行业参与“一带一路”建设具有借鉴意义，可加快推动我国城市轨道交通标准国际化的步伐，更好地服务国家和世界。

《变革与创新：中规院（北京）规划设计有限公司优秀规划设计作品集》
（中规院（北京）规划设计有限公司 编著）

自2014年创立以来，中规院（北京）规划设计有限公司完成了大量优秀规划设计作品和重大科研成果。作品集精选其中的代表性项目，通过“综合规划篇”“专项规划篇”“科研与新技术篇”三个篇章，对这些项目进行了详尽展示。综合规划篇收录项目涉及的领域包括：多规合一与空间规划、城市发展战略研究与城市总体规划、详细规划与城市设计、城市更新与城市双修、村镇规划、社区规划等。专项规划篇收录项目涉及的领域包括：水环境治理与水生态修复、排水防涝、市政工程、生态环境、城市安全与地下空间利用等。科研与新技术篇则收录了公司新技术业务领域代表性项目和公司承担的国家部委重大科研项目研究成果。作品集中每篇文章都详细介绍了项目背景、规划思路、主要规划内容；

并深入阐述了项目的特点、难点和创新点，以及项目运营组织的方法和经验。

作品集收录的项目均为获得全国优秀城乡规划设计奖等重要奖项的获奖项目，以及紧扣时代脉搏的特色项目，代表着公司在时代变革的大背景下，积极开拓进取、谋求创新发展的最高水准。作品集对当前我国规划行业所面对的新问题、新挑战提出了具有针对性的解决方案，不仅为规划设计和规划管理人员提供最新的规划编制技术资料，还为他们提供第一手的规划项目组织和运营经验。

《园境——中国城市规划设计研究院园林景观规划设计实践》

（王忠杰、韩炳越、马浩然　主编）

园林绿地景观设计是风景园林和景观研究分院（以下简称风景院）长期专注的方向，始终秉承“高质量、做精品、树品牌”的原则，在项目设计中坚持以“规划的思想做设计”，注重“对上位、准方向、谋全局、细施策、精细节”。《园境——中国城市规划设计研究院园林景观规划设计实践》是从中择优遴选出的19个代表性成果，都是风景院近10年间在全国风景园林领域有影响力的规划设计作品。通过对这些建成案例的深度剖析与展示，探讨风景院在风景园林行业发展中对新趋势、新理念、新方法的规划设计实践及研究探索。项目类型涵盖了大型城市公园、城市双修与城市更新、文化景观、生态建设、道路景观等诸多行业发展主流领域。每个案例均从项目的本源出发，深度解析项目背景条件，生动阐述总体理念并详尽展示设计策略、设计方法，介绍项目的创新点和设计特点。为方便读者更全面地解读案例，附有大量研究、分析类图纸与建成照片。本书可供城乡规划及风景园林规划设计的从业者参考。

《城市交通（2018—2020）精选论文集》

为进一步推动中国城市交通规划技术方法与实践的国际化传播，作为“中规智库”年度系列学术成果之一的英文论文集Selected Papers from Urban Transport of China：2018—2020(《城市交通（2018—2020）精选论文集》）在人民交通出版社出版发行。

中规院《城市交通》创办于2003年，2018年开始对部分论文进行中英文双语出版。本书收录了52篇优秀英文论文，内容聚焦中国城市交通发展的多个领域，在发展战略、规划设计、管理与控制、城市公共交通、轨道交通与城市发展、疫情防控等多方面具有借鉴和参考价值。《城市交通》双语出版文章在线收录于中国知网海外数字平台“中文精品学术期刊双语数据库”（http：//jtp.cnki.net/bilingual/Navi/Detail?pykm=CSJT&year=2020）。

《城市交通》杂志覆盖交通运输规划与管理、交通信息工程及控制学科方向，兼具交叉学科的学术特色：（1）聚焦中国城市交通发展重大问题，体现中国快速城镇化和机动化进程中城市群、都市圈和不同规模、地域城市交通研究的最新理论探索与实践应用。（2）坚持以人为本和可持续发展理念，致力于节能降耗、减少空气污染、合理配置土地资源、提高道路利用效率、体现社会公平正义等学术导向。（3）专业特色突显结合用地的城市交通规划和政策制定，重视交通与用地关系的理论探索，以及以公共交通引导城市发展的技术方法。

《2021中国城市轨道交通工程建设发展报告》（赵一新　主编）

《2021中国城市轨道交通工程建设发展报告》一书是由中规院交通分院对我国2020年中国城市轨道交通工程建设领域的系统总结。该书研究梳理了各地轨道交通工程建设情况、发展情况、新技术应用情况以及热点难点问题，内容涵盖了规划、勘测、设计、施工和竣工验收五个阶段以及标准、质量安全、上盖物业、新技术应用共计9个专题。该书总结了中国城市轨道交通工程建设的轨迹、进展和成就，对了解行业发展趋势、为政策制定者提供参考和作为制定政策和实施监管的依据。

该书对2020年城市轨道交通规划、勘测、设计、施工和竣工验收五个阶段进行了发展情况梳理，同时还对标准国际化、勘测信息化技术发展、施工数字化、信息化、智能化技术应用与转型、工程风险防范措施、绿色建筑施工、上盖物业开发等行业热点、难点问题进行了深入调研与研究；对智慧地铁、新型建造技术、信息化数字化集成开发技术、跨座式单轨轨道梁桥系统研究、综合节能及减振降噪技术等、新技术应用进行了汇总分类；在住房和城乡建设部科技委城轨专委会的指导下，编写了质量安全篇。梳理了2020年度城市轨道交通工程生产安全事故统计与案例，对多部城轨工程建设安全生产方面技术指南进行了解读。

《国家重任和时代机遇：西北地区高质量发展报告2021》

《国家重任和时代机遇：西北地区高质量发展报告2021》是中规院西北地区高质量发展的系列研究的第一步，旨在（1）帮助全社会对西北地区形成客观认识，重新梳理“西北价值”；（2）探索符合西北地方特色的高质量发展评价体系和方法。报告提出西北地区特点包括：（1）巨尺度的生态屏障；（2）重要的能矿基地和通道；（3）国家科技发展的重要支撑；（4）多元文化的发源地。鉴于这些特殊性，西北地区要建立符合地区特点的覆盖社会民生、生态安全、创新开放、历史文化等方面的高质量发展指标体系。

总体来看，西北地区2018—2019年期间的发展是乐观的，变好的指标有9项，其中明显变好的指标有两项：边境城市GDP总量、对外文化交流次数。说明西北地区在边境城市建设中取得了一定成效，同时对外开放程度也有所提升。基本稳定的指标有3项：造林面积、人均拥有公共图书馆藏量、城市文化设施数量。变差的指标有4项，其中明显变差的指标有平均AQI指数、文化市场经营机构营业利润。略微变差的指标有基层医疗卫生机构数量、接待境外游客数量。报告也提出未来西北地区应当继续提升空气质量，同时积极引导文化市场有序经营。

《人本城市——欧洲城市更新理论与实践》
（魏巍、赵书艺、王忠杰、冯晶、岳超　译）

《人本城市——欧洲城市更新理论与实践》是中规院风景分院牵头翻译的学术著作。国家“十四五”规划提出要“推进以人为核心的新型城镇化，实施城市更新行动”，指明了我国下一个五年乃至更长时期城市建设的重点。汲取国外优秀的规划设计理念与实践，引导我国城市更新工作的健康发展，进而建立中国特色的更新理论与方法，具有紧迫性和现实性，这也是翻译本书的初心。

全书分为三个部分：第一部分简要提炼了欧洲经典城市规划理论的要点，包括古罗马军营式规划、文艺复兴时期关于秩序、对称和统一的理念、豪斯曼对巴黎的整修和改造、卡米洛·西特的理论、奥托·瓦格纳的实践、田园城市运动、克里斯托弗·亚历山大及凯文·林奇的著作等；第二部分将城市更新改造工作分解为十个主题，包括：历史城区改造、人口密度高地区的建筑拆除、填充性建造、城市区域改造、建筑改造、城市区域重建、直线型城市空间建设、城市中心改造、密集城市区域发展、现代主义城区密度提升；第三部分分别针对上述十个主题给予具体的案例解析，案例既有首都、大城市，也涵盖中小型城市，既有高端社区，也包括老旧小区、老市场改造，当中体现了延续地域文脉、保护历史建筑、提供优质的公共空间、激发年轻人创造力的共享空间等现阶段我国城市更新工作所面临的具体问题。

《生态修复规划与管理》
（朱江、赵智聪、王忠杰　译）

《生态修复规划与管理》是一本系统介绍如何规划、执行和管理生态修复项目的工具书。本书作者约翰·里格尔、约翰·斯坦利、雷·特雷纳在其三十年来的生态修复工作为基础，对生态修复项目进行了较为全面的介绍和总结。中文版由中国城市规划设计研究院风景分院的朱江、赵智聪（清华大学）、王忠杰共同翻译并出版。本书对于我国国土生态修复的整体规划、系统治理和精准施策，对进一步提升生态系统的服务功能和质量具有较强的借鉴作用，具有一定的理论和实践参考价值。

本书介绍了生态修复规划和管理的结构化过程和基本步骤，阐述了生态修复规划和实施框架，并介绍了在广泛的自然资源管理和区域规划背景下，生态修复规划的关键原则、问题和方法，以及生态修复的主要技术和方法，包括生态健康状况的评估、具体的生态修复措施、生态修复优先步骤的确定。其核心是通过研究生态修复规划和管理，统筹设计生态修复活动的实施范围、预期目标、工程内容、技术要求、投资计划和实施路径，以有效保障和综合提升生态修复活动的生态效益、社会效益、经济效益。在本书中，重点强调了项目管理的作用，并提供了技术清单和流程图作为项目管理的辅助工具，通过提供生态修复中实践方法的介绍，弥补缺乏对生态学重要知识的实际使用和具体操作等内容。

《生态缓和的理论及实践》《基于生态技术的河湖水质净化》
（桂萍、郝钰　译）　（桂萍　译）

自2007年党的十七大报告把“生态文明”作为全面建设小康社会目标的新要求以来，中国城市规划设计研究院城镇水务与工程研究分院（以下简称水务院）聚焦生态环境修复这一领域，对前沿理论和案例进行梳理，策划了生态保护与环境修复技术丛书，为“坚持人与自然和谐共生”的实施提供系统的理论和方法。

丛书的首卷《自然再生：生态工程学研究法》一书已于2010年完成译著并出版。它系统总结了日本对已经消失或者被破坏的自然环境进行复原和修复的理念原则、方法材料及施工技术，并详细介绍了对湿地、湖泊、河流、草原、田地、次生林、滩涂、藻场等典型生态系统进行修复的实际案例；2021年，水务院发布了《生态缓和的理论及实践》和《基于生态技术的河湖水质净化》两本译著。《生态缓和理论和实践》由日本景观生态学家京都大学森本幸裕教授主编，对日本生态缓和制度的发展历史、政策框架及实施程序进行了系统介绍，并从自然地的保护、生活多样性的保全以及减缓大型工程建设如港口、道路、新区建设、河道整治、大坝等对自然环境的影响三个方面对生态缓和技术方法进行了全面介绍，是日本该研究领域第一本对生态系统在人为影响下的反应进行量化，并就避免和减轻工程建设项目对自然环境的影响进行论述的著作。《基于生态技术的河流、湖泊水质净化》则汇集了日本长期从事水环境修复与治理领域的多位专家多年的研究成果，内容涵盖水质净化生态技术的基本理念、生态学原理、净化机理及理论模型，以及人工湿地、土壤净化、湖滨带修复等低成本、低负荷、高效能实用技术。该书从理论到实践全方位的介绍，对时下正在开展的海绵城市建设及黑臭水体治理工作具有直接借鉴意义。